# 引水式水电站生态流量及保障措施研究

## 以西藏玉曲河扎拉水电站为例

张仲伟　马俊超　黄晓敏　范晓志　等著

长江出版社
CHANGJIANG PRESS

**图书在版编目（CIP）数据**

引水式水电站生态流量及保障措施研究：以西藏玉曲河扎拉水电站为例 /
张仲伟等著 . —武汉：长江出版社，2022.9
ISBN 978-7-5492-8486-3

Ⅰ. ①引… Ⅱ. ①张… Ⅲ. ①引水式水电站－生态环境－研究－西藏 Ⅳ. ① X143

中国版本图书馆 CIP 数据核字 (2022) 第 156778 号

引水式水电站生态流量及保障措施研究：以西藏玉曲河扎拉水电站为例

YINSHUISHISHUIDIANZHANSHENGTAILIULIANGJIBAOZHANGCUOSHIYANJIU：YIXIZANGYUQUHEZHALASHUIDIANZHANWEILI

张仲伟等　著

| | | |
|---|---|---|
| **责任编辑：** | 郭利娜 | |
| **装帧设计：** | 郑泽芒 | |
| **出版发行：** | 长江出版社 | |
| **地　　址：** | 武汉市江岸区解放大道 1863 号 | |
| **邮　　编：** | 430010 | |
| **网　　址：** | http://www.cjpress.com.cn | |
| **电　　话：** | 027-82926557（总编室） | |
| | 027-82926806（市场营销部） | |
| **经　　销：** | 各地新华书店 | |
| **印　　刷：** | 武汉精一佳印刷有限公司 | |
| **规　　格：** | 787mm×1092mm | |
| **开　　本：** | 16 | |
| **印　　张：** | 15.25 | |
| **字　　数：** | 405 千字 | |
| **版　　次：** | 2022 年 9 月第 1 版 | |
| **印　　次：** | 2022 年 9 月第 1 次 | |
| **书　　号：** | ISBN 978-7-5492-8486-3 | |
| **定　　价：** | 98.00 元 | |

引水式水电站是利用人工水渠或隧洞将水流引到较远的下游河道,引水式电站通过引水系统截弯取直引水发电,易造成原河道中坝址与水电站厂址间河段水量减少,甚至断流,形成减水河段。随着引水流量的加大,下泄流量的减少,减水河段内的水深、流速、水面宽等影响鱼类生存及生长的水力要素相应减小,导致鱼类的生存环境变得不适宜,最终导致鱼类数量及物种减少。因此,合理地确定水电站减水河段的生态流量显得十分重要,对维持河流生态系统健康具有重要意义。

扎拉水电站位于西藏玉曲河干流下游河段七级开发方案中的第六级,坝址位于左贡县碧土乡扎朗村附近,距左贡县城约 136km,距昌都市约 290km,距河口约 83km,距上游碧土坝址约 17km,与下游规划轰东坝址相距约 63km;厂址位于察隅县察瓦龙乡珠拉村,引水线路长约 5.5km。扎拉水电站坝址控制流域面积 8546km²,多年平均流量 110m³/s,多年平均径流量 34.8 亿 m³。水库正常蓄水位 2815m,调节库容 136 万 m³,总装机容量 1015MW(含生态机组 15MW),单独运行时多年平均发电量 39.46 亿 kW·h(含生态机组电量 0.86 亿 kW·h)。历次现场调查表明:工程河段分布有怒江裂腹鱼、贡山裂腹鱼和贡山鮡 3 种怒江水系特有鱼类。坝下河段为典型峡谷急流,分布有 3 处鮡科鱼类产卵场(其中 1 处在减水河段),2 处裂腹鱼类产卵场。因此,研究河段有维持鱼类栖息地的需求。

国家环境保护总局《关于印发〈水电水利建设项目水环境与水生生态保护技术政策研讨会议纪要〉的函》(环办函〔2006〕11 号)和《关于印发〈水电水利建设项目河道生态用水、低温水和过鱼设施环境影响评价技术指南(试行)〉的函》(环评函〔2006〕4 号)明确规定:"为维护河段水生生态系统稳定,水利水电工程必须下泄一定的生态流量。"环境保护部、国家能源局《关于深化落实水电开发生态环境保护措施的通知》(环发〔2014〕65 号)明确规定:"合理确定生态流量,认真落实生态流量泄放措施。应根据电站坝址下游河道水生生态、水环境、景观等生态用水需求，结合水力学、水文学等方法，按生态流量设计技术规范及有关导则规定，编制生态流量泄放方案，方案中应明确电站最小下泄生态流量和下泄生态流量过程。此外，还需确定蓄水期及运行期生态流量泄放设施及保障措施。在国家和地方重点保护、珍稀濒危或开发区域河段特有水生生物栖息地的鱼类产卵季节，经论证确有需要，应进一步加大下泄生态流量；当天然来流量小于规定下泄最小生态流量时，电站下泄生态流量按坝址处天然实际来流量进行下泄。"

西藏自治区环境保护厅对《西藏自治区玉曲河干流水电规划环境影响报告书审查意见》（藏环函〔2010〕19 号）提出："规划涉及河段较长，规划涉及引水式电站导致的脱（减）水河段水文情势变化及其对水生态系统的影响问题突出，下阶段要结合具体梯级电站设计和项目环评，进一步合理界定应保障下泄生态环境流量值，并明确提出下泄流量过程的具体控制要求。"

根据国家环境保护总局发布的《关于印发〈水电水利建设项目水环境与水生生态保护技术政策研讨会议纪要〉的函》（环办函〔2006〕11 号）的指导意见："维持水生生态系统稳定所需水量一般不应小于河道控制断面多年平均流量的 10%（当多年平均流量大于 80m³/s 时按 5% 取用）。"《水利水电建设项目水资源论证导则》（SL 525—2011）提出："对于河道生态需水量的确定，原则上按多年平均流量的 10%～20% 确定。"《西藏玉曲河扎拉水电站预可行性研究报告》初拟以坝址断面多年平均流量的10% 作为扎拉水电站生态流量下泄值。水电水利规划设计总院《西藏玉曲河扎拉水电站预可行性研究报告审查意见》（水电电规〔2012〕58 号）提出："下阶段应依据用水需求调查成果，结合生态调度，合理确定生态流量泄放方案。"

因引水发电，扎拉水电站坝址—厂址区间约 59.2km 的河段流量减少，在部分月份电站日调节运行，厂址以下河段日内流量发生改变，工程运行必将改变坝下河段河道原有的水文情势和水动力学条件，并对下游水生生态环境产生影响。

编制本书的目的旨在践行"生态优先、绿色发展"理念，合理地确定扎拉水电站不同生长期及产卵期所需要的河道生态流量。本书首次提出根据鱼类生长繁殖期不同时段，分别采用水文学法、水力学法、生态水力学法以及生境模拟法等不同方法对扎拉水电站减水河段的河道生态流量进行计算。创新性地提出了分时段分方法计算河道生态流量的思路。同时也分析了扎拉水电站的实施对减水河段河道的水深、流速、水温等水文情势及水动力条件的影响，并提出了相应的生态保障措施。研究成果可为水电站减水河段生态流量的确定以及水文情势的分析提供参考价值。

本书结合编写专家们多年在水电站生态流量及水文情势分析工作积累的知识和经验，阐述了扎拉水电站所在流域以及工程的概况（第 1 章），提出了本次的研究目的及技术路线（第 2 章），介绍了研究河段的水文情势现状（第 3 章）、水生生态现状及功能定位（第 4 章），采用水文学法、水力学法、生态水力学法、生境模拟法等多种方法计算了减水河段生态流量（第 5 章），分析了工程实施后对减水河段水文情势的影响（第 6 章），并提出了水电站生态流量保障措施（第 7 章），总结了减水河段生态流量及水文情势影响的研究结论（第 8 章），并对引水式水电站减水河段生态流量计算研究开展了回顾与展望（第 9 章）。本书总结了西藏玉曲河扎拉水电站减水河段生态流量的多种计算方法，创新性地提出了分时段分方法计算河道生态流量的思路。研究成果可为水电站减水河段生态流量的确定提供参考价值。

本书由张仲伟、马俊超担任主编，蔡玉鹏、范晓志、黄晓敏、陈思宝担任副主编，具体编写内容如下：张仲伟负责第4、5、6、9章的撰写，共计11.5万字；马俊超负责第2、3、5、6章的撰写，共计11万字；范晓志负责第5、7章的撰写，共计5万字；蔡玉鹏负责第5、8章的撰写，共计5万字；黄晓敏负责第1、5章的撰写，共计4万字；陈思宝负责第4、9章的撰写，共计4万字。本书由张仲伟主持，由马俊超组稿，由蔡玉鹏、范晓志审定。

本书的编写和出版，得到了长江水资源保护科学研究所、水利部中国科学院水工程生态研究所等相关部门单位的大力支持，在此致以诚挚的谢意。

受作者水平和编写时间所限，书中难免有不当之处，诚望得到读者批评、指正。我们将认真吸取各方面的意见与建议，不断完善。

作　者
2021 年 4 月

目 录

# 第1章 流域及工程概况

## 1.1 流域及流域规划概况

### 1.1.1 流域概况

玉曲河，又称伟曲，是怒江中游左岸一级支流，发源于西藏自治区昌都地区类乌齐县附近的瓦合山麓，源头海拔约4954m，自河源流向东南，流经昌都地区洛隆县、察雅县、八宿县、左贡县，以及林芝地区察隅县，在察隅县察瓦龙乡目巴村附近汇入怒江。

玉曲河流域位于北纬28°25′～30°59′和东经96°28′～98°41′之间，流域面积9379km²，干流总长444.3km；河道天然落差3122m，平均坡降约7.0‰。其中，左贡县城以上河段河道宽缓，平均坡降约3.5‰；左贡县城以下河道狭窄，河谷深切，多呈"V"形，落差较大，平均坡降大于10‰。玉曲河位于怒江和澜沧江的分水岭上，界于他念他翁山和永隆里南山之间，与怒江和澜沧江并流而行。流域内地势大致呈东北向西南倾斜，东部与澜沧江相邻，西南部与怒江接壤，分水岭高程多在海拔4800m以上。

流域内支流较多，主要支流有直曲、尼曲（也称开曲）、登曲、节曲、阿比曲、大曲等，大多数位于干流左岸，具有河道短、落差大的特点。玉曲河主要支流特征值见表1.1-1。

表 1.1-1 玉曲河主要支流特征值表

| 序号 | 支流名称 | 岸别 | 流域面积（km²） | 河流长度（km） | 天然落差（m） | 平均比降（‰） | 河口多年平均流量（m³/s） |
|------|----------|------|------------------|----------------|---------------|----------------|----------------------------|
| 1 | 直曲 | 左 | 379 | 43.0 | 650 | 1.5 | 4.55 |
| 2 | 开曲 | 左 | 727 | 52.0 | 780 | 1.5 | 8.72 |
| 3 | 登曲 | 左 | 337 | 36.0 | 900 | 2.5 | 4.04 |
| 4 | 节曲 | 左 | 119 | 26.0 | 800 | 3.1 | 1.43 |
| 5 | 阿比曲 | 左 | 298 | 36.0 | 1120 | 3.1 | 3.58 |
| 6 | 大曲 | 左 | 134 | 24.6 | 1120 | 4.6 | 1.61 |
| 7 | 班章烘曲 | 左 | 273 | 38.0 | 2000 | 5.3 | 3.28 |
| 8 | 梅里拉鲁曲 | 右 | 182 | 27.8 | 2200 | 7.9 | 1.94 |

玉曲河流域常见的自然灾害有干旱、霜冻、雪灾、冰雹、山洪、泥石流、滑坡、地震等。

玉曲河流域气候复杂，受南北平行峡谷及中低纬度地理位置等因素的影响，具有垂直分布明显和上下游差异大的特点。中上游地区以高原温带半干旱季风气候为主，干湿季分明，日照充足，太阳辐射强，日温差大，年气温温差较小，冬春季气候干燥寒冷，夏季降水集中，年降水量 500～600mm；下游地区以喜马拉雅山南翼亚热带湿润气候为主，四季温和，降水充沛，日照充足，无霜期长，年降水量 800～1000mm，局部地区可达1500mm。流域内多年平均降水量为830mm左右。

左贡县玉曲河流域已建水电站7座，装机容量3600kW。仅玉曲河一级电站位于干流上，装机容量1260kW，其他已建电站均位于玉曲河支流上，见表1.1-2。

表 1.1-2　　　　　　　左贡县玉曲河流域已建水电站情况一览表

| 序号 | 电站名称 | 所在河流 | 所在乡村 | 开发方式 | 运行方式 | 装机容量(kW) | 保证出力(kW) | 设计水头(m) | 设计流量(m³/s) | 开工时间(年) | 竣工时间(年) |
|---|---|---|---|---|---|---|---|---|---|---|---|
| 1 | 玉曲河一级电站 | 干流 | 旺达镇 | 混合式 | 独立网 | 2×630 | 1197 | 12 | 22.3 | 1998 | 2002 |
| 2 | 觉马电站 | 支流生曲 | 毕西村 | 引水式 | 独立网 | 1×160 | 114 | 86.25 | 0.262 | 2004 | 2004 |
| 3 | 扎玉电站 | 支流通曲 | 吾通村 | 引水式 | 独立网 | 2×160 | 304 | 95 | 0.25 | 2003 | 2004 |
| 4 | 田妥电站 | 支流登曲 | 亚中村 | 引水式 | 独立网 | 1×160，1×200 | 108 | 28 | 2.02 | 1984 | 1985 |
| 5 | 亚中电站 | 支流塔鲁曲 | 塔鲁村 | 引水式 | 独立网 | 1×250 | 225 | 38.3 | 1.01 | 2004 | 2005 |
| 6 | 美玉电站 | 支流开曲 | 卡差村 | 引水式 | 独立网 | 1×250 | 225 | 36.65 | 1.0 | 2004 | 2005 |
| 7 | 碧土电站 | 支流弄巴棍曲 | 碧土村 | 引水式 | 独立网 | 1×1000 | 800 | 150 | 1.35 | 2006 | 2007 |
| | 合计 | | | | | 3600 | | | | | |

## 1.1.2　流域水电规划及开发现状

玉曲河流域地处我国西部边缘，位于怒江和澜沧江的分水岭西侧，介于他念他翁山和永隆里南山之间，流域内地势险峻、交通不便、气候恶劣、经济社会发展缓慢，基础资料缺乏，前期勘测规划设计工作开展相对较少。

2003年9月至2004年2月，国家电力公司对玉曲河进行了室内规划选点及分析计算工作，初步拟定了12级开发方案，自上而下依次为金达、列达、冷科、勒巴、沙马龙、拉丝、生巴、中波、毕九、扎拉、松栗、格布等水电站，总装机容量1006MW，年发电量55.66亿 kW·h。

左贡县玉曲河流域已建电站分布见图1.1-1。

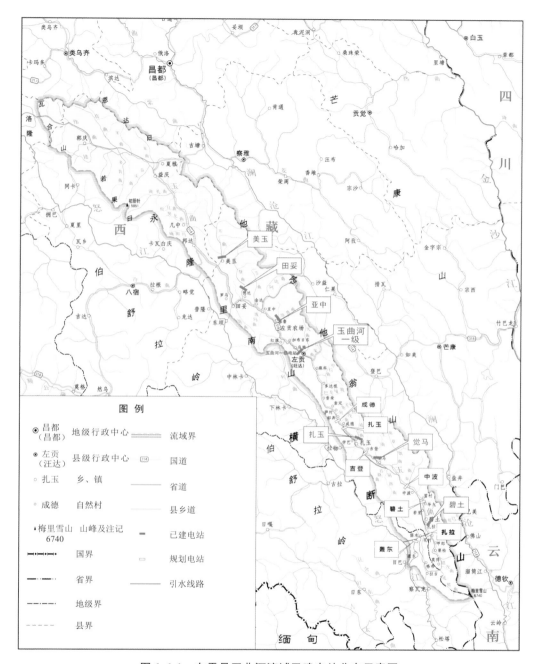

**图 1.1-1 左贡县玉曲河流域已建电站分布示意图**

2007年5月，编制完成了《玉曲河流域综合查勘报告》，初步拟定了玉曲河干流水电梯级坝址，并提出了梯级开发的初步设想。

2009年12月，完成了《玉曲河干流水电规划报告》。按照《西藏自治区玉曲河干流水电规划报告》规划成果，玉曲河干流梯级开发推荐方案为：成德（正常蓄水位3760m，下同）—扎玉（3550m，引）—吉登（3400m，引）—中波（3200m）—碧土（3080m，引）—扎拉（2810m，引）—轰东（2100m，引）共 7 级，总装机容量 1984MW，保证出力 312.8MW（联合运行时 717.4MW），年发电量 94.42 亿 kW·h（联合运行时 98.25 亿 kW·h），并根据近期工程选择原则，在解决玉曲河对外交通问题，明确电力送出方向的前提下，结合当地的经济发展水平与电力需求状况，综合考虑业主和地方政府的积极性、电站技术经济指标较优、能集中开发与送出、节约工程投资等因素，将碧土和扎拉梯级列为近期开发工程。

## 1.2 研究区概况

### 1.2.1 地形地貌

玉曲河流域地处西藏东部横断山地地貌区，地势总体西北高，东南低。流域东侧有他念他翁山，山脊高程 5000～6740m，为玉曲河与澜沧江分水岭；流域西侧有永隆里南山脉，山脊高程 4600～5794m，为玉曲河与怒江的分水岭。

玉曲河总体流向为北北西—南南东向，在碧土乡龙西村处转为由东至西呈"几"字形横穿永隆里南山，于林芝地区察隅县目巴村处汇入怒江。区域地貌以断裂线状谷为主，大致分为高原地貌区、高山峡谷过渡区和高山峡谷区。

### 1.2.2 环境地质

玉曲河处于班公错—怒江缝合带与羌塘—三江复合板块内班公错—丁青断陷盆地谷地带内，属冈底斯—念青唐古拉区的比如—洛隆分区和羌塘—昌都区的类乌齐—左贡和昌都分区，河谷及两岸自元古界至第四系均有出露。流域内岩浆岩分布较多，以各类侵入岩为主，火山岩较少且仅零星出露；侵入岩以印支期和燕山期岩浆活动最强烈，且侵入岩体规模较大；变质岩除分布于下白垩统八宿组和下第三系、第四系地层外，沿途自元古界至侏罗系地层都遭受了不同程度的变质；沉积岩主要为活动陆缘弧盆系沉积物，以中三叠世以前的地层变质程度较高。

根据《中国地震动峰值加速度区划图》（GB 18306—2001），玉曲河沿途地震动峰值加速度多为 0.10g，对应地震基本烈度为Ⅶ度，地震反应谱特征周期多为 0.45s。仅在上游类乌齐、八宿县境内地震动峰值加速度为 0.15g。

### 1.2.3 气候与气象

玉曲河流域气候复杂，受南北平行峡谷及中低纬度地理位置等因素的影响，具有垂直分布明显和上下游差异大的特点。左贡以上地区以高原温带半干旱季风气候为主，干湿季分明，日照充足，太阳辐射强，日温差大，年气温温差较小，冬春季气候干燥寒冷，夏季降水集中，年降水量 500～600mm；左贡以下地区以喜马拉雅山南翼亚热带湿润气候为主，四季温和，降水充沛，日照充足，无霜期长，年降水量 800～1000mm，局部地区可达 1500mm。玉曲河流域降水分布从上往下逐渐增加，汇入怒江后，向下游干流降水量迅速增加，贡山站多年平均降水量高达 1724mm。

## 1.2.4 水文泥沙

玉曲河是怒江中游左岸一级支流，流域面积 9379km²，总长 444.3km，沿途有直曲、尼曲（也称开曲）、登曲、节曲、阿比曲、大曲等支流汇入。玉曲河径流主要来自降水，其次为地下水和冰雪融水。年径流深的分布趋势与年降水量的分布趋势相近，自上游至下游逐渐增大，只有局部地区，受地形等条件的影响表现出例外。径流的年内分配不均，最大 7 月径流量占全年的 17.4％左右，最枯 2 月占全年的 2.86％左右。径流的年际变化不大。

玉曲河流域地势高亢，气候干冷，降水强度小，中上游无一日雨量大于 50mm 的暴雨，只有下游左贡县碧土乡一带偶有暴雨出现。流域洪水主要由降水形成，属暴雨洪水。春季融雪有时也形成洪水。降雨一般集中在 5—10 月，与年降水分布相应，洪峰多发生在 7—8 月。洪水具有历时短、过程尖瘦、陡涨陡落的特点，一次洪水历时为 1～3d。根据 2008 年以来的实测资料，扎拉水电站坝址最大洪峰流量为 2016 年 7 月 30 日的 522m³/s，洪量一般集中在 1d 之内。

玉曲河水电规划阶段，玉曲河流域无水文站，没有实测水文资料。玉曲河入汇怒江，干流上有嘉玉桥、贡山水文站，两站径流系列较长，测验精度可靠。根据嘉玉桥、贡山水文站 1979—2004 年径流系列，计算出嘉玉桥—贡山区间径流，再按照面积比乘以一个降水量修正系数缩小到玉曲河流域。计算得出扎拉坝址 1979—2004 年径流资料系列，坝址径流年内分配见表 1.2-1。

表 1.2-1 玉曲河水电规划阶段扎拉坝址径流年内分配表

| 时间 | 1 月 | 2 月 | 3 月 | 4 月 | 5 月 | 6 月 | 7 月 | 8 月 | 9 月 | 10 月 | 11 月 | 12 月 | 年 |
|---|---|---|---|---|---|---|---|---|---|---|---|---|---|
| 扎拉坝址（m³/s） | 36.1 | 33.8 | 37.8 | 51.2 | 99.1 | 187 | 219 | 201 | 166 | 107 | 58.9 | 44.9 | 104 |
| 百分比（%） | 2.91 | 2.72 | 3.04 | 4.12 | 7.98 | 15.06 | 17.64 | 16.19 | 13.37 | 8.62 | 4.74 | 3.62 | 100 |

扎拉水电站可研阶段，玉曲河流域中游有左贡水文站，设立于 2008 年 7 月。扎拉水电站坝址设有专用水文站，设立于 2011 年 7 月，两站实测资料系列均较短。嘉玉桥、贡山水文站有 1979—2015 年实测资料，根据同期相应资料，计算出嘉玉桥—贡山区间年月平均径流系列。

根据 2008 年 7 月至 2015 年 12 月玉曲河左贡、扎拉坝址水文站实测资料分析，按照

1—3月、4—5月、6—9月、10—12月建立各分期左贡、扎拉坝址与嘉玉桥—贡山区间相应月平均流量相关关系，据此由嘉玉桥—贡山区间径流插补延长出左贡、扎拉各月径流系列。扎拉坝址径流年内分配见表1.2-2。工程区水系见图1.2-1。

表 1.2-2　　　　　　　　　　左贡、扎拉坝址径流年内分配表

| 时间 | 1月 | 2月 | 3月 | 4月 | 5月 | 6月 | 7月 | 8月 | 9月 | 10月 | 11月 | 12月 | 年 |
|---|---|---|---|---|---|---|---|---|---|---|---|---|---|
| 左贡 | 15.4 | 15 | 15.8 | 21.6 | 33.7 | 74.2 | 88.4 | 85.3 | 72.6 | 46.8 | 30 | 24.1 | 43.7 |
| 扎拉坝址 | 45.1 | 43.9 | 46.5 | 53.1 | 82.5 | 190 | 228 | 214 | 178 | 109 | 70.8 | 57.9 | 110 |

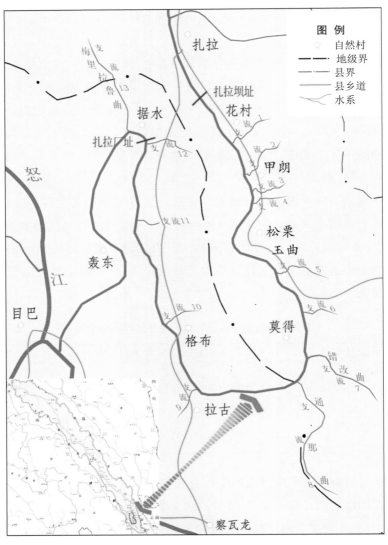

图 1.2-1　工程区水系图

## 1.3 工程概况

### 1.3.1 工程开发任务

扎拉水电站开发任务为发电，并促进地方经济社会发展。

（1）发电

扎拉水电站正常蓄水位为2815m，具有日调节能力，电站总装机容量1015MW（含生态机组15MW），单独运行时，多年平均发电量39.46亿kW·h（含生态机组电量0.86亿kW·h），电站建成后可为供电区提供一定规模电能，部分满足受电区经济社会发展对能源的需求。

（2）促进地方经济社会发展

扎拉水电站坝址位于西藏自治区昌都市左贡县碧土乡，厂址位于林芝市察隅县察瓦龙乡。受自然条件限制，目前当地经济社会发展相对落后，总体经济特征以农牧业自然经济为主体，经济总量小，是我国区域协调发展中的"短板"，是全面建成小康社会的难点和重点。

扎拉水电站总装机容量1015MW，工程规模较大，无论是在开发建设期，还是在投产运行期，均可直接拉动和促进当地经济社会的发展，增加边疆地区人民就业，切实提高当地各族人民生活水平和生活质量，共享我国改革发展成果，是工程所在地的重要工程，是当地百姓的造福工程，是促进当地经济社会全面发展、促进民族团结和维护边疆稳定的希望工程。

### 1.3.2 工程规模及主要特性

扎拉水电站坝址控制流域面积8546km²，多年平均流量110m³/s，多年平均径流量34.8亿m³。水库正常蓄水位2815m，调节库容136万m³，总装机容量1015MW（含生态机组15MW），单独运行时，多年平均发电量39.46亿kW·h（含生态机组电量0.86亿kW·h）。

扎拉水电站工程主要特性见表1.3-1。

表 1.3-1 扎拉水电站工程特性表

| 名称 | | | 数量及特性 | 备注 |
|---|---|---|---|---|
| 水文 | 流域面积 | 全流域（km²） | 9379 | |
| | | 坝址以上流域（km²） | 8546 | |
| | | 利用的水文系列年限（年） | 37 | 水文年 |
| | | 多年平均径流量（亿 m³） | 34.8 | |
| | 代表性流量 | 多年平均流量（m³/s） | 110 | |
| | | 设计洪水流量（$P=0.2\%$，m³/s） | 1430 | |
| | | 校核洪水流量（$P=0.05\%$，m³/s） | 1840 | |
| | | 施工导流流量（$P=5\%$，m³/s） | 1010 | |
| | 泥沙 | 多年平均悬移质年输沙量（万 t） | 91.9 | |
| | | 多年平均含沙量（kg/m³） | 0.266 | |
| | | 多年平均推移质年输沙量（万 t） | 13.8 | |
| 水库 | 水库水位 | 校核洪水位（$P=0.05\%$，m） | 2816.25 | |
| | | 设计洪水位（$P=0.2\%$，m） | 2815.00 | |
| | | 正常蓄水位（m） | 2815.00 | |
| | | 死水位（m） | 2811.50 | |
| | | 正常蓄水位时水库面积（km²） | 0.42 | |
| | | 回水长度（km） | 3.8 | 20 年一遇 |
| | 水库容积 | 总库容（亿 m³） | 0.0914 | |
| | | 调节库容（亿 m³） | 0.0136 | |
| | | 死库容（亿 m³） | 0.0726 | |
| | | 库容系数（%） | 0.04 | |
| | | 调节性能 | 日调节 | |
| 工程效益指标 | | 装机容量（MW） | 1000 | 4×250 |
| | | 保证出力（$P=95\%$，MW） | 161 | 单独运行 |
| | | 多年平均发电量（亿 kW·h） | 38.6 | |
| | | 装机年利用小时数（h） | 3860 | |
| | | 生态机组装机容量（MW） | 15 | 3×5MW |
| | | 生态机组多年平均发电量（亿 kW·h） | 0.86 | |
| | | 生态机组装机年利用小时数（h） | 5730 | |
| 建设征地和移民安置 | | 工程涉及土地总面积（亩） | 4708.15 | |
| | 其中 | 耕地（亩） | 599.66 | |
| | | 园地（亩） | 2.03 | |
| | | 林地（亩） | 3422.17 | |
| | | 迁移人口（人） | 23 户 122 人 | |
| | | 拆迁房屋（m²） | 11549.91 | |

续表

| 名称 | | | | 数量及特性 | 备注 |
|---|---|---|---|---|---|
| 主要建筑物及设备 | 挡水建筑物 | | 坝型 | 混凝土重力坝 | |
| | | | 地基特征 | 砂质板岩 | |
| | | | 地震基本烈度/设防烈度（度） | Ⅶ | |
| | | | 坝顶高程（m） | 2820 | |
| | | | 最大坝高（m） | 67 | |
| | | | 坝顶长度（m） | 199.5 | |
| | 泄水建筑物 | 表孔 | 堰顶高程（m） | 2805 | |
| | | | 数量—尺寸（宽×高，个—m×m） | 1—7×10 | |
| | | | 工作闸门型式 | 弧形 | |
| | | | 数量—尺寸（宽×高，扇—m×m） | 1—7×10 | |
| | | | 启闭机型式 | 液压启闭机 | |
| | | | 数量—容量（台—kN） | 1—2×500kN | |
| | | | 事故检修闸门型式 | 平板 | |
| | | | 数量—容量（台—kN） | 1—2×500kN/100kN | |
| | | | 消能方式 | 挑流消能 | |
| | | 底孔 | 底高程（m） | 2770 | |
| | | | 数量—尺寸（宽×高，个—m） | 2—4.5×6 | |
| | | | 工作闸门型式 | 弧形 | |
| | | | 数量—尺寸（宽×高，扇—m×m） | 2—4.5×6 | |
| | | | 启闭机型式 | | 液压启闭机 |
| | | | 数量—容量（台—kN） | 2—1000kN | |
| | | | 事故检修闸门型式 | 平板 | |
| | | | 数量—尺寸（宽×高，扇—m×m） | 2—4.5×7.81 | |
| | | | 启闭机型式 | 门机 | |
| | | | 数量—容量（台—kN） | 1—2×500/100 | |
| | | | 消能方式 | 挑流消能 | |
| | | 生态放水设施 | 底高程（m） | 2805 | |
| | | | 数量—尺寸（宽×高，个—m×m） | 1—2×2.5 | |
| | | | 工作闸门型式 | 弧形 | |
| | | | 启闭机型式 | | 液压启闭机 |
| | | | 数量—容量（台—kN） | 1—500/150 | |
| | | | 消能方式 | 挑流消能 | |
| | 输水建筑物 | 进水口 | 型式 | 岸塔式 | |
| | | | 底槛高程（m） | 2797.00 | |
| | | | 事故检修闸门型式 | 平板 | |
| | | | 启闭机型式 | 卷扬启闭机 | |
| | | | 数量—容量（台—kN） | 1—2×1250 | |
| | | 引水隧洞 | 长度（m） | 3736 | |
| | | | 断面尺寸 | 7.5/6.0 | |

| 名称 | | | | 数量及特性 | 备注 |
|---|---|---|---|---|---|
| 主要建筑物及设备 | 输水建筑物 | 调压室 | 型式 | 阻抗式 | |
| | | | 主要尺寸（内径×高，m×m） | 16×118.8 | |
| | | | 检修闸门型式 | 平板 | |
| | | | 数量—尺寸（宽×高，扇—m×m） | 2—5.3×5.3 | |
| | | | 启闭机型式 | 卷扬启闭机 | |
| | | | 数量—容量（台—kN） | 2—1500 | |
| | | 压力管道 | 条数/长度（条/m） | 4/1701.13、1701.13、1739.39、1739.39 | |
| | 发电厂房 | | 型式 | 地面厂房 | |
| | | | 厂房尺寸（长×宽×高，m×m×m） | 129.9×58.8×54.8 | |
| | | | 水轮机安装高程（m） | 2125.70 | |
| | 生态电站厂房 | | 型式 | 地面厂房 | |
| | | | 地基特性 | 板岩 | |
| | | | 厂房尺寸（长×宽×高，m×m×m） | 58.3×27.5×33.6 | |
| | | | 水轮机安装高程（m） | 2756.9 | |
| 施工特性 | 主体工程量（含导流工程） | | 明挖土石方（万 m³） | 429.85 | |
| | | | 洞挖石方（万 m³） | 107.76 | |
| | | | 填筑土石方（万 m³） | 40.54 | |
| | | | 混凝土（万 m³） | 83.21 | |
| | 主要建筑材料 | | 木材（m³） | 2800 | |
| | | | 水泥（t） | 23.80 | |
| | 所需劳动力 | | 总工日（万工日） | 119.35 | |
| | | | 平均高峰人数（人） | 1450 | |
| | | | 高峰人数（人） | 2000 | |
| | 施工交通运输 | 对外交通 | 等级 | 水电级专用公路 | 进场公路 4km，对外交通公路分摊长度 25.77km |
| | | | 距离（km） | 29.77 | |
| | | 场内交通干道 | 等级 | 场内二级或三级 | |
| | | | 长度（km） | 32.86 | |
| | 施工导流 | | 导流方式 | | 一次性拦断河床、隧洞导流 |
| | | | 挡水建筑物型式 | | 土石围堰 |
| | | | 最大高度（m） | 29.5 | |
| | | | 泄水建筑物型式 | | 隧洞导流 |
| | 施工工期 | | 总工期（月） | 67 | |

续表

| 名称 | | | 数量 | 备注 |
|---|---|---|---|---|
| 水土保持工程 | 拦渣工程 | 拦渣坝（m） | 62 | |
| | | 挡渣墙（m） | 130 | |
| | | 排洪沟（m） | 3936 | |
| | | 截排水工程（m） | 11720 | |
| | 植物措施 | 乔木（高山松）（株） | 28081 | |
| | | 乔木（藏青杨）（株） | 20108 | |
| | | 灌木（狼牙刺）（株） | 545083 | |
| | | 灌木（小檗）（株） | 545083 | |
| | 临时措施 | 袋装土拦挡（m） | 2100 | |
| | | 钢筋石笼拦挡 | 3047 | |
| 环境保护 | 水环境保护工程 | 砂石骨料加工系统废水处理站（座） | 3 | 大坝砂石加工系统配置2座、厂房砂石加工系统配置1座 |
| | | 混凝土生产系统废水处理站（座） | 5 | 大坝混凝土生产系统、厂房混凝土生产系统和引水隧洞混凝土生产系统共配置5座 |
| | | 含油废水处理站（座） | 4 | 各施工机械停放场分别设置1座隔油池 |
| | | 成套生活污水处理设备（套） | 2 | 扎拉营地和珠拉营地各1套 |
| | | 陆生生态保护工程（项） | 1 | 工程措施、植物措施、临时措施 |
| | 水生生态保护工程 | 过鱼设施 | 竖缝式鱼道，全长2.97km | 主要过鱼对象为4种裂腹鱼，即怒江裂腹鱼、贡山裂腹鱼、裸腹叶须鱼、温泉裸裂尻鱼，其他鱼类如高原鳅类及鲱科鱼类作为兼顾过鱼对象 |
| | | 鱼类增殖放流站（座） | 1 | 位于厂房区珠拉营地，裸腹叶须鱼、怒江裂腹鱼、贡山裂腹鱼、扎那纹胸鲱、贡山鲱等5种鱼类作为增殖放流对象，放流规模25万尾/a |

| | | 名称 | 数量 | 备注 |
|---|---|---|---|---|
| 环境保护 | 水生生态保护工程 | 下泄生态基流（m³/s） | 10月至次年3月15.9m³/s，4、9月22（m³/s）、5—8月33 m³/s | 生态机组和坝身生态放水设施下泄 |
| | | 栖息地保护与修复 | 干流源头—左贡219.3km河段、坝址—河口段和支流梅里拉鲁曲、错改曲、通那曲为栖息地进行保护 | 对坝址—厂址之间59.2km减水河段局部河道进行人工栖息地营造及保护 |
| | | 其他保护措施 | 渔政管理、科学研究等 | |
| | 工程总投资（万元） | | 1184022.18 | |

## 1.3.3 工程项目组成

扎拉水电站主要由主体工程、施工辅助工程、水库淹没及移民安置工程、环境保护工程等组成。扎拉水电站工程项目组成见表1.3-2。

表1.3-2　　　　　　　　　　扎拉水电站工程项目组成表

| 工程项目 | | 项目组成 |
|---|---|---|
| 主体工程 | 挡水建筑物 | 混凝土重力坝 |
| | 泄水建筑物 | 1个表孔、2个泄洪冲沙底孔 |
| | 引水建筑物 | 岸塔式进水口、引水隧洞、调压室、压力管道、地面厂房（主厂房、副厂房、安装场、尾水平台、尾水渠） |
| 施工辅助工程 | 导流建筑物 | 1条导流洞、上下游土石围堰、厂房施工围堰、导流洞出口围堰 |
| | 施工企业 | 2处砂石加工系统、5处混凝土拌和系统、3处综合加工厂、3处金结机电设备拼装厂、4处机械修配厂 |
| | 公用工程 | 2个供水站、19座施工变电所及配套输电线路 |
| | 储运工程 | 综合仓库1座，油库1座，炸药库2座，场内公路32.86km，新建永久桥2座，新建临时桥1座 |
| | 办公及生活设施 | 扎拉营地和珠拉营地 |
| | 渣场、料场 | 3处弃渣场、2处料场 |

续表

| 工程项目 | | 项目组成 |
|---|---|---|
| 水库淹没及移民安置工程 | 库底清理 | 建筑物、构筑物拆除与清理、林木砍伐、迹地卫生清理与消毒 |
| | 移民安置 | 规划水平年生产安置110人，以种植业安置、逐年补偿和自谋职业安置相结合的生产安置；搬迁安置127人，本村后靠分散建房安置 |
| | 专项设施 | 主要为交通（等级公路8.1km、桥梁1座45延米）、电力、通信工程及文物古迹（4处）等 |
| 环境保护工程 | 生态流量泄放工程 | 施工期：通过导流洞、底孔、表孔下泄生态流量；<br>运行期：通过生态机组和生态放水设施下泄生态流量 |
| | | 生态机组由坝式进水口、压力钢管背管和坝后式地面厂房组成；生态放水设施由生态放水孔、弧形工作门、控制系统组成 |
| | 鱼类保护工程 | 鱼类栖息地保护：将干流源头—左贡219.3km河段全部加以保护；将干流坝址—河口段、减水河段支流错改曲（支流7）和通那曲（支流8）、厂址下游支流梅里拉鲁沟（支流13）作为鱼类栖息地加以保护。工程设计按10月至次年3月15.9$m^3$/s、4月和9月22$m^3$/s、5—8月33$m^3$/s下泄生态基流，并对扎拉坝址—厂房减水河段适当进行栖息地修复、微生境改造；<br>过鱼设施：采用鱼道方案；<br>1座鱼类增殖放流站，放流规模为25万尾/a |
| | 施工废（污）水处理工程 | 2座砂石骨料加工系统废水处理站、5座混凝土生产系统废水处理站、4座含油废水处理站、2座生活污水处理站等 |
| | 水土保持工程 | 工程措施、植物措施、临时措施 |
| | 移民安置环境保护工程 | 生活污水通过修建旱厕进行简易处理 |
| | 其他环境保护工程 | 隔声屏障工程、安全警示牌、陆生生物保护警示牌等 |

## 1.3.4 枢纽布置及主要建筑物

扎拉水电站枢纽工程采用混凝土重力坝，厂房为地面厂房，工程由挡水建筑物、泄水建筑物、引水发电建筑物、生态机组、生态放水设施、鱼道等组成。

### 1.3.4.1 挡水建筑物

挡水建筑物为混凝土重力坝。坝顶高程为2820.00m，最大坝高67m，坝顶总长199.5m。大坝建筑物布置从左至右分别为：左岸非溢流坝段，长65.5m；泄洪坝段，长38m；右岸非溢流坝段，长90m。

（1）左岸非溢流坝段

左岸1#～3#非溢流坝段建基面高程为2760.0～2807.0m，坝段长度分别为27.5m、20m和18m，坝顶总长65.5m，最大坝高60m。坝体上游面2775m高程以下采用1:0.2

贴坡，以上为垂直，下游面坡比为 1∶0.75。

（2）溢流坝段

4#和 5#溢流坝段位于河床中部，坝段长度分别为 20m、18m，最大坝高 67m。布置 1 个表孔、2 个底孔和 1 个生态放水设施，表孔跨横缝布置，底孔布置在表孔两侧，生态电站布置在 4#溢流坝段左侧。

（3）生态机组坝段

6#坝段为生态机组坝段，坝段长 16m，最大坝高 60m。坝体上游面 2775m 高程以下采用 1∶0.2 贴坡，以上为垂直，下游面坡比为 1∶0.75。

（4）右岸非溢流坝段

右岸 7#~11#非溢流坝段建基面高程为 2780.0~2805.0m，5 个坝段长度均为 16m，坝顶总长 80m，最大坝高 40m。坝体上游面 2775m 高程以下采用 1∶0.2 贴坡，以上为垂直，下游面坡比为 1∶0.75。

### 1.3.4.2 泄水建筑物

扎拉水电站 500 年一遇设计洪水洪峰流量为 1430m³/s，2000 年一遇校核洪水洪峰流量为 1840m³/s。泄洪设施全部布置在河床坝段采用 1 表孔＋2 底孔的泄洪布置方式。表孔为开敞式溢流堰，堰顶高程 2805.0m，孔口尺寸 7m×10m（宽×高）跨横缝布置；底孔布置在表孔两侧，采用有压短管型式，进口底高程 2770.00m，孔口尺寸 4.5m×6m（宽×高）。表孔、底孔均采用挑流消能，在坝趾下游设置短护坦，护坦顺流向长 20m，厚 2m。

### 1.3.4.3 引水发电建筑物

电站引水发电建筑物包括进水口、引水隧洞、调压室、压力管道及地面厂房。

进水口布置于大坝右岸上游 36.5m 处，采用岸塔式进水口。进水塔由拦污栅段、喇叭口段、闸门段三部分组成，顺水流向长度为 15.6m，垂直水流向长度为 22.2m，塔高 26.50m，拦污栅底板顶面高程 2797.0m，建基面高程 2793.5m，塔顶高程 2820.0m，塔顶与坝顶公路相连。

引水线路在立面上采用两级竖井的布置型式，由上平段、调压室段、第一级竖井段、中平段、第二级竖井段、下平段组成。引水线路首部中心高程为 2800.75m，末端中心高程为 2125.70m，总高差 675.05m。引水隧洞主洞为圆形断面，内径 7.5~6.0m，其中内径 7.5m 的洞段长 3240.60m，内径 6.0m 的洞段长 440m，渐变段合计长 40m，主洞总长 3720.60m，均采用钢筋混凝土衬砌。调压室为阻抗式，内径 16m，高 113.3m，调压室段长 19m，采用钢筋混凝土衬砌，调压室内各支洞首部各布置 1 个事故检修闸门。压力管道为地下埋藏式，内径 5.3m、4.8m、4.5m、4.2m、2.6m 及 2.3m，采用埋管及压力钢管的型式。1#、2#机引水线路压力钢管长 1713.8m，3#、4#机引水线路压力钢管长 1760.8m。1#、2#机引水线路全长约 5475.66m，3#、4#机引水线路全长约 5526.60m。

地面厂房由主厂房、副厂房、安装场、尾水平台、尾水渠等组成。副厂房位于主厂房上游侧，安装场位于主厂房右侧。地面厂房（包括主厂房、副厂房、安装场等）总尺寸为 129.9m×58.8m×54.8m（长×宽×高）。主厂房内安装有 4 台单机 250MW 的冲击式机组，机组安装高程为 2125.70m，机组引水流量 170.60m³/s，额定水头 667.40m。副厂房位于主厂房上游侧，长 129.9m，宽 17m，高 46.5m。安装场位于主厂房右侧，长 35.0m，宽 33.3m，高 41.5m，安装场高程为 2140.4m。主变压器、主变检修通道、GIS 室依次布置在副厂房上游地面，高程为 2140.4m。尾水平台尺寸为 129.9m×8.5m（长×宽）。

### 1.3.4.4　生态机组

生态机组建筑物布置在大坝右岸非溢流坝段坝后，紧靠河床，由坝式进水口、压力钢管背管和坝后式地面厂房组成，采用单管三机供水方式，主管内径 3.0m。地面厂房安装 3 台单机容量 5MW 的混流立式机组，3 台机组作为生态供水系统的过水主通道，单机额定流量 11m³/s。生态机组按照固定流量方式运行，即在不同库水位条件下，单台机组均按设定值（10 月至次年 3 月为 7.95m³/s，其他月份均为 11m³/s）泄放流量。

### 1.3.4.5　生态放水设施

生态放水设施由坝身生态放水孔、弧形工作门和控制系统组成。

坝身生态放水孔位于 4#溢流坝段泄洪冲沙底孔左侧，采用有压短管型式。进口底高程 2805m，出口布置弧形工作门，孔口尺寸 2.0m×2.5m（宽×高）。下游采用挑流消能，挑坎高程 2780m，挑角 15°。弧形工作门采用液压启闭机操作，可以局部开启。

扎拉水电站设置一套生态流量泄放计算机监控系统。该系统按监控对象的分布设置现地控制单元：生态电站设置 3 套生态机组现地控制单元，坝身生态放水设施设置 1 套大坝现地控制单元。通过生态机组现地控制单元可以实现对生态机组的远程控制，通过大坝现地控制单元可以实现对坝身生态放水设施闸门的远程控制。

同时，在生态机组厂房及尾水出口、坝身生态放水设施下游等部位设置视频监视设施，监视生态机组运行情况、尾水出流情况和坝身生态放水设施闸门开启及放水情况等，相关视频数据实时传送至电站视频监控系统，以实现对生态机组、坝身生态放水设施和生态流量泄放情况远程监视和在线监视。

通过 3 台生态机组和坝身生态放水设施组合运用，可以满足不同时期的生态流量泄放要求。

### 1.3.4.6　鱼道

鱼道布置在大坝坝下右岸，进口紧邻生态机组厂房尾水口，在进口处转折后，沿地形向下游延伸，并在距坝下约 1.25km 处（高程 2782m）向上游折返，沿地形向上游延伸。

在高程为 2807.5m 处鱼道穿过大坝，并从厂房进水洞上方穿过，沿地形延伸至上游库区，坝上段总长度约 330m，为满足不同上游水位的过鱼需要，共设 3 个出鱼口。鱼道全长约 2.97km。

## 1.3.5 初期蓄水与运行方式

### 1.3.5.1 初期蓄水

（1）下游最小需水量

扎拉水电站的开发任务为发电，并促进地方经济社会发展。下游用水量主要需满足下游生产生活及河道生态用水。下游生产生活用水方面，扎拉水电站坝址至珠拉村之间的河段长约 59.2km，有少量村庄和耕地分布。根据调查，坝、厂址区间灌溉（供水）主要取自玉曲河支流或山间泉水，对玉曲河干流无用水要求。河道生态用水方面，10 月至次年 3 月拟下泄生态基流 15.9m³/s；4 月和 9 月下泄生态基流 22m³/s；5—8 月下泄生态基流 33m³/s。

根据施工进度计划，扎拉水电站开工后第 6 年 3 月底孔下闸蓄水，相应生态基流为 15.9m³/s，为避免下游水位降幅过大，影响鱼类生存，拟在蓄水期间按下泄流量每小时减少 5m³/s 进行蓄水。第 6 年 6 月初表孔下闸蓄水，相应生态流量为 33m³/s，为避免下游水位降幅过大，影响鱼类产卵，拟在蓄水期间按下泄流量每小时减少 5m³/s 进行蓄水。

（2）初期蓄水计划

①初期蓄水拟定原则

a. 底孔下闸蓄水期

考虑下游河道用水要求，扎拉水电站蓄水拟定原则为：①当坝址来水量≤15.9m³/s 时，枢纽按来流量下泄；②当坝址来水量＞15.9m³/s 时，按每小时减少 5m³/s 的速率下泄流量，直至下泄流量为 15.9m³/s，多余水量蓄到水库内。库水位达到表孔底高程 2805m 时，本期蓄水结束，此后水库按来流量下泄。

b. 表孔下闸蓄水期

考虑下游河道用水要求，扎拉水电站蓄水拟定原则为：①当坝址来水量≤33m³/s 时，枢纽按来流量下泄；②当坝址来水量＞33m³/s 时，按每小时减少 5m³/s 的速率下泄流量，直至库水位达到死水位 2811.5m，多余水量蓄到水库内。初期蓄水结束。

②蓄水历时计算

a. 底孔下闸蓄水期

底孔下闸蓄水期间，上游无其他水电站运行，按照上述蓄水前提条件及原则，采用 1979 年 5 月至 2015 年 4 月入库径流系列中，选择 3 月 75%和 50%频率典型入库，流量分别为 43.1m³/s、45.7m³/s，进行扎拉水库蓄水历时计算。根据工程进度计划，导流隧洞拟于第 5 年 12 月初下闸封堵，下闸以后，水流通过大坝底孔下泄，第 6 年 3 月底孔下闸蓄水，底孔底高程为 2770m，根据其泄流能力，43.1m³/s、45.7m³/s 相应库水位分别为 2771.8m、2771.9m，本期蓄水即从上述水位开始，直至蓄水至表孔底高程 2805m。扎拉水电站底孔下闸蓄水期蓄水过程见表 1.3-3。

通过计算可以看出，由于扎拉水库库容较小，不同来水保证率蓄水时间均较短。在 75% 和 50% 典型入库径流情况下，满足下游用水后，扎拉水库蓄至表孔底高程 2805m 分别用时约 54.2h 和 49.9h。

b. 表孔下闸蓄水期

采用 1979 年 5 月至 2015 年 4 月入库径流系列中，选择 6 月 75% 和 50% 频率典型入库，流量分别为 145m³/s、180m³/s，进行扎拉水库蓄水历时计算。根据工程进度计划，第 6 年 3 月底孔下闸蓄水，蓄水至表孔底高程 2805m。本期蓄水即从 2805m 开始，根据其泄流能力，145m³/s、180m³/s 相应库水位分别为 2810.1m、2810.8m，本期蓄水即从上述水位开始，直至蓄水至死水位 2811.5m。扎拉水电站蓄水过程见表 1.3-3。

表 1.3-3　　　　　　　　　　　　扎拉水电站初期蓄水过程表

| 来水频率 | 蓄水期 | 蓄水时间（h） | 入库流量（m³/s） | 下泄流量（m³/s） | 下游水位（m） | 时段蓄水量（万 m³） | 累计蓄水量（万 m³） | 库水位（m） |
|---|---|---|---|---|---|---|---|---|
| 75% | 底孔下闸蓄水期 | 1.0 | 43.1 | 38.1 | 2761.20 | 2 | 12 | 2772.42 |
| | | 1.0 | 43.1 | 33.1 | 2761.09 | 4 | 16 | 2773.51 |
| | | 1.0 | 43.1 | 28.1 | 2760.98 | 5 | 21 | 2774.90 |
| | | 1.0 | 43.1 | 23.1 | 2760.87 | 7 | 29 | 2776.49 |
| | | 1.0 | 43.1 | 18.1 | 2760.76 | 9 | 38 | 2778.18 |
| | | 49.2 | 43.1 | 15.9 | 2760.72 | 475 | 513 | 2805.00 |
| | 底孔下闸蓄水期累计蓄水时间 54.2h | | | | | | | |
| 75% | 表孔下闸蓄水期 | 1.0 | 145 | 140 | 2762.59 | 2 | 677 | 2810.14 |
| | | 1.0 | 145 | 135 | 2762.54 | 4 | 680 | 2810.24 |
| | | 1.0 | 145 | 130 | 2762.49 | 5 | 686 | 2810.39 |
| | | 1.0 | 145 | 125 | 2762.43 | 7 | 693 | 2810.59 |
| | | 1.0 | 145 | 120 | 2762.38 | 9 | 702 | 2810.84 |
| | | 1.0 | 145 | 115 | 2762.32 | 11 | 713 | 2811.14 |
| | | 1.0 | 145 | 110 | 2762.26 | 13 | 726 | 2811.50 |
| | 表孔下闸蓄水期累计蓄水时间 7h | | | | | | | |
| | 75% 来水频率累计蓄水时间 61.2h | | | | | | | |

续表

| 来水频率 | 蓄水期 | 蓄水时间（h） | 入库流量（m³/s） | 下泄流量（m³/s） | 下游水位（m） | 时段蓄水量（万 m³） | 累计蓄水量（万 m³） | 库水位（m） |
|---|---|---|---|---|---|---|---|---|
| 50% | 底孔下闸蓄水期 | 1.0 | 45.7 | 40.7 | 2761.26 | 2 | 13 | 2772.48 |
| | | 1.0 | 45.7 | 35.7 | 2761.15 | 4 | 16 | 2773.57 |
| | | 1.0 | 45.7 | 30.7 | 2761.04 | 5 | 22 | 2774.95 |
| | | 1.0 | 45.7 | 25.7 | 2760.93 | 7 | 29 | 2776.53 |
| | | 1.0 | 45.7 | 20.7 | 2760.82 | 9 | 38 | 2778.21 |
| | | 44.9 | 45.7 | 15.9 | 2760.72 | 475 | 513 | 2805.00 |
| | 底孔下闸蓄水期累计蓄水时间 49.9h | | | | | | | |
| | 表孔下闸蓄水期 | 1.0 | 180 | 175 | 2762.95 | 2 | 702 | 2810.84 |
| | | 1.0 | 180 | 170 | 2762.90 | 4 | 706 | 2810.94 |
| | | 1.0 | 180 | 165 | 2762.85 | 5 | 711 | 2811.09 |
| | | 1.0 | 180 | 160 | 2762.80 | 7 | 718 | 2811.30 |
| | | 0.8 | 180 | 155 | 2762.74 | 7 | 726 | 2811.50 |
| | 表孔下闸蓄水期累计蓄水时间 4.8h | | | | | | | |
| 50%来水频率累计蓄水时间 54.7h | | | | | | | | |

通过计算可以看出，由于扎拉水库库容较小，不同来水保证率蓄水时间均较短。在75%和50%典型入库径流情况下，满足下游用水后，扎拉水库由表孔底高程 2805m 蓄至死水位 2811.5m 分别用时约 7.0h 和 4.8h。

c. 初期蓄水总历时

根据以上分析，在 75%和 50%典型入库径流情况下，满足下游用水后，扎拉水库蓄至死水位 2811.5m 分别用时约 61.2h 和 54.7h。

需要说明的是，表 1.3-3 为本阶段初拟的初期蓄水过程。表孔下闸蓄水期 3 月底为玉曲河鱼类生殖洄游期，即将进入初始繁殖期，因此表孔下闸蓄水过程中，应实时监控下游减水河段水生态生境变化情况，并根据监控情况，实时动态调整蓄水过程，必要时可暂停蓄水进程，直至对鱼类生殖洄游及产卵基本没有影响时再继续蓄水。

③初期蓄水对下游用水的影响分析

扎拉水电站坝址至珠拉村之间的河段长约 59.2km，两岸有少量村庄和耕地分布。根据调查，坝、厂址区间灌溉（供水）主要取自玉曲河支流或山间泉水，对玉曲河干流无用水要求。因此，初期蓄水对下游生产、生活用水无影响。

### 1.3.5.2 运行方式

扎拉水电站正常蓄水位 2815m，死水位 2811.5m，主汛期（6—9 月）排沙运行控制水位 2811.5m，调节库容 136 万 m³，水库具有日调节能力。

（1）防洪

扎拉水电站水库库容较小，不承担下游防洪任务，其洪水调度以保证大坝安全为前提，起调水位为正常蓄水位，采用控泄与敞泄相结合的方式。洪水调节时，不考虑机组参与泄洪。调洪原则如下：

1）当洪水来量不超过起调水位相应泄量时，采取控泄运用方式，按洪水来量下泄，维持坝前水位不变；

2）当洪水来量大于起调水位相应泄量时，采用敞泄运用方式，按相应频率洪水泄流能力下泄，多余洪量存蓄在库中，坝前水位相应抬高。

（2）发电调度

扎拉水电站主要任务为发电，装机容量1015MW（含生态机组），单独运行时，多年平均发电量39.46亿kW·h（含生态机组）。

为降低对坝下减水河段水生生境的影响，扎拉水电站运行调度中，首先满足生态流量下泄要求，再进行引水发电，即10月至次年3月、4月和9月、5—8月优先保证通过生态机组或生态机组与坝身生态放水设施联合分别下泄不少于15.9$m^3$/s、22$m^3$/s、33$m^3$/s的生态流量，再进行引水发电。在4—7月鱼类产卵繁殖期，不调峰运行，承担基荷。

扎拉水电站枯水期以供电当地为主，可在优先保证生态环境用水的基础上，根据受电地区电力系统要求和入库来水情况进行日调峰运行。丰水期送电华中东四省，以承担系统基荷为主。

（3）排沙

根据水文分析成果，按1979—2015年水沙资料统计，扎拉水库坝址多年平均悬移质含沙量为0.266kg/$m^3$，含沙量不大。入库沙量主要集中在汛期，5—10月输沙量占全年的96%，6—9月输沙量占全年的90%，可见来沙主要集中在6—9月。

根据长江科学院一维泥沙模型计算成果，扎拉水电站单独运行时，正常蓄水位2815m、死水位2811.5m、排沙运行水位2811.5m（6—9月）水库达冲淤平衡年限为30~40年，泥沙淤积至底孔底高程需20~30年。

根据可研阶段泥沙物理模型，随着水库运用年限增加，淤积三角洲不断向坝前推进，枢纽运用50年末，水库排沙比达82%，库区泥沙基本达到冲淤平衡。枢纽泄水建筑物前泥沙淤积随枢纽运用年限的增加逐渐增大，枢纽运用50年末，坝前淤积高程基本与底孔进口底高程齐平，坝前淤积对底孔泄流排沙影响不大。

根据以上扎拉水库泥沙特性及数学模型计算和泥沙物理模型成果，初拟扎拉水电站排沙运行方式为：

在汛期6—9月主要来沙期，库水位维持在排沙运行控制水位，采用控泄方式排沙。

一般情况下，入库流量超过电站额定流量203.6$m^3$/s（引水发电机组170.6$m^3$/s，生态机组33$m^3$/s）时，即可利用弃水排沙。

鉴于玉曲河干流泥沙资料有限，且具有观测泥沙特性能力的左贡站和扎拉水电站坝址专用站多年平均输沙模数等泥沙特性存在较大差异，建议在坝址附近继续观测水沙特性。并在此基础上，采用具有一定代表性的水沙系列，在工程建成运行前或初期运行阶段，从有利于水生态环境方面，进一步研究汛期排沙运行控制水位及排沙运行方式。同时，在实际运行调度中，可根据上游碧土、中波水电站投产情况，以及水生态环境变化情况，适时调整运行调度方式。

### 1.3.5.3 典型日水库运行方式

扎拉水电站丰水年、平水年、枯水年的枯水期、丰水期典型日运行方式见表 1.3-4 至表 1.3-6。

表 1.3-4　　　　　　　　扎拉水电站丰水年典型日运行调度表　　　　　（单位：m³/s）

| 时间（小时） | 丰水年 | | | | | | | | |
|---|---|---|---|---|---|---|---|---|---|
| | 5月 | | | 7月 | | | 12月 | | |
| | 入库流量 | 主电站发电流量 | 坝下流量 | 入库流量 | 主电站发电流量 | 坝下流量 | 入库流量 | 主电站发电流量 | 坝下流量 |
| 1 | 128 | 95 | 33 | 262 | 170.6 | 91.4 | 76.9 | 61.0 | 15.9 |
| 2 | 128 | 95 | 33 | 262 | 170.6 | 91.4 | 76.9 | 61.0 | 15.9 |
| 3 | 128 | 95 | 33 | 262 | 170.6 | 91.4 | 76.9 | 61.0 | 15.9 |
| 4 | 128 | 95 | 33 | 262 | 170.6 | 91.4 | 76.9 | 61.0 | 15.9 |
| 5 | 128 | 95 | 33 | 262 | 170.6 | 91.4 | 76.9 | 61.0 | 15.9 |
| 6 | 128 | 95 | 33 | 262 | 170.6 | 91.4 | 76.9 | 61.0 | 15.9 |
| 7 | 128 | 95 | 33 | 262 | 170.6 | 91.4 | 76.9 | 61.0 | 15.9 |
| 8 | 128 | 95 | 33 | 262 | 170.6 | 91.4 | 76.9 | 61.0 | 15.9 |
| 9 | 128 | 95 | 33 | 262 | 170.6 | 91.4 | 76.9 | 61.0 | 15.9 |
| 10 | 128 | 95 | 33 | 262 | 170.6 | 91.4 | 76.9 | 61.0 | 15.9 |
| 11 | 128 | 95 | 33 | 262 | 170.6 | 91.4 | 76.9 | 61.0 | 15.9 |
| 12 | 128 | 95 | 33 | 262 | 170.6 | 91.4 | 76.9 | 61.0 | 15.9 |
| 13 | 128 | 95 | 33 | 262 | 170.6 | 91.4 | 76.9 | 61.0 | 15.9 |
| 14 | 128 | 95 | 33 | 262 | 170.6 | 91.4 | 76.9 | 61.0 | 15.9 |
| 15 | 128 | 95 | 33 | 262 | 170.6 | 91.4 | 76.9 | 61.0 | 15.9 |
| 16 | 128 | 95 | 33 | 262 | 170.6 | 91.4 | 76.9 | 61.0 | 15.9 |
| 17 | 128 | 95 | 33 | 262 | 170.6 | 91.4 | 76.9 | 61.0 | 15.9 |
| 18 | 128 | 95 | 33 | 262 | 170.6 | 91.4 | 76.9 | 61.0 | 15.9 |
| 19 | 128 | 95 | 33 | 262 | 170.6 | 91.4 | 76.9 | 61.0 | 15.9 |
| 20 | 128 | 95 | 33 | 262 | 170.6 | 91.4 | 76.9 | 61.0 | 15.9 |
| 21 | 128 | 95 | 33 | 262 | 170.6 | 91.4 | 76.9 | 61.0 | 15.9 |
| 22 | 128 | 95 | 33 | 262 | 170.6 | 91.4 | 76.9 | 61.0 | 15.9 |
| 23 | 128 | 95 | 33 | 262 | 170.6 | 91.4 | 76.9 | 61.0 | 15.9 |
| 24 | 128 | 95 | 33 | 262 | 170.6 | 91.4 | 76.9 | 61.0 | 15.9 |

表 1.3-5                 扎拉水电站平水年典型日运行调度表         （单位：m³/s）

| 时间（小时） | 平水年 | | | | | | | | |
|---|---|---|---|---|---|---|---|---|---|
| | 5月 | | | 7月 | | | 12月 | | |
| | 入库流量 | 主电站发电流量 | 坝下流量 | 入库流量 | 主电站发电流量 | 坝下流量 | 入库流量 | 主电站发电流量 | 坝下流量 |
| 1 | 93.5 | 60.5 | 33 | 214 | 170.6 | 43.4 | 50.1 | 34.2 | 15.9 |
| 2 | 93.5 | 60.5 | 33 | 214 | 170.6 | 43.4 | 50.1 | 34.2 | 15.9 |
| 3 | 93.5 | 60.5 | 33 | 214 | 170.6 | 43.4 | 50.1 | 34.2 | 15.9 |
| 4 | 93.5 | 60.5 | 33 | 214 | 170.6 | 43.4 | 50.1 | 34.2 | 15.9 |
| 5 | 93.5 | 60.5 | 33 | 214 | 170.6 | 43.4 | 50.1 | 34.2 | 15.9 |
| 6 | 93.5 | 60.5 | 33 | 214 | 170.6 | 43.4 | 50.1 | 34.2 | 15.9 |
| 7 | 93.5 | 60.5 | 33 | 214 | 170.6 | 43.4 | 50.1 | 34.2 | 15.9 |
| 8 | 93.5 | 60.5 | 33 | 214 | 170.6 | 43.4 | 50.1 | 34.2 | 15.9 |
| 9 | 93.5 | 60.5 | 33 | 214 | 170.6 | 43.4 | 50.1 | 34.2 | 15.9 |
| 10 | 93.5 | 60.5 | 33 | 214 | 170.6 | 43.4 | 50.1 | 34.2 | 15.9 |
| 11 | 93.5 | 60.5 | 33 | 214 | 170.6 | 43.4 | 50.1 | 34.2 | 15.9 |
| 12 | 93.5 | 60.5 | 33 | 214 | 170.6 | 43.4 | 50.1 | 34.2 | 15.9 |
| 13 | 93.5 | 60.5 | 33 | 214 | 170.6 | 43.4 | 50.1 | 34.2 | 15.9 |
| 14 | 93.5 | 60.5 | 33 | 214 | 170.6 | 43.4 | 50.1 | 34.2 | 15.9 |
| 15 | 93.5 | 60.5 | 33 | 214 | 170.6 | 43.4 | 50.1 | 34.2 | 15.9 |
| 16 | 93.5 | 60.5 | 33 | 214 | 170.6 | 43.4 | 50.1 | 34.2 | 15.9 |
| 17 | 93.5 | 60.5 | 33 | 214 | 170.6 | 43.4 | 50.1 | 34.2 | 15.9 |
| 18 | 93.5 | 60.5 | 33 | 214 | 170.6 | 43.4 | 50.1 | 34.2 | 15.9 |
| 19 | 93.5 | 60.5 | 33 | 214 | 170.6 | 43.4 | 50.1 | 34.2 | 15.9 |
| 20 | 93.5 | 60.5 | 33 | 214 | 170.6 | 43.4 | 50.1 | 34.2 | 15.9 |
| 21 | 93.5 | 60.5 | 33 | 214 | 170.6 | 43.4 | 50.1 | 34.2 | 15.9 |
| 22 | 93.5 | 60.5 | 33 | 214 | 170.6 | 43.4 | 50.1 | 34.2 | 15.9 |
| 23 | 93.5 | 60.5 | 33 | 214 | 170.6 | 43.4 | 50.1 | 34.2 | 15.9 |
| 24 | 93.5 | 60.5 | 33 | 214 | 170.6 | 43.4 | 50.1 | 34.2 | 15.9 |

表 1.3-6　　　　　　　　　　扎拉水电站枯水年典型日运行调度表　　　　　　（单位：m³/s）

| 时间（小时） | 枯水年 | | | | | | | | |
|---|---|---|---|---|---|---|---|---|---|
| | 5月 | | | 7月 | | | 12月 | | |
| | 入库流量 | 主电站发电流量 | 坝下流量 | 入库流量 | 主电站发电流量 | 坝下流量 | 入库流量 | 主电站发电流量 | 坝下流量 |
| 1 | 54.2 | 21.2 | 33 | 156 | 123 | 33 | 41.7 | 16.0 | 15.9 |
| 2 | 54.2 | 21.2 | 33 | 156 | 123 | 33 | 41.7 | 16.0 | 15.9 |
| 3 | 54.2 | 21.2 | 33 | 156 | 123 | 33 | 41.7 | 16.0 | 15.9 |
| 4 | 54.2 | 21.2 | 33 | 156 | 123 | 33 | 41.7 | 16.0 | 15.9 |
| 5 | 54.2 | 21.2 | 33 | 156 | 123 | 33 | 41.7 | 16.0 | 15.9 |
| 6 | 54.2 | 21.2 | 33 | 156 | 123 | 33 | 41.7 | 16.0 | 15.9 |
| 7 | 54.2 | 21.2 | 33 | 156 | 123 | 33 | 41.7 | 16.0 | 15.9 |
| 8 | 54.2 | 21.2 | 33 | 156 | 123 | 33 | 41.7 | 16.0 | 15.9 |
| 9 | 54.2 | 21.2 | 33 | 156 | 123 | 33 | 41.7 | 24.0 | 15.9 |
| 10 | 54.2 | 21.2 | 33 | 156 | 123 | 33 | 41.7 | 24.0 | 15.9 |
| 11 | 54.2 | 21.2 | 33 | 156 | 123 | 33 | 41.7 | 24.0 | 15.9 |
| 12 | 54.2 | 21.2 | 33 | 156 | 123 | 33 | 41.7 | 24.0 | 15.9 |
| 13 | 54.2 | 21.2 | 33 | 156 | 123 | 33 | 41.7 | 24.0 | 15.9 |
| 14 | 54.2 | 21.2 | 33 | 156 | 123 | 33 | 41.7 | 24.0 | 15.9 |
| 15 | 54.2 | 21.2 | 33 | 156 | 123 | 33 | 41.7 | 24.0 | 15.9 |
| 16 | 54.2 | 21.2 | 33 | 156 | 123 | 33 | 41.7 | 24.0 | 15.9 |
| 17 | 54.2 | 21.2 | 33 | 156 | 123 | 33 | 41.7 | 24.0 | 15.9 |
| 18 | 54.2 | 21.2 | 33 | 156 | 123 | 33 | 41.7 | 51.0 | 15.9 |
| 19 | 54.2 | 21.2 | 33 | 156 | 123 | 33 | 41.7 | 85.0 | 15.9 |
| 20 | 54.2 | 21.2 | 33 | 156 | 123 | 33 | 41.7 | 51.0 | 15.9 |
| 21 | 54.2 | 21.2 | 33 | 156 | 123 | 33 | 41.7 | 24.0 | 15.9 |
| 22 | 54.2 | 21.2 | 33 | 156 | 123 | 33 | 41.7 | 24.0 | 15.9 |
| 23 | 54.2 | 21.2 | 33 | 156 | 123 | 33 | 41.7 | 24.0 | 15.9 |
| 24 | 54.2 | 21.2 | 33 | 156 | 123 | 33 | 41.7 | 16.0 | 15.9 |

# 第2章 研究目的及技术路线

## 2.1 研究目的

本次研究是在现有相关法律、法规及技术标准的基础上，采用水文学法、水力学法、生态水力学法、生境分析法及经验分析法等分别模拟计算坝址及其下游河道的生态流量，分析确定泄放生态流量的建议方案；结合工程建设方案及工程运行方式，采用数学模型方法预测、分析扎拉水电站建设前后坝下河段水文情势的变化，以此评价工程建设运行对工程河段水生生态的影响，并提出下泄流量保障措施，为西藏玉曲河扎拉水电站工程设计和环境影响评价提供技术支撑。

## 2.2 研究范围

本次研究范围为西藏玉曲河扎拉水电站库尾—坝址和坝址—厂址之间的减水河段及厂址—怒江河口处的干流河段，研究河段全长约87.0km。

## 2.3 研究依据

### 2.3.1 法律法规

1）《中华人民共和国环境保护法》（2014年4月修订）；

2）《中华人民共和国环境影响评价法》（2018年12月修订）；

3）《中华人民共和国水法》（2016年7月修订）；

4）《建设项目环境保护管理条例》（国务院令第682号，2017年10月1日起施行）；

5）《中华人民共和国水生野生动物保护实施条例》（2013年12月修订）等。

### 2.3.2 部门规章、规范性文件

1）《关于进一步加强水生生物资源保护严格环境影响评价管理的通知》（环发〔2013〕86号）；

2）《关于进一步加强水电建设环境保护工作的通知》（环办〔2012〕4号）；

3）《关于印发〈水电水利建设项目河道生态用水、低温水和过鱼设施环境影响评价技术指南（试行）〉的函》（环评函〔2006〕4号）；

4）《关于印发〈水电水利建设项目水环境与水生生态保护技术政策研讨会会议纪要〉的函》（环办函〔2006〕11号）；

5）环境保护部、国家能源局《关于深化落实水电开发生态环境保护措施的通知》（环发〔2014〕65号）；

6）《关于加强规划环境影响评价与建设项目环境影响评价联动工作的意见》（环发〔2015〕178号）；

7）《关于以改善环境质量为核心加强环境影响评价管理的通知》（环环评〔2016〕150号）等。

### 2.3.3 技术导则与规范

1）《建设项目环境影响评价技术导则 总纲》（HJ 2.1—2016）；

2）《环境影响评价技术导则 生态影响》（HJ 19—2022）；

3）《环境影响评价技术导则 水利水电工程》（HJ/T 88—2003）；

4）《河湖生态环境需水计算规范》（SL/Z 712—2021）；

5）《水电工程生态流量计算规范》（NB/T 35091—2016）等。

### 2.3.4 相关技术文件

1）《西藏自治区玉曲河干流水电规划报告》；

2）《西藏自治区玉曲河干流水电规划环境影响报告书》；

3）《西藏自治区玉曲河扎拉水电站预可行性研究报告》；

4）《西藏玉曲河扎拉水电站可行性研究报告》；

5）《西藏玉曲河扎拉水电站环境影响报告书》。

## 2.4 研究技术路线

针对以上研究目的，本次研究工作分为准备阶段、正式工作阶段和编制阶段三个阶段开展，各阶段工作具体如下：

第一阶段为准备阶段。主要工作为收集相关技术资料，研究有关法规、文件，初步分析西藏玉曲河扎拉水电站工程建设对坝址下游减水河段水文情势及生态流量的影响，编制研究工作技术方案。

第二阶段为正式工作阶段。根据工作大纲要求，进一步对工程进行分析，收集水文资料，开展现场水生生态调查和数据采集，确定下游河段敏感对象。结合历史研究成果推求敏感对象的生境适宜指标及范围值，建立敏感对象的生境适宜性指数曲线。根据河道形态、敏感对象的分布情况，开展河道水文大断面测量工作。采用水文学法、水力学法、生态水力学法、生境分析法及经验分析法等综合分析坝下河段生态流量。建立河网水动力模型，预测工程实施前、后研究河段水文情势的变化，并以此分析工程建设对水生生物的影响。

　　第三阶段为编制阶段。主要工作为汇总、分析前一阶段工作所得到的各种资料、数据，给出研究结论，完成本书的编制。

　　本次研究总技术路线见图 2.4-1。

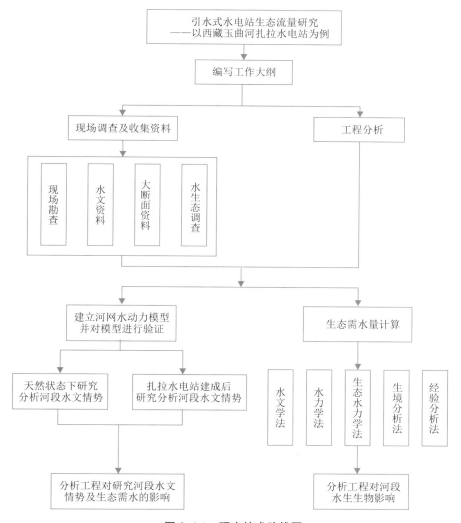

图 2.4-1　研究技术路线图

# 第3章 研究河段水文情势现状

## 3.1 研究河段基本情况

### 3.1.1 研究河段水系及断面

本书研究范围为扎拉水电站库尾—坝址、坝址—厂址的减水河段及厂址—玉曲河河口的干流河段及其区间的各个支流，研究干流河段全长约87km。

扎拉水电站坝下减水河段河道较弯曲，且下游存在裂腹鱼及鮡科鱼类产卵场。为了分析减水河段鱼类生长发育适宜情况以及典型断面处水文情势变化情况，对整个减水河段以及下游河段进行了大断面测量。测量要求为：在坝址处、厂址处、鱼类重要生境处、河道弯曲处、深潭段、滩地段、支流汇入处等典型位置布设断面。根据以上要求，共测量了83个断面。干流河段及其区间的各个支流及断面区位关系见图3.1-1，测量断面统计见表3.1-1，坝址以下河道水面线见图3.1-2至图3.1-5。

### 3.1.2 河道断面形态

图3.1-6为本次测量的部分河道断面形态图。由图3.1-6可知，河道断面形态可分为"U形"、"V"形、"W"形三种类型，河道浅滩较多。图中标出了枯水年2012年6月和2013年2月工程实施前、实施后水位。

干流河道各断面现状见图3.1-7，支流河道各断面现状见图3.1-8。

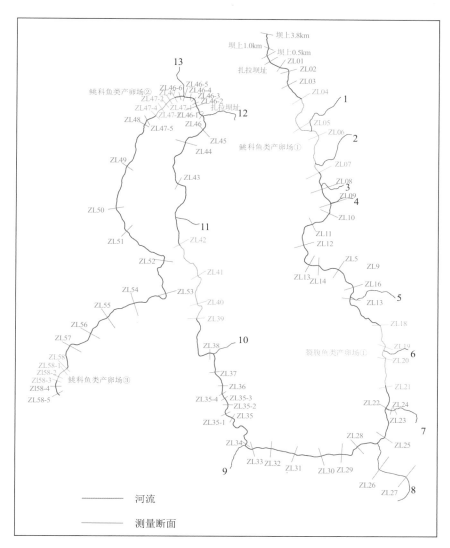

**图 3.1-1  河流水系及断面区位关系**

表 3.1-1                                   测量断面统计表

| 序号 | 断面编号 | 断面间距（m） | 累计距离（km） | 断面特征 |
|------|----------|--------------|---------------|----------|
| 1 | 坝上 3.8km | 0 | 0 | |
| 2 | 坝上 1.0km | 2800.00 | 2.80 | |
| 3 | 坝上 0.5km | 500.00 | 3.30 | |
| 4 | 坝址 | 500.00 | 3.80 | 扎拉坝址处 |
| 5 | ZL01 | 1670.00 | 5.47 | |
| 6 | ZL02 | 566.13 | 6.04 | |
| 7 | ZL03 | 864.65 | 6.90 | |
| 8 | ZL04 | 953.87 | 7.85 | 鮡科鱼类产卵场① |

续表

| 序号 | 断面编号 | 断面间距（m） | 累计距离（km） | 断面特征 |
|---|---|---|---|---|
| 9 | ZL05 | 1740.57 | 9.60 | 鲱科鱼类产卵场①，支流1汇入 |
| 10 | ZL06 | 1217.26 | 10.81 | 鲱科鱼类产卵场① |
| 11 | ZL07 | 2202.07 | 13.01 | 鲱科鱼类产卵场①，支流2汇入 |
| 12 | ZL08 | 1130.30 | 14.14 | 支流3汇入 |
| 13 | ZL09 | 749.04 | 14.89 | 支流4汇入 |
| 14 | ZL10 | 538.48 | 15.43 | |
| 15 | ZL11 | 1114.36 | 16.55 | |
| 16 | ZL12 | 1504.16 | 18.05 | |
| 17 | ZL13 | 499.53 | 18.55 | |
| 18 | ZL14 | 1297.40 | 19.85 | |
| 19 | ZL15 | 1278.12 | 21.13 | |
| 20 | ZL16 | 1071.02 | 22.20 | 支流5汇入 |
| 21 | ZL17 | 840.91 | 23.04 | |
| 22 | ZL18 | 2443.25 | 25.48 | 裂腹鱼类产卵场① |
| 23 | ZL19 | 1220.79 | 26.70 | 裂腹鱼类产卵场① |
| 24 | ZL20 | 758.72 | 27.46 | 裂腹鱼类产卵场①，支流6汇入 |
| 25 | ZL21 | 1605.74 | 29.07 | 裂腹鱼类产卵场① |
| 26 | ZL22 | 1126.92 | 30.19 | |
| 27 | ZL23 | | | 支流7 |
| 28 | ZL24 | | | |
| 29 | ZL25 | 1715.30 | 31.91 | |
| 30 | ZL26 | | | 支流8 |
| 31 | ZL27 | | | |
| 32 | ZL28 | 1603.89 | 33.51 | 支流8汇入，河道突变 |
| 33 | ZL29 | 1128.79 | 34.64 | |
| 34 | ZL30 | 1053.65 | 35.69 | |
| 35 | ZL31 | 1486.54 | 37.18 | |
| 36 | ZL32 | 911.11 | 38.09 | |
| 37 | ZL33 | 1270.70 | 39.36 | |
| 38 | ZL34 | 540.41 | 39.90 | 支流9汇入，河道突变 |
| 39 | ZL35 | 2571.53 | 42.48 | |
| 40 | ZL35—1 | 209.06 | 42.68 | |
| 41 | ZL35—2 | 424.08 | 43.11 | |
| 42 | ZL35—3 | 278.98 | 43.39 | |

续表

| 序号 | 断面编号 | 断面间距（m） | 累计距离（km） | 断面特征 |
|---|---|---|---|---|
| 43 | ZL35—4 | 372.60 | 43.76 | |
| 44 | ZL36 | 1131.09 | 44.89 | |
| 45 | ZL37 | 1163.04 | 46.05 | |
| 46 | ZL38 | 2761.96 | 48.82 | 支流10汇入 |
| 47 | ZL39 | 937.97 | 49.75 | 裂腹鱼类产卵场② |
| 48 | ZL40 | 146.54 | 49.90 | 裂腹鱼类产卵场② |
| 49 | ZL41 | 1638.92 | 51.54 | 裂腹鱼类产卵场② |
| 50 | ZL42 | 2032.81 | 53.57 | 裂腹鱼类产卵场② |
| 51 | ZL43 | 3806.67 | 57.38 | 支流11汇入 |
| 52 | ZL44 | 2667.35 | 60.05 | |
| 53 | ZL45 | 1203.74 | 61.25 | |
| 54 | ZL46 | 847.89 | 62.10 | |
| 55 | ZL46—1 | 389.92 | 62.49 | |
| 56 | ZL46—2 | 346.47 | 62.83 | |
| 57 | 厂址 | 170.00 | 63.00 | 扎拉厂址 |
| 58 | ZL46—3 | 165.46 | 63.17 | |
| 59 | ZL46—4 | 373.66 | 63.54 | |
| 60 | ZL46—5 | 323.78 | 63.87 | |
| 61 | ZL46—6 | 304.61 | 64.17 | |
| 62 | ZL47 | 198.56 | 64.37 | 鲱科鱼类产卵场②，支流13汇入 |
| 63 | ZL47—1 | 349.89 | 64.72 | |
| 64 | ZL47—2 | 268.39 | 64.99 | 鲱科鱼类产卵场② |
| 65 | ZL47—3 | 303.82 | 65.29 | |
| 66 | ZL47—4 | 308.61 | 65.60 | |
| 67 | ZL47—5 | 308.01 | 65.91 | |
| 68 | ZL48 | 360.00 | 66.27 | 轰东坝址处 |
| 69 | ZL49 | 713.48 | 66.98 | |
| 70 | ZL50 | 2589.37 | 69.57 | |
| 71 | ZL51 | 2267.11 | 71.84 | |
| 72 | ZL52 | 1673.65 | 73.51 | |
| 73 | ZL53 | 2602.75 | 76.12 | |
| 74 | ZL54 | 2090.63 | 78.21 | |
| 75 | ZL55 | 2139.19 | 80.35 | |
| 76 | ZL56 | 1695.50 | 82.04 | |
| 77 | ZL57 | 1258.02 | 83.30 | |

| 序号 | 断面编号 | 断面间距（m） | 累计距离（km） | 断面特征 |
|------|----------|--------------|----------------|----------|
| 78 | ZL58 | 1397.16 | 84.70 | |
| 79 | ZL58—1 | 1373.29 | 86.07 | 鲏科鱼类产卵场③ |
| 80 | ZL58—2 | 491.46 | 86.56 | |
| 81 | ZL58—3 | 331.09 | 86.89 | |
| 82 | ZL58—4 | 278.04 | 87.17 | |
| 83 | ZL58—5 | 330 | 87.50 | 近玉曲河河口处 |

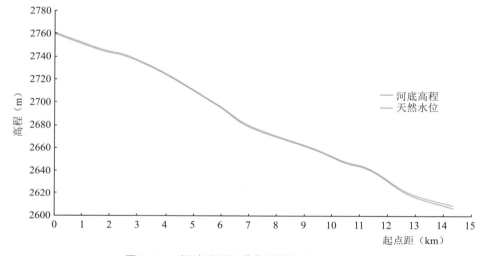

图 3.1-2　坝址以下河道水面线图（0～15km）

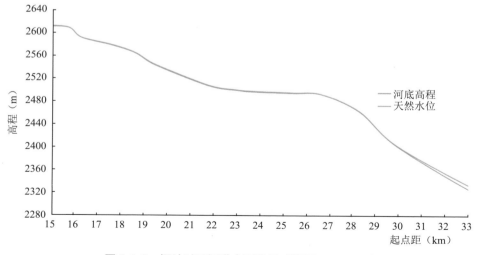

图 3.1-3　坝址以下河道水面线图（坝下 15～33km）

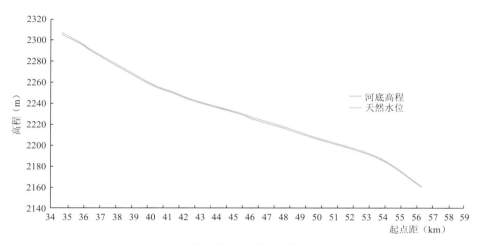

图 3.1-4 坝址以下河道水面线图（坝下 34～59km）

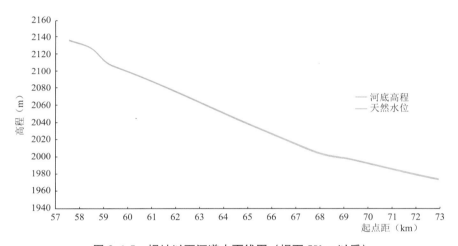

图 3.1-5 坝址以下河道水面线图（坝下 59km 以后）

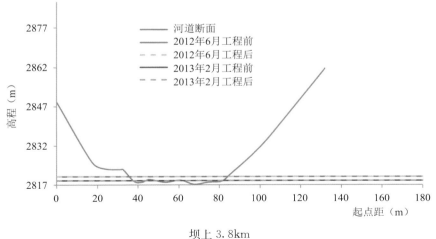

坝上 3.8km

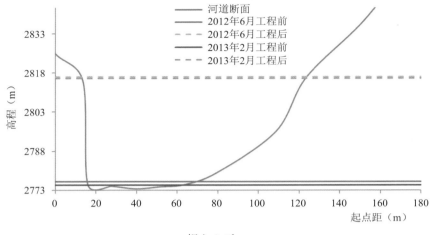

坝上 1.0km

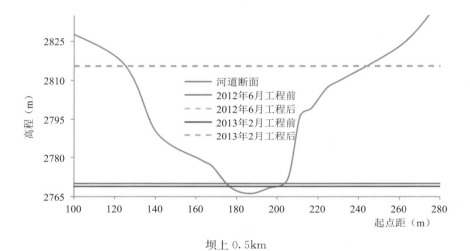

坝上 0.5km

坝址

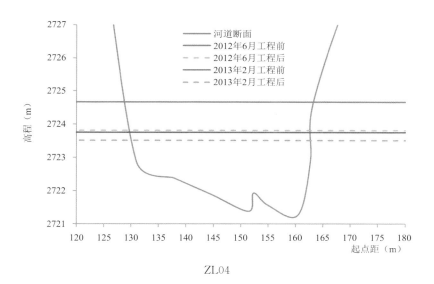

ZL04

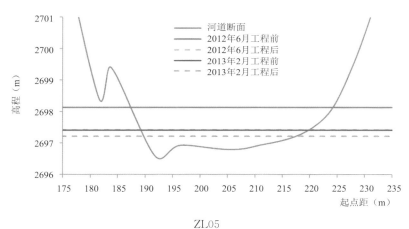

ZL05

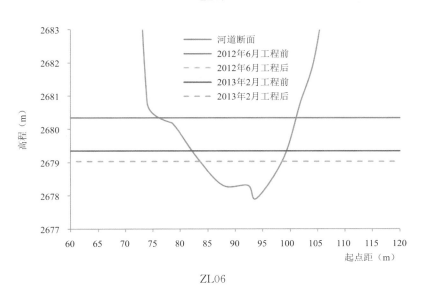

ZL06

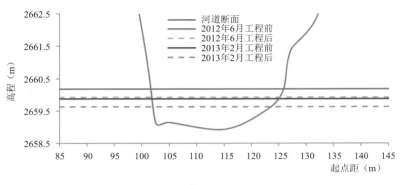

ZL07

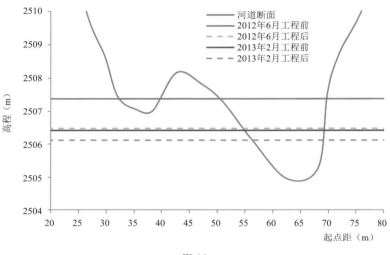

ZL18

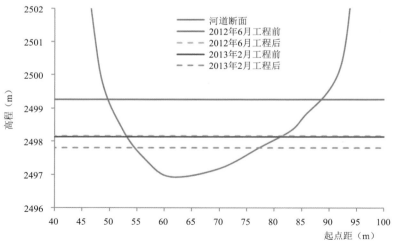

ZL19

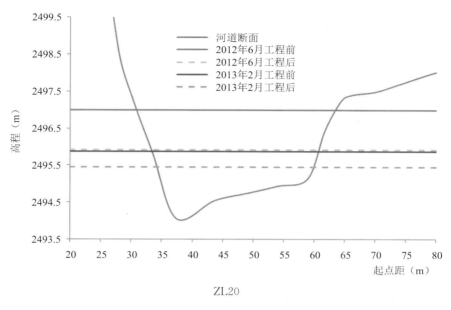

ZL20

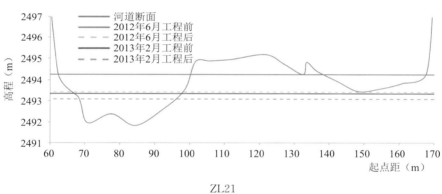

ZL21

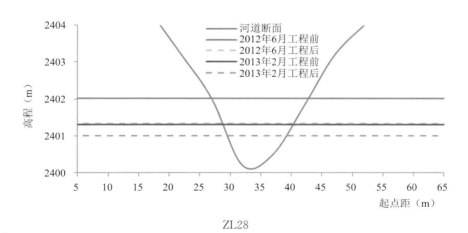

ZL28

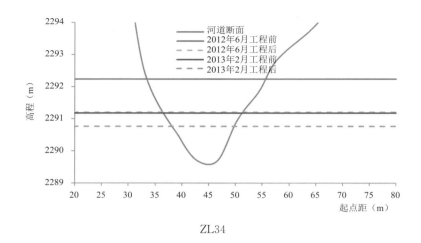

ZL34

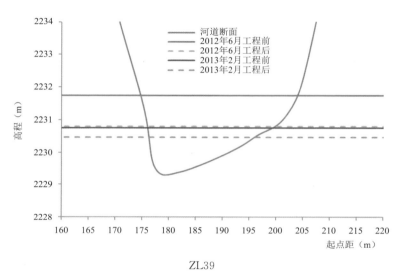

ZL39

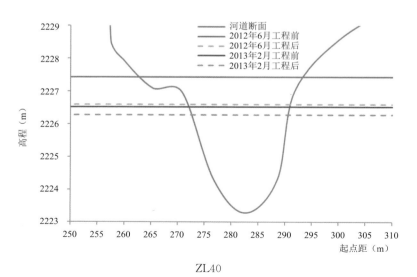

ZL40

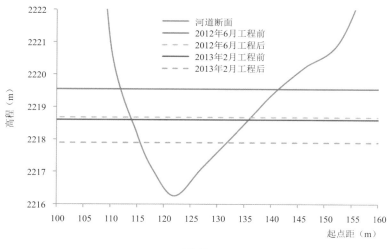

ZL41

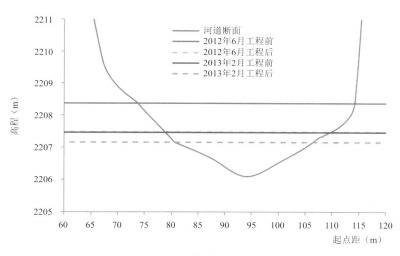

ZL42

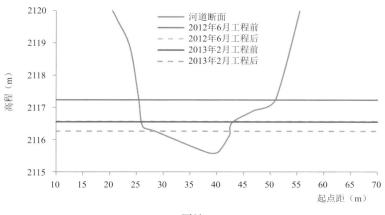

厂址

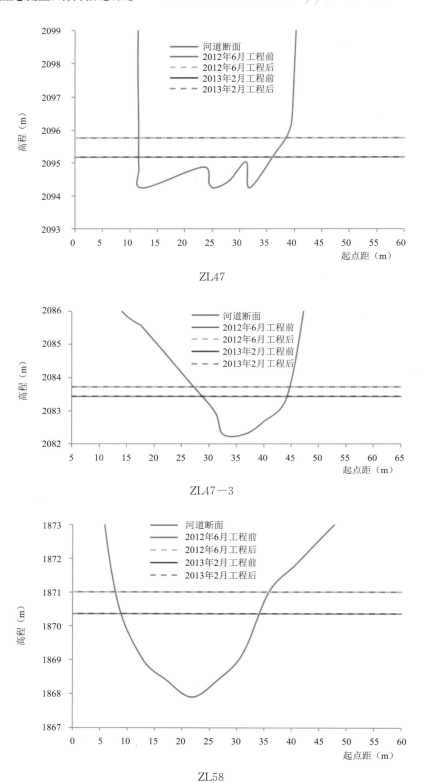

ZL47

ZL47—3

ZL58

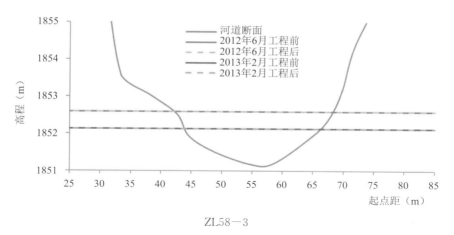

ZL58－3

图 3.1-6 断面形态图

扎拉坝址（5 月）

扎拉坝址（9 月）

扎拉坝址（11 月）

ZL01（9 月）

ZL02（9 月）　　　　　　　　　ZL03（9 月）

ZL04（9 月）　　　　　　　　　ZL05（9 月）

ZL06（9 月）　　　　　　　　　ZL07（9 月）

ZL08（9 月）　　　　　　　　　ZL09（9 月）

ZL10（9 月）

ZL11（9 月）

ZL12（9 月）

ZL13（9 月）

ZL14（9 月）

ZL15（9 月）

ZL16（9 月）

ZL17（9 月）

ZL17－1（9 月）

ZL18（9 月）

ZL19（9 月）

ZL20（9 月）

ZL21（9 月）

ZL33（9 月）

ZL34（9 月）

ZL34－1（9 月）

ZL34—2（9 月）

ZL35—1（9 月）

ZL35—3（9 月）

ZL35—4（9 月）

ZL36（9 月）

ZL37（9 月）

ZL38（9 月）

ZL39（9 月）

ZL40（9 月）

ZL41（9 月）

ZL42（9 月）

ZL43（9 月）

ZL44（9 月）

ZL45（9 月）

厂址（5 月）（一）

厂址（5 月）（二）

厂址附近（9 月）

ZL46（9 月）

ZL46—1（9 月）

ZL46—2（9 月）

ZL46—3（9 月）

ZL46—4（9 月）

ZL46—5（9 月）

ZL46—6（9 月）

ZL47（3月，梅里拉鲁曲汇入玉曲河河口）　　　　　ZL48（3月）

ZL49（3月）　　　　　　　　ZL50（3月）

ZL53（3月）　　　　　ZL58-5玉曲河河口（3月）

图 3.1-7　干流河道各断面现状图

支流 1

支流 2

支流 3

支流 4

支流 5

支流 6                                        支流 13

**图 3.1-8    支流河道各断面现状图**

## 3.2    典型断面水文情势现状

利用 MIKE11 软件建立了扎拉水电站坝址—玉曲河入怒江汇入口处河段一维水动力数学模型。基于代表性、敏感性原则,选取了包括坝址、厂址、玉曲河河口、鱼类产卵场、支流汇入口及河道地形拐弯处等环境敏感或水文情势发生剧烈变化的位置分析坝下河段水文情势现状。典型断面的选择见表 3.1-1。

根据扎拉水电站坝址 1979—2015 水文年年径流系列分析,结合径流设计成果,按照实测径流和设计径流、经验频率与设计频率接近的原则,从充分利用该流域实测资料的角度出发,通过排频分析后选择 1998 年 5 月至 1999 年 4 月、2010 年 5 月至 2011 年 4 月、2012 年 5 月至 2013 年 4 月分别为丰水年、平水年、枯水年代表年。

### 3.2.1    丰水年

丰水年坝址下游 14 个断面的流量、水位、最大水深、平均水深、流速、水面宽变化见表 3.2-1 至表 3.2-6。选择典型断面进行分析,由表 3.2-1 至表 3.2-6 可知:

(1)坝址断面

现状条件下流量为 $53.2 \sim 275.0 \mathrm{m^3/s}$;水位为 $2760.78 \sim 2762.20 \mathrm{m}$;平均水深为

0.75～2.08m；流速为1.48～2.50m/s；水面宽为21.81～34.09m。

（2）断面ZL05（减水河段鲍科鱼类产卵场）

现状条件下流量为53.2～275.0m³/s；水位为2697.62～2698.84m；平均水深为0.74～1.48m；流速为1.25～2.16m/s；水面宽为28.22～41.99m。

（3）断面ZL19（减水河段裂腹鱼类产卵场）

现状条件下流量为53.58～277.76m³/s；水位为2498.46～2500.31m；平均水深为0.97～2.27m；流速为1.31～2.09m/s；水面宽为24.88～35.08m。

（4）断面ZL28（减水河段支流8汇入口）

现状条件下流量为53.94～280.41m³/s；水位为2401.56～2402.95m；平均水深为0.83～1.56m；流速为2.01～3.19m/s；水面宽为12.72～22.86m。

（5）厂址断面

现状条件下流量为54.80～286.72m³/s；水位为2116.72～2117.98m；平均水深为0.66～1.59m；流速为2.41～3.92m/s；水面宽为18.74～27.55m。

（6）断面ZL58（厂址下游鲍科鱼类产卵场）

现状条件下流量为55.59～292.51m³/s；水位为1870.77～1873.16m；平均水深为1.07～1.86m；流速为1.01～1.98m/s；水面宽为26.48～42.18m。

## 3.2.2 平水年

平水年坝址下游14个断面的流量、水位、最大水深、平均水深、流速、水面宽变化见表3.2-7至表3.2-12。选择典型断面进行分析，由表3.2-7至表3.2-12可知：

（1）坝址断面

现状条件下流量为36.9～272.0m³/s；水位为2760.59～2762.18m；平均水深为0.62～2.07m；流速为1.33～2.42m/s；水面宽为21.85～34.27m。

（2）断面ZL05（减水河段鲍科鱼类产卵场）

现状条件下流量为36.9～272.0m³/s；水位为2697.46～2698.83m；平均水深为0.63～1.47m；流速为1.10～2.15m/s；水面宽为26.41～41.89m。

（3）断面ZL19（减水河段裂腹鱼类产卵场）

现状条件下流量为37.28～273.51m³/s；水位为2498.22～2500.30m；平均水深为0.81～2.25m；流速为1.22～2.05m/s；水面宽为23.67～36.37m。

（4）断面ZL28（减水河段支流8汇入口）

现状条件下流量为37.65～274.96m³/s；水位为2401.36～2402.92m；平均水深为

0.73~1.51m；流速为 1.84~3.17m/s；水面宽为 11.81~22.17m。

（5）厂址断面

现状条件下流量为 38.53~278.41m³/s；水位为 2116.59~2117.96m；平均水深为 0.62~1.54m；流速为 2.20~3.79m/s；水面宽为 18.00~28.66m。

（6）断面 ZL58（厂址下游鮡科鱼类产卵场）

现状条件下流量为 39.35~281.58m³/s；水位为 1870.39~1873.09m；平均水深为 0.96~1.81m；流速为 0.90~1.92m/s；水面宽为 25.55~42.72m。

### 3.2.3 枯水年

枯水年坝址下游 14 个断面的流量、水位、最大水深、平均水深、流速、水面宽变化见表 3.2-13 至表 3.2-18。选择典型断面进行分析，由表 3.2-13 至表 3.2-18 可知：

（1）坝址断面

现状条件下流量为 31.9~194.0m³/s；水位为 2697.40~2698.52m；平均水深为 0.59~1.73m；流速为 1.26~2.22m/s；水面宽为 21.68~30.11m。

（2）断面 ZL05（减水河段鮡科鱼类产卵场）

现状条件下流量为 31.9~194.0m³/s；水位为 2679.40~2680.93m；平均水深为 0.57~1.25m；流速为 1.05~1.95m/s；水面宽为 25.69~39.42m。

（3）断面 ZL19（减水河段裂腹鱼类产卵场）

现状条件下流量为 32.26~195.3m³/s；水位为 2498.13~2499.79m；平均水深为 0.77~1.92m；流速为 1.16~1.85m/s；水面宽为 21.86~32.71m。

（4）断面 ZL28（减水河段支流 8 汇入口）

现状条件下流量为 32.6~196.54m³/s；水位为 2401.30~2402.56m；平均水深为 0.69~1.35m；流速为 1.78~2.89m/s；水面宽为 11.1~19.96m。

（5）厂址断面

现状条件下流量为 32.85~198.01m³/s；水位为 2116.54~2117.59m；平均水深为 0.57~1.30m；流速为 2.12~3.54m/s；水面宽为 16.97~27.53m。

（6）断面 ZL58（厂址下游鮡科鱼类产卵场）

现状条件下流量为 33.6~200.74m³/s；水位为 1870.34~1872.46m；平均水深为 0.89~1.68m；流速为 0.86~1.73m/s；水面宽为 24.38~39.31m。

表 3.2-1 丰水年研究河段典型断面逐月流量 （单位：m³/s）

| 断面 | 5月 | 6月 | 7月 | 8月 | 9月 | 10月 | 11月 | 12月 | 1月 | 2月 | 3月 | 4月 |
|---|---|---|---|---|---|---|---|---|---|---|---|---|
| 坝址 | 128.00 | 267.00 | 262.00 | 257.00 | 275.00 | 133.00 | 93.30 | 76.90 | 55.80 | 53.20 | 54.20 | 61.60 |
| ZL05 | 128.00 | 267.00 | 262.00 | 257.00 | 275.00 | 133.00 | 93.30 | 76.90 | 55.80 | 53.20 | 54.20 | 61.60 |
| ZL06 | 128.18 | 267.29 | 262.41 | 257.38 | 275.52 | 133.24 | 93.45 | 77.00 | 55.87 | 53.27 | 54.27 | 61.72 |
| ZL19 | 128.95 | 268.55 | 264.18 | 259.01 | 277.76 | 134.28 | 94.11 | 77.42 | 56.18 | 53.58 | 54.58 | 62.22 |
| ZL20 | 129.17 | 268.91 | 264.69 | 259.48 | 278.40 | 134.58 | 94.30 | 77.54 | 56.27 | 53.67 | 54.67 | 62.37 |
| ZL28 | 129.86 | 270.03 | 266.27 | 260.94 | 280.41 | 135.51 | 94.89 | 77.91 | 56.54 | 53.94 | 54.95 | 62.82 |
| ZL34 | 131.49 | 272.68 | 270.01 | 264.40 | 285.15 | 137.70 | 96.29 | 78.79 | 57.18 | 54.59 | 55.62 | 63.89 |
| ZL41 | 131.62 | 272.90 | 270.31 | 264.68 | 285.54 | 137.88 | 96.40 | 78.86 | 57.23 | 54.64 | 55.67 | 63.98 |
| ZL42 | 131.62 | 272.90 | 270.31 | 264.68 | 285.54 | 137.88 | 96.40 | 78.86 | 57.23 | 54.64 | 55.67 | 63.98 |
| 厂址 | 132.02 | 273.55 | 271.23 | 265.53 | 286.72 | 138.42 | 96.74 | 79.07 | 57.39 | 54.80 | 55.84 | 64.25 |
| ZL47 | 134.01 | 276.79 | 275.79 | 269.75 | 292.51 | 141.10 | 98.45 | 80.14 | 58.18 | 55.59 | 56.66 | 65.56 |
| ZL47-3 | 134.01 | 276.79 | 275.79 | 269.75 | 292.51 | 141.10 | 98.45 | 80.14 | 58.18 | 55.59 | 56.66 | 65.56 |
| ZL58 | 134.01 | 276.79 | 275.79 | 269.75 | 292.51 | 141.10 | 98.45 | 80.14 | 58.18 | 55.59 | 56.66 | 65.56 |
| ZL58-3 | 134.01 | 276.79 | 275.79 | 269.75 | 292.51 | 141.10 | 98.45 | 80.14 | 58.18 | 55.59 | 56.66 | 65.56 |

表 3.2-2 丰水年研究河段典型断面逐月水位 （单位：m）

| 断面 | 5月 | 6月 | 7月 | 8月 | 9月 | 10月 | 11月 | 12月 | 1月 | 2月 | 3月 | 4月 |
|---|---|---|---|---|---|---|---|---|---|---|---|---|
| 坝址 | 2761.33 | 2762.16 | 2762.13 | 2762.11 | 2762.20 | 2761.39 | 2761.11 | 2760.98 | 2760.80 | 2760.78 | 2760.79 | 2760.85 |
| ZL05 | 2698.16 | 2698.81 | 2698.79 | 2698.77 | 2698.84 | 2698.21 | 2697.94 | 2697.82 | 2697.64 | 2697.62 | 2697.62 | 2697.69 |
| ZL06 | 2680.45 | 2681.34 | 2681.32 | 2681.29 | 2681.39 | 2680.50 | 2680.15 | 2679.97 | 2679.71 | 2679.67 | 2679.69 | 2679.78 |
| ZL19 | 2499.25 | 2500.26 | 2500.24 | 2500.20 | 2500.31 | 2499.32 | 2498.92 | 2498.74 | 2498.49 | 2498.46 | 2498.48 | 2498.57 |
| ZL20 | 2497.25 | 2498.31 | 2498.29 | 2498.26 | 2498.38 | 2497.32 | 2496.87 | 2496.66 | 2496.36 | 2496.31 | 2496.34 | 2496.45 |
| ZL28 | 2402.15 | 2402.89 | 2402.89 | 2402.86 | 2402.95 | 2402.21 | 2401.93 | 2401.78 | 2401.59 | 2401.56 | 2401.57 | 2401.66 |
| ZL34 | 2292.43 | 2293.47 | 2293.45 | 2293.42 | 2293.53 | 2292.49 | 2292.07 | 2291.86 | 2291.58 | 2291.55 | 2291.56 | 2291.67 |
| ZL41 | 2219.77 | 2220.96 | 2220.94 | 2220.89 | 2221.03 | 2219.85 | 2219.43 | 2219.24 | 2218.97 | 2218.94 | 2219.95 | 2219.04 |
| ZL42 | 2208.41 | 2209.15 | 2209.13 | 2209.08 | 2209.21 | 2208.48 | 2208.14 | 2207.97 | 2207.74 | 2207.72 | 2207.73 | 2207.81 |
| 厂址 | 2117.24 | 2117.93 | 2117.92 | 2117.88 | 2117.98 | 2117.33 | 2117.05 | 2116.93 | 2116.75 | 2116.72 | 2116.73 | 2116.81 |
| ZL47 | 2096.12 | 2096.96 | 2096.94 | 2096.89 | 2097.08 | 2096.17 | 2095.86 | 2095.71 | 2095.51 | 2095.47 | 2095.48 | 2095.59 |
| ZL47-3 | 2084.31 | 2085.14 | 2085.10 | 2085.07 | 2085.25 | 2084.37 | 2084.07 | 2083.93 | 2083.75 | 2083.76 | 2083.81 | 2083.87 |
| ZL58 | 1871.88 | 1873.08 | 1873.06 | 1873.01 | 1873.16 | 1871.90 | 1871.09 | 1870.92 | 1870.81 | 1870.77 | 1870.79 | 1870.84 |
| ZL58-3 | 1852.89 | 1853.67 | 1853.66 | 1853.58 | 1853.79 | 1852.97 | 1852.68 | 1852.55 | 1852.36 | 1852.32 | 1852.33 | 1852.42 |

表 3. 2-3　　　　　　　　　丰水年研究河段典型断面逐月最大水深　　　　　　　　（单位：m）

| 断面 | 5月 | 6月 | 7月 | 8月 | 9月 | 10月 | 11月 | 12月 | 1月 | 2月 | 3月 | 4月 |
|---|---|---|---|---|---|---|---|---|---|---|---|---|
| 坝址 | 1.95 | 2.78 | 2.75 | 2.73 | 2.82 | 2.01 | 1.73 | 1.60 | 1.42 | 1.40 | 1.41 | 1.47 |
| ZL05 | 1.70 | 2.42 | 2.40 | 2.37 | 2.45 | 1.76 | 1.47 | 1.34 | 1.14 | 1.12 | 1.12 | 1.20 |
| ZL06 | 2.53 | 3.42 | 3.40 | 3.37 | 3.47 | 2.58 | 2.23 | 2.05 | 1.79 | 1.75 | 1.77 | 1.86 |
| ZL19 | 2.32 | 3.34 | 3.31 | 3.27 | 3.38 | 2.39 | 1.99 | 1.81 | 1.56 | 1.53 | 1.55 | 1.64 |
| ZL20 | 3.20 | 4.26 | 4.24 | 4.21 | 4.33 | 3.27 | 2.82 | 2.61 | 2.31 | 2.26 | 2.29 | 2.40 |
| ZL28 | 1.95 | 2.69 | 2.69 | 2.66 | 2.75 | 2.01 | 1.73 | 1.58 | 1.39 | 1.36 | 1.37 | 1.46 |
| ZL34 | 2.73 | 3.77 | 3.75 | 3.72 | 3.83 | 2.79 | 2.37 | 2.16 | 1.88 | 1.85 | 1.86 | 1.97 |
| ZL41 | 3.31 | 4.50 | 4.48 | 4.43 | 4.57 | 3.39 | 2.97 | 2.78 | 2.51 | 2.48 | 3.49 | 2.58 |
| ZL42 | 2.32 | 3.06 | 3.04 | 2.99 | 3.12 | 2.39 | 2.05 | 1.88 | 1.65 | 1.63 | 1.64 | 1.72 |
| 厂址 | 1.64 | 2.33 | 2.32 | 2.28 | 2.38 | 1.73 | 1.45 | 1.33 | 1.15 | 1.12 | 1.13 | 1.21 |
| ZL47 | 1.87 | 2.71 | 2.69 | 2.64 | 2.83 | 1.92 | 1.61 | 1.46 | 1.26 | 1.22 | 1.23 | 1.34 |
| ZL47—3 | 2.02 | 2.85 | 2.81 | 2.78 | 2.96 | 2.08 | 1.78 | 1.64 | 1.46 | 1.47 | 1.52 | 1.58 |
| ZL58 | 3.98 | 5.18 | 5.16 | 5.11 | 5.26 | 4.00 | 3.19 | 3.02 | 2.91 | 2.87 | 2.89 | 2.94 |
| ZL58—3 | 1.72 | 2.50 | 2.49 | 2.41 | 2.62 | 1.80 | 1.51 | 1.38 | 1.19 | 1.15 | 1.16 | 1.25 |

表 3. 2-4　　　　　　　　　丰水年研究河段典型断面逐月平均水深　　　　　　　　（单位：m）

| 断面 | 5月 | 6月 | 7月 | 8月 | 9月 | 10月 | 11月 | 12月 | 1月 | 2月 | 3月 | 4月 |
|---|---|---|---|---|---|---|---|---|---|---|---|---|
| 坝址 | 1.37 | 2.07 | 2.05 | 2.03 | 2.08 | 1.36 | 1.22 | 0.96 | 0.78 | 0.75 | 0.77 | 0.83 |
| ZL05 | 1.05 | 1.47 | 1.46 | 1.45 | 1.48 | 1.18 | 0.93 | 0.82 | 0.76 | 0.74 | 0.75 | 0.79 |
| ZL06 | 1.01 | 1.42 | 1.41 | 1.39 | 1.43 | 1.19 | 0.98 | 0.81 | 0.73 | 0.72 | 0.73 | 0.76 |
| ZL19 | 1.57 | 2.25 | 2.22 | 2.20 | 2.27 | 1.58 | 1.32 | 1.14 | 1.00 | 0.97 | 0.98 | 1.05 |
| ZL20 | 1.56 | 2.28 | 2.26 | 2.24 | 2.32 | 1.59 | 1.30 | 1.14 | 1.02 | 0.98 | 0.99 | 1.06 |
| ZL28 | 1.19 | 1.53 | 1.51 | 1.50 | 1.56 | 1.30 | 1.04 | 0.96 | 0.85 | 0.83 | 0.84 | 0.90 |
| ZL34 | 1.09 | 1.42 | 1.40 | 1.39 | 1.45 | 1.21 | 1.04 | 0.95 | 0.85 | 0.82 | 0.83 | 0.89 |
| ZL41 | 0.93 | 1.64 | 1.60 | 1.58 | 1.67 | 1.20 | 0.93 | 0.81 | 0.73 | 0.70 | 0.71 | 0.76 |
| ZL42 | 1.45 | 2.24 | 2.21 | 2.18 | 2.26 | 1.63 | 1.24 | 1.13 | 0.99 | 0.96 | 0.97 | 1.05 |
| 厂址 | 1.01 | 1.56 | 1.54 | 1.53 | 1.59 | 1.02 | 0.89 | 0.80 | 0.69 | 0.66 | 0.67 | 0.74 |
| ZL47 | 1.38 | 2.21 | 2.17 | 2.13 | 2.24 | 1.42 | 1.17 | 1.06 | 0.91 | 0.87 | 0.88 | 0.98 |
| ZL47—3 | 1.30 | 1.78 | 1.76 | 1.74 | 1.81 | 1.34 | 1.15 | 1.04 | 0.92 | 0.88 | 0.89 | 0.99 |
| ZL58 | 1.45 | 1.84 | 1.82 | 1.80 | 1.86 | 1.48 | 1.33 | 1.24 | 1.11 | 1.07 | 1.08 | 1.18 |
| ZL58—3 | 1.14 | 1.59 | 1.56 | 1.54 | 1.62 | 1.17 | 1.02 | 0.92 | 0.79 | 0.75 | 0.76 | 0.84 |

表 3.2-5　　　　　　　　　　　　丰水年研究河段典型断面逐月流速　　　　　　　　　　　（单位：m/s）

| 断面 | 5月 | 6月 | 7月 | 8月 | 9月 | 10月 | 11月 | 12月 | 1月 | 2月 | 3月 | 4月 |
|---|---|---|---|---|---|---|---|---|---|---|---|---|
| 坝址 | 1.96 | 2.49 | 2.47 | 2.46 | 2.50 | 1.96 | 1.75 | 1.61 | 1.50 | 1.48 | 1.49 | 1.54 |
| ZL05 | 1.72 | 2.15 | 2.14 | 2.13 | 2.16 | 1.72 | 1.51 | 1.41 | 1.27 | 1.25 | 1.26 | 1.31 |
| ZL06 | 1.52 | 1.88 | 1.87 | 1.86 | 1.89 | 1.52 | 1.38 | 1.26 | 1.15 | 1.14 | 1.15 | 1.20 |
| ZL19 | 1.67 | 2.05 | 2.03 | 2.01 | 2.09 | 1.67 | 1.52 | 1.41 | 1.35 | 1.31 | 1.32 | 1.38 |
| ZL20 | 1.97 | 2.44 | 2.42 | 2.40 | 2.48 | 1.98 | 1.73 | 1.58 | 1.43 | 1.39 | 1.40 | 1.47 |
| ZL28 | 2.61 | 3.15 | 3.12 | 3.10 | 3.19 | 2.61 | 2.38 | 2.16 | 2.09 | 2.01 | 2.03 | 2.14 |
| ZL34 | 2.16 | 2.58 | 2.55 | 2.54 | 2.63 | 2.15 | 1.99 | 1.82 | 1.78 | 1.71 | 1.72 | 1.82 |
| ZL41 | 1.61 | 1.98 | 1.95 | 1.93 | 2.04 | 1.71 | 1.49 | 1.34 | 1.26 | 1.21 | 1.23 | 1.29 |
| ZL42 | 1.63 | 2.03 | 2.01 | 1.99 | 2.07 | 1.62 | 1.45 | 1.32 | 1.19 | 1.15 | 1.16 | 1.24 |
| 厂址 | 3.13 | 3.86 | 3.83 | 3.80 | 3.92 | 3.11 | 2.83 | 2.59 | 2.48 | 2.41 | 2.42 | 2.54 |
| ZL47 | 2.36 | 3.11 | 3.08 | 3.04 | 3.16 | 2.41 | 2.14 | 2.02 | 1.84 | 1.78 | 1.79 | 1.92 |
| ZL47-3 | 2.28 | 2.87 | 2.84 | 2.82 | 2.92 | 2.32 | 2.10 | 2.00 | 1.83 | 1.78 | 1.79 | 1.92 |
| ZL58 | 1.42 | 1.94 | 1.92 | 1.89 | 1.98 | 1.47 | 1.28 | 1.20 | 1.07 | 1.01 | 1.02 | 1.13 |
| ZL58-3 | 1.87 | 2.33 | 2.30 | 2.28 | 2.39 | 1.93 | 1.76 | 1.69 | 1.56 | 1.50 | 1.51 | 1.62 |

表 3.2-6　　　　　　　　　　　　丰水年研究河段典型断面逐月水面宽　　　　　　　　　　　（单位：m）

| 断面 | 5月 | 6月 | 7月 | 8月 | 9月 | 10月 | 11月 | 12月 | 1月 | 2月 | 3月 | 4月 |
|---|---|---|---|---|---|---|---|---|---|---|---|---|
| 坝址 | 29.74 | 34.09 | 33.18 | 32.65 | 35.14 | 28.86 | 24.99 | 23.84 | 21.93 | 21.81 | 21.87 | 22.62 |
| ZL05 | 36.36 | 41.88 | 41.72 | 41.59 | 41.99 | 35.94 | 32.46 | 29.21 | 28.52 | 28.22 | 28.37 | 29.14 |
| ZL06 | 26.00 | 30.04 | 29.98 | 29.93 | 30.07 | 25.67 | 22.56 | 20.20 | 19.16 | 18.95 | 19.07 | 20.60 |
| ZL19 | 30.09 | 35.18 | 35.08 | 34.94 | 35.34 | 29.87 | 27.59 | 26.21 | 25.11 | 24.88 | 24.97 | 25.65 |
| ZL20 | 20.61 | 33.99 | 33.73 | 33.50 | 34.11 | 20.16 | 18.59 | 17.35 | 17.02 | 16.81 | 16.88 | 17.36 |
| ZL28 | 17.60 | 22.70 | 22.48 | 22.30 | 22.86 | 17.00 | 15.01 | 13.78 | 12.98 | 12.72 | 12.84 | 13.63 |
| ZL34 | 35.01 | 44.88 | 44.41 | 44.09 | 45.15 | 33.86 | 30.09 | 27.04 | 25.26 | 24.90 | 25.06 | 27.57 |
| ZL41 | 25.01 | 34.46 | 34.02 | 33.66 | 34.64 | 24.00 | 20.44 | 18.89 | 16.81 | 16.48 | 16.57 | 17.73 |
| ZL42 | 40.73 | 42.09 | 41.85 | 41.68 | 42.34 | 40.21 | 36.89 | 34.05 | 32.52 | 31.71 | 31.89 | 33.38 |
| 厂址 | 25.86 | 27.28 | 27.19 | 27.12 | 27.55 | 25.35 | 22.64 | 20.46 | 19.64 | 18.74 | 18.90 | 20.03 |
| ZL47 | 27.48 | 28.15 | 28.02 | 27.87 | 28.46 | 27.33 | 26.36 | 25.95 | 25.37 | 24.92 | 25.11 | 25.88 |
| ZL47-3 | 20.88 | 26.20 | 25.97 | 25.78 | 26.69 | 21.03 | 19.17 | 18.33 | 17.20 | 16.68 | 16.84 | 18.02 |
| ZL58 | 33.23 | 41.94 | 41.57 | 41.26 | 42.18 | 33.41 | 30.19 | 28.72 | 26.91 | 26.48 | 26.64 | 28.14 |
| ZL58-3 | 29.29 | 37.34 | 37.15 | 37.01 | 37.85 | 29.75 | 26.64 | 25.33 | 24.18 | 23.77 | 23.93 | 24.96 |

表 3. 2-7                   平水年研究河段典型断面逐月流量          （单位：m³/s）

| 断面 | 5 月 | 6 月 | 7 月 | 8 月 | 9 月 | 10 月 | 11 月 | 12 月 | 1 月 | 2 月 | 3 月 | 4 月 |
|---|---|---|---|---|---|---|---|---|---|---|---|---|
| 坝址 | 93.50 | 152.00 | 214.00 | 198.00 | 272.00 | 126.00 | 80.20 | 50.10 | 36.90 | 37.30 | 38.60 | 61.60 |
| ZL05 | 93.50 | 152.00 | 214.00 | 198.00 | 272.00 | 126.00 | 80.20 | 50.10 | 36.90 | 37.30 | 38.60 | 61.60 |
| ZL06 | 93.60 | 152.10 | 214.32 | 198.43 | 272.29 | 126.16 | 80.31 | 50.19 | 36.97 | 37.37 | 38.68 | 61.68 |
| ZL19 | 94.02 | 152.53 | 215.69 | 200.26 | 273.51 | 126.86 | 80.80 | 50.56 | 37.28 | 37.68 | 39.03 | 62.03 |
| ZL20 | 94.14 | 152.66 | 216.08 | 200.78 | 273.86 | 127.06 | 80.94 | 50.67 | 37.37 | 37.77 | 39.13 | 62.13 |
| ZL28 | 94.51 | 153.05 | 217.31 | 202.42 | 274.96 | 127.69 | 81.37 | 51.00 | 37.65 | 38.05 | 39.44 | 62.44 |
| ZL34 | 95.39 | 153.97 | 220.22 | 206.29 | 277.56 | 129.18 | 82.40 | 51.79 | 38.31 | 38.71 | 40.17 | 63.18 |
| ZL41 | 95.46 | 154.05 | 220.46 | 206.60 | 277.77 | 129.30 | 82.48 | 51.85 | 38.36 | 38.76 | 40.23 | 63.24 |
| ZL42 | 95.46 | 154.05 | 220.46 | 206.60 | 277.77 | 129.30 | 82.48 | 51.85 | 38.36 | 38.76 | 40.23 | 63.24 |
| 厂址 | 95.67 | 154.28 | 221.18 | 207.56 | 278.41 | 129.67 | 82.73 | 52.05 | 38.53 | 38.93 | 40.41 | 63.42 |
| ZL47 | 96.74 | 155.41 | 224.74 | 212.29 | 281.58 | 131.48 | 83.98 | 53.02 | 39.35 | 39.74 | 41.30 | 64.33 |
| ZL47－3 | 96.74 | 155.41 | 224.74 | 212.29 | 281.58 | 131.48 | 83.98 | 53.02 | 39.35 | 39.74 | 41.30 | 64.33 |
| ZL58 | 96.74 | 155.41 | 224.74 | 212.29 | 281.58 | 131.48 | 83.98 | 53.02 | 39.35 | 39.74 | 41.30 | 64.33 |
| ZL58－3 | 96.74 | 155.41 | 224.74 | 212.29 | 281.58 | 131.48 | 83.98 | 53.02 | 39.35 | 39.74 | 41.30 | 64.33 |

表 3. 2-8                   平水年研究河段典型断面逐月水位           （单位：m）

| 断面 | 5 月 | 6 月 | 7 月 | 8 月 | 9 月 | 10 月 | 11 月 | 12 月 | 1 月 | 2 月 | 3 月 | 4 月 |
|---|---|---|---|---|---|---|---|---|---|---|---|---|
| 坝址 | 2761.18 | 2761.52 | 2761.88 | 2761.79 | 2762.18 | 2761.35 | 2761.01 | 2760.75 | 2760.59 | 2760.59 | 2760.61 | 2760.85 |
| ZL05 | 2697.88 | 2698.33 | 2698.60 | 2698.54 | 2698.83 | 2698.17 | 2697.84 | 2697.59 | 2697.46 | 2697.46 | 2697.47 | 2697.69 |
| ZL06 | 2680.15 | 2680.65 | 2681.05 | 2680.96 | 2681.37 | 2680.44 | 2680.01 | 2679.63 | 2679.43 | 2679.44 | 2679.46 | 2679.78 |
| ZL19 | 2498.87 | 2499.47 | 2499.94 | 2499.83 | 2500.30 | 2499.26 | 2498.77 | 2498.42 | 2498.22 | 2498.22 | 2498.24 | 2498.55 |
| ZL20 | 2496.78 | 2497.46 | 2497.98 | 2497.86 | 2498.35 | 2497.25 | 2496.70 | 2496.25 | 2495.99 | 2496.00 | 2496.01 | 2496.41 |
| ZL28 | 2402.00 | 2402.32 | 2402.67 | 2402.59 | 2402.92 | 2402.26 | 2401.81 | 2401.52 | 2401.36 | 2401.36 | 2401.38 | 2401.63 |
| ZL34 | 2291.92 | 2292.66 | 2293.12 | 2293.01 | 2293.51 | 2292.41 | 2291.91 | 2291.49 | 2291.25 | 2291.25 | 2291.27 | 2291.69 |
| ZL41 | 2219.50 | 2220.01 | 2220.55 | 2220.41 | 2221.03 | 2219.77 | 2219.28 | 2218.90 | 2218.72 | 2218.73 | 2218.74 | 2219.05 |
| ZL42 | 2208.19 | 2208.57 | 2208.92 | 2208.83 | 2209.21 | 2208.43 | 2208.01 | 2207.67 | 2207.50 | 2207.51 | 2207.53 | 2207.81 |
| 厂址 | 2117.01 | 2117.41 | 2117.70 | 2117.63 | 2117.96 | 2117.27 | 2116.96 | 2116.71 | 2116.59 | 2116.59 | 2116.61 | 2116.82 |
| ZL47 | 2095.81 | 2096.28 | 2096.66 | 2096.56 | 2097.01 | 2096.10 | 2095.74 | 2095.45 | 2095.31 | 2095.32 | 2095.34 | 2095.61 |
| ZL47－3 | 2084.02 | 2084.53 | 2084.87 | 2084.79 | 2085.16 | 2084.33 | 2083.95 | 2083.65 | 2083.49 | 2083.49 | 2083.51 | 2083.82 |
| ZL58 | 1871.07 | 1872.11 | 1872.66 | 1872.52 | 1873.09 | 1871.81 | 1870.99 | 1870.68 | 1870.39 | 1870.41 | 1870.43 | 1870.99 |
| ZL58－3 | 1852.62 | 1853.08 | 1853.42 | 1853.33 | 1853.68 | 1852.89 | 1852.57 | 1852.30 | 1852.15 | 1852.16 | 1852.18 | 1852.45 |

表 3.2-9                 平水年研究河段典型断面逐月最大水深             （单位：m）

| 断面 | 5月 | 6月 | 7月 | 8月 | 9月 | 10月 | 11月 | 12月 | 1月 | 2月 | 3月 | 4月 |
|---|---|---|---|---|---|---|---|---|---|---|---|---|
| 坝址 | 1.80 | 2.14 | 2.50 | 2.41 | 2.80 | 1.97 | 1.63 | 1.37 | 1.21 | 1.21 | 1.23 | 1.47 |
| ZL05 | 1.41 | 1.90 | 2.19 | 2.13 | 2.44 | 1.72 | 1.36 | 1.09 | 0.95 | 0.95 | 0.96 | 1.20 |
| ZL06 | 2.21 | 2.73 | 3.15 | 3.06 | 3.47 | 2.54 | 2.09 | 1.71 | 1.51 | 1.52 | 1.54 | 1.81 |
| ZL19 | 1.94 | 2.54 | 3.01 | 2.90 | 3.38 | 2.33 | 1.84 | 1.49 | 1.29 | 1.29 | 1.31 | 1.60 |
| ZL20 | 2.71 | 3.41 | 3.94 | 3.82 | 4.31 | 3.20 | 2.65 | 2.20 | 1.94 | 1.95 | 1.97 | 2.35 |
| ZL28 | 1.79 | 2.12 | 2.47 | 2.39 | 2.74 | 1.95 | 1.61 | 1.32 | 1.16 | 1.16 | 1.19 | 1.43 |
| ZL34 | 2.22 | 2.96 | 3.42 | 3.31 | 3.80 | 2.70 | 2.20 | 1.79 | 1.55 | 1.55 | 1.57 | 1.92 |
| ZL41 | 3.04 | 3.55 | 4.09 | 3.95 | 4.55 | 3.30 | 2.81 | 2.44 | 2.26 | 2.28 | 2.30 | 2.61 |
| ZL42 | 2.10 | 2.49 | 2.83 | 2.74 | 3.13 | 2.33 | 1.91 | 1.58 | 1.41 | 1.42 | 1.44 | 1.69 |
| 厂址 | 1.41 | 1.81 | 2.10 | 2.03 | 2.36 | 1.66 | 1.36 | 1.11 | 0.99 | 0.99 | 1.01 | 1.22 |
| ZL47 | 1.54 | 2.04 | 2.43 | 2.33 | 2.81 | 1.85 | 1.49 | 1.20 | 1.06 | 1.07 | 1.09 | 1.30 |
| ZL47—3 | 1.71 | 2.25 | 2.60 | 2.52 | 2.91 | 2.04 | 1.66 | 1.36 | 1.20 | 1.20 | 1.22 | 1.46 |
| ZL58 | 3.35 | 4.22 | 4.78 | 4.64 | 5.23 | 3.91 | 3.09 | 2.78 | 2.49 | 2.51 | 2.53 | 2.99 |
| ZL58—3 | 1.43 | 1.92 | 2.27 | 2.18 | 2.58 | 1.72 | 1.40 | 1.13 | 0.98 | 0.99 | 1.01 | 1.21 |

表 3.2-10                平水年研究河段典型断面逐月平均水深             （单位：m）

| 断面 | 5月 | 6月 | 7月 | 8月 | 9月 | 10月 | 11月 | 12月 | 1月 | 2月 | 3月 | 4月 |
|---|---|---|---|---|---|---|---|---|---|---|---|---|
| 坝址 | 1.11 | 1.50 | 1.82 | 1.75 | 2.07 | 1.31 | 0.98 | 0.76 | 0.62 | 0.62 | 0.63 | 0.83 |
| ZL05 | 0.94 | 1.10 | 1.31 | 1.27 | 1.47 | 1.03 | 0.88 | 0.72 | 0.63 | 0.63 | 0.65 | 0.79 |
| ZL06 | 0.90 | 1.06 | 1.24 | 1.20 | 1.42 | 1.19 | 0.84 | 0.69 | 0.61 | 0.61 | 0.63 | 0.77 |
| ZL19 | 1.33 | 1.70 | 2.02 | 1.96 | 2.25 | 1.54 | 1.21 | 0.92 | 0.81 | 0.81 | 0.83 | 1.02 |
| ZL20 | 1.40 | 1.62 | 1.98 | 1.86 | 2.14 | 1.54 | 1.30 | 1.05 | 0.77 | 0.77 | 0.78 | 1.12 |
| ZL28 | 1.06 | 1.25 | 1.39 | 1.35 | 1.51 | 1.16 | 0.98 | 0.81 | 0.73 | 0.73 | 0.74 | 0.91 |
| ZL34 | 0.96 | 1.16 | 1.30 | 1.27 | 1.40 | 1.16 | 0.97 | 0.84 | 0.74 | 0.74 | 0.75 | 0.88 |
| ZL41 | 0.89 | 1.05 | 1.51 | 1.48 | 1.64 | 0.92 | 0.82 | 0.71 | 0.54 | 0.55 | 0.56 | 0.75 |
| ZL42 | 1.25 | 1.57 | 1.92 | 1.85 | 2.21 | 1.36 | 1.15 | 0.95 | 0.83 | 0.84 | 0.85 | 1.06 |
| 厂址 | 0.90 | 1.11 | 1.35 | 1.29 | 1.54 | 1.18 | 0.82 | 0.73 | 0.62 | 0.63 | 0.65 | 0.77 |
| ZL47 | 1.12 | 1.55 | 1.88 | 1.81 | 2.16 | 1.36 | 1.06 | 0.83 | 0.71 | 0.72 | 0.74 | 0.97 |
| ZL47—3 | 1.15 | 1.42 | 1.62 | 1.57 | 1.77 | 1.29 | 1.07 | 0.87 | 0.76 | 0.77 | 0.79 | 0.98 |
| ZL58 | 1.30 | 1.54 | 1.69 | 1.66 | 1.81 | 1.43 | 1.25 | 1.06 | 0.96 | 0.97 | 0.99 | 1.18 |
| ZL58—3 | 1.01 | 1.24 | 1.40 | 1.37 | 1.57 | 1.13 | 0.93 | 0.74 | 0.65 | 0.66 | 0.68 | 0.85 |

**表 3.2-11** 平水年研究河段典型断面逐月流速 （单位：m/s）

| 断面 | 5月 | 6月 | 7月 | 8月 | 9月 | 10月 | 11月 | 12月 | 1月 | 2月 | 3月 | 4月 |
|---|---|---|---|---|---|---|---|---|---|---|---|---|
| 坝址 | 1.76 | 2.06 | 2.30 | 2.25 | 2.42 | 1.92 | 1.66 | 1.45 | 1.33 | 1.33 | 1.35 | 1.54 |
| ZL05 | 1.53 | 1.82 | 2.01 | 1.97 | 2.15 | 1.68 | 1.43 | 1.22 | 1.10 | 1.11 | 1.13 | 1.31 |
| ZL06 | 1.39 | 1.59 | 1.76 | 1.72 | 1.88 | 1.49 | 1.30 | 1.11 | 1.01 | 1.01 | 1.03 | 1.20 |
| ZL19 | 1.53 | 1.72 | 1.93 | 1.88 | 2.05 | 1.66 | 1.47 | 1.31 | 1.22 | 1.22 | 1.24 | 1.37 |
| ZL20 | 1.73 | 2.08 | 2.32 | 2.28 | 2.44 | 1.95 | 1.62 | 1.36 | 1.23 | 1.24 | 1.26 | 1.45 |
| ZL28 | 2.41 | 2.72 | 2.99 | 2.94 | 3.17 | 2.57 | 2.28 | 2.00 | 1.84 | 1.85 | 1.87 | 2.14 |
| ZL34 | 1.99 | 2.24 | 2.43 | 2.40 | 2.59 | 2.12 | 1.91 | 1.72 | 1.60 | 1.60 | 1.62 | 1.81 |
| ZL41 | 1.49 | 1.69 | 1.86 | 1.82 | 2.01 | 1.59 | 1.45 | 1.34 | 1.11 | 1.11 | 1.31 | 1.39 |
| ZL42 | 1.46 | 1.71 | 1.90 | 1.86 | 2.06 | 1.60 | 1.37 | 1.19 | 1.09 | 1.10 | 1.12 | 1.27 |
| 厂址 | 2.86 | 3.27 | 3.61 | 3.54 | 3.79 | 3.06 | 2.71 | 2.38 | 2.20 | 2.20 | 2.22 | 2.47 |
| ZL47 | 2.11 | 2.57 | 2.87 | 2.81 | 3.13 | 2.36 | 2.03 | 1.74 | 1.58 | 1.59 | 1.61 | 1.83 |
| ZL47-3 | 2.08 | 2.44 | 2.68 | 2.62 | 2.85 | 2.28 | 2.01 | 1.76 | 1.63 | 1.64 | 1.66 | 1.92 |
| ZL58 | 1.24 | 1.57 | 1.76 | 1.72 | 1.92 | 1.44 | 1.21 | 1.01 | 0.90 | 0.91 | 0.93 | 1.11 |
| ZL58-3 | 1.79 | 2.02 | 2.18 | 2.15 | 2.31 | 1.90 | 1.70 | 1.49 | 1.38 | 1.39 | 1.41 | 1.62 |

**表 3.2-12** 平水年研究河段典型断面逐月水面宽 （单位：m）

| 断面 | 5月 | 6月 | 7月 | 8月 | 9月 | 10月 | 11月 | 12月 | 1月 | 2月 | 3月 | 4月 |
|---|---|---|---|---|---|---|---|---|---|---|---|---|
| 坝址 | 25.26 | 29.23 | 30.59 | 30.14 | 34.27 | 29.01 | 24.26 | 23.23 | 21.85 | 21.87 | 21.94 | 22.35 |
| ZL05 | 33.04 | 38.12 | 40.15 | 39.70 | 41.89 | 35.69 | 31.42 | 28.08 | 26.41 | 26.47 | 26.74 | 29.50 |
| ZL06 | 23.68 | 28.42 | 30.33 | 30.18 | 30.94 | 26.13 | 22.47 | 20.00 | 18.20 | 18.30 | 18.40 | 20.60 |
| ZL19 | 28.85 | 31.98 | 34.58 | 33.74 | 36.37 | 30.67 | 27.77 | 25.58 | 23.67 | 23.78 | 24.22 | 26.28 |
| ZL20 | 20.61 | 33.99 | 33.73 | 33.50 | 34.11 | 20.37 | 18.78 | 17.53 | 17.19 | 16.98 | 17.05 | 17.36 |
| ZL28 | 15.91 | 18.79 | 21.35 | 20.82 | 22.17 | 17.26 | 14.81 | 12.85 | 11.81 | 11.86 | 12.08 | 13.62 |
| ZL34 | 31.91 | 37.16 | 41.97 | 40.88 | 45.83 | 34.39 | 29.33 | 24.86 | 22.21 | 22.32 | 22.54 | 26.76 |
| ZL41 | 25.01 | 34.46 | 34.02 | 33.66 | 34.64 | 24.24 | 20.65 | 19.08 | 16.98 | 16.65 | 16.73 | 17.73 |
| ZL42 | 39.02 | 41.98 | 42.64 | 42.49 | 43.48 | 41.60 | 36.61 | 32.55 | 30.56 | 30.73 | 30.98 | 34.24 |
| 厂址 | 23.99 | 26.70 | 27.38 | 27.22 | 28.66 | 25.78 | 22.40 | 19.47 | 18.00 | 18.16 | 18.27 | 20.21 |
| ZL47 | 27.62 | 28.63 | 28.79 | 28.75 | 29.33 | 28.21 | 27.00 | 26.03 | 25.57 | 25.70 | 25.94 | 26.01 |
| ZL47-3 | 20.43 | 22.85 | 25.01 | 24.51 | 26.71 | 21.44 | 19.08 | 17.12 | 16.13 | 16.27 | 16.42 | 18.32 |
| ZL58 | 31.08 | 36.35 | 39.96 | 39.13 | 42.72 | 33.99 | 29.90 | 26.94 | 25.55 | 25.72 | 26.06 | 28.22 |
| ZL58-3 | 27.49 | 32.64 | 36.45 | 35.51 | 38.37 | 30.50 | 26.57 | 24.31 | 22.94 | 22.30 | 22.71 | 25.15 |

表 3.2-13　　　　　　　　枯水年研究河段典型断面逐月流量　　　　　　（单位：m³/s）

| 断面 | 5月 | 6月 | 7月 | 8月 | 9月 | 10月 | 11月 | 12月 | 1月 | 2月 | 3月 | 4月 |
|---|---|---|---|---|---|---|---|---|---|---|---|---|
| 坝址 | 54.20 | 86.50 | 156.00 | 194.00 | 146.00 | 94.90 | 55.30 | 41.70 | 31.90 | 31.90 | 32.90 | 36.80 |
| ZL05 | 54.20 | 86.50 | 156.00 | 194.00 | 146.00 | 94.90 | 55.30 | 41.70 | 31.90 | 31.90 | 32.90 | 36.80 |
| ZL06 | 54.31 | 86.71 | 156.33 | 194.25 | 146.24 | 95.05 | 55.40 | 41.78 | 31.97 | 31.97 | 32.97 | 36.87 |
| ZL19 | 54.79 | 87.63 | 157.76 | 195.30 | 147.25 | 95.67 | 55.83 | 42.12 | 32.26 | 32.26 | 33.26 | 37.18 |
| ZL20 | 54.93 | 87.89 | 158.17 | 195.60 | 147.54 | 95.85 | 55.96 | 42.22 | 32.34 | 32.34 | 33.35 | 37.27 |
| ZL28 | 55.35 | 88.70 | 159.45 | 196.54 | 148.45 | 96.41 | 56.35 | 42.52 | 32.60 | 32.60 | 33.62 | 37.55 |
| ZL34 | 56.09 | 89.41 | 160.23 | 197.28 | 148.59 | 96.50 | 56.41 | 43.19 | 32.64 | 34.64 | 34.90 | 38.46 |
| ZL41 | 56.17 | 89.57 | 160.47 | 197.46 | 148.76 | 96.61 | 56.49 | 43.30 | 32.69 | 34.69 | 34.95 | 38.51 |
| ZL42 | 56.17 | 89.57 | 160.47 | 197.46 | 148.76 | 96.61 | 56.49 | 43.30 | 32.69 | 34.69 | 34.95 | 38.51 |
| 厂址 | 56.41 | 90.05 | 161.22 | 198.01 | 149.29 | 96.94 | 56.72 | 50.80 | 32.85 | 34.85 | 35.11 | 38.68 |
| ZL47 | 57.63 | 92.39 | 164.90 | 200.74 | 151.91 | 98.56 | 57.86 | 44.29 | 33.60 | 35.60 | 35.88 | 39.49 |
| ZL47－3 | 57.63 | 92.39 | 164.90 | 200.74 | 151.91 | 98.56 | 57.86 | 44.29 | 33.60 | 35.60 | 35.88 | 39.49 |
| ZL58 | 57.63 | 92.39 | 164.90 | 200.74 | 151.91 | 98.56 | 57.86 | 44.29 | 33.60 | 35.60 | 35.88 | 39.49 |
| ZL58－3 | 57.63 | 92.39 | 164.90 | 200.74 | 151.91 | 98.56 | 57.86 | 44.29 | 33.60 | 35.60 | 35.88 | 39.49 |

表 3.2-14　　　　　　　　枯水年研究河段典型断面逐月水位　　　　　　（单位：m）

| 断面 | 5月 | 6月 | 7月 | 8月 | 9月 | 10月 | 11月 | 12月 | 1月 | 2月 | 3月 | 4月 |
|---|---|---|---|---|---|---|---|---|---|---|---|---|
| 坝址 | 2760.76 | 2761.06 | 2761.54 | 2761.77 | 2761.48 | 2761.13 | 2760.80 | 2760.66 | 2760.50 | 2760.50 | 2760.52 | 2760.58 |
| ZL05 | 2697.86 | 2698.13 | 2698.35 | 2698.52 | 2698.29 | 2697.95 | 2697.63 | 2697.51 | 2697.40 | 2697.40 | 2697.41 | 2697.46 |
| ZL06 | 2680.11 | 2680.35 | 2680.68 | 2680.93 | 2680.60 | 2680.17 | 2679.70 | 2679.51 | 2679.35 | 2679.35 | 2679.37 | 2679.43 |
| ZL19 | 2498.83 | 2499.26 | 2499.51 | 2499.79 | 2499.43 | 2498.93 | 2498.48 | 2498.30 | 2498.13 | 2498.13 | 2498.15 | 2498.20 |
| ZL20 | 2496.80 | 2496.99 | 2497.52 | 2497.83 | 2497.44 | 2496.88 | 2496.33 | 2496.09 | 2495.87 | 2495.87 | 2495.90 | 2495.97 |
| ZL28 | 2401.84 | 2402.01 | 2402.35 | 2402.56 | 2402.27 | 2401.93 | 2401.57 | 2401.41 | 2401.31 | 2401.31 | 2401.32 | 2401.37 |
| ZL34 | 2292.01 | 2292.24 | 2292.69 | 2292.97 | 2292.59 | 2292.08 | 2291.56 | 2291.33 | 2291.15 | 2291.17 | 2291.18 | 2291.25 |
| ZL41 | 2219.38 | 2219.54 | 2220.04 | 2220.36 | 2219.94 | 2219.43 | 2218.97 | 2218.79 | 2218.58 | 2218.60 | 2218.61 | 2218.71 |
| ZL42 | 2208.06 | 2208.37 | 2208.59 | 2208.79 | 2208.53 | 2208.14 | 2207.73 | 2207.56 | 2207.43 | 2207.46 | 2207.46 | 2207.52 |
| 厂址 | 2117.01 | 2117.24 | 2117.41 | 2117.59 | 2117.36 | 2117.06 | 2116.76 | 2116.63 | 2116.54 | 2116.56 | 2116.57 | 2116.60 |
| ZL47 | 2095.54 | 2095.76 | 2096.29 | 2096.52 | 2096.22 | 2095.85 | 2095.55 | 2095.36 | 2095.26 | 2095.28 | 2095.28 | 2095.32 |
| ZL47－3 | 2083.73 | 2083.98 | 2084.52 | 2084.74 | 2084.45 | 2084.08 | 2083.70 | 2083.62 | 2083.42 | 2083.44 | 2083.44 | 2083.49 |
| ZL58 | 1870.75 | 1871.01 | 1872.11 | 1872.46 | 1872.01 | 1871.09 | 1870.77 | 1870.64 | 1870.34 | 1870.37 | 1870.37 | 1870.41 |
| ZL58－3 | 1852.34 | 1852.58 | 1853.08 | 1853.29 | 1853.02 | 1852.67 | 1852.39 | 1852.34 | 1852.10 | 1852.13 | 1852.13 | 1852.18 |

表 3.2-15　　　　　　　　枯水年研究河段典型断面逐月最大水深　　　　　　（单位：m）

| 断面 | 5月 | 6月 | 7月 | 8月 | 9月 | 10月 | 11月 | 12月 | 1月 | 2月 | 3月 | 4月 |
|---|---|---|---|---|---|---|---|---|---|---|---|---|
| 坝址 | 1.38 | 1.68 | 2.16 | 2.39 | 2.10 | 1.75 | 1.42 | 1.28 | 1.12 | 1.12 | 1.14 | 1.20 |
| ZL05 | 1.11 | 1.68 | 1.92 | 2.10 | 1.85 | 1.48 | 1.13 | 1.00 | 0.88 | 0.88 | 0.89 | 0.95 |
| ZL06 | 1.75 | 2.43 | 2.76 | 3.01 | 2.68 | 2.25 | 1.78 | 1.59 | 1.43 | 1.43 | 1.45 | 1.51 |
| ZL19 | 1.52 | 2.34 | 2.59 | 2.86 | 2.50 | 2.00 | 1.55 | 1.38 | 1.20 | 1.20 | 1.22 | 1.27 |
| ZL20 | 2.20 | 2.94 | 3.47 | 3.78 | 3.39 | 2.83 | 2.28 | 2.04 | 1.82 | 1.82 | 1.84 | 1.92 |
| ZL28 | 1.31 | 1.81 | 2.15 | 2.36 | 2.07 | 1.73 | 1.37 | 1.21 | 1.10 | 1.10 | 1.12 | 1.17 |
| ZL34 | 1.85 | 2.54 | 2.99 | 3.33 | 2.89 | 2.38 | 1.86 | 1.63 | 1.45 | 1.45 | 1.48 | 1.55 |
| ZL41 | 2.34 | 3.08 | 3.58 | 3.98 | 3.48 | 2.97 | 2.51 | 2.33 | 2.12 | 2.14 | 2.15 | 2.25 |
| ZL42 | 1.58 | 2.28 | 2.50 | 2.75 | 2.44 | 2.05 | 1.64 | 1.47 | 1.34 | 1.37 | 1.37 | 1.43 |
| 厂址 | 1.34 | 1.58 | 1.76 | 2.03 | 1.69 | 1.63 | 1.17 | 1.03 | 0.92 | 0.94 | 0.94 | 1.00 |
| ZL47 | 1.28 | 1.51 | 2.04 | 2.32 | 1.97 | 1.60 | 1.30 | 1.11 | 1.01 | 1.03 | 1.03 | 1.07 |
| ZL47－3 | 1.44 | 1.69 | 2.23 | 2.50 | 2.16 | 1.79 | 1.41 | 1.33 | 1.13 | 1.15 | 1.15 | 1.20 |
| ZL58 | 2.95 | 3.11 | 4.21 | 4.65 | 4.11 | 3.19 | 2.87 | 2.74 | 2.44 | 2.47 | 2.47 | 2.51 |
| ZL58－3 | 1.17 | 1.41 | 1.91 | 2.16 | 1.85 | 1.50 | 1.22 | 1.17 | 0.93 | 0.96 | 0.96 | 1.01 |

表 3.2-16　　　　　　　　枯水年研究河段典型断面逐月平均水深　　　　　　（单位：m）

| 断面 | 5月 | 6月 | 7月 | 8月 | 9月 | 10月 | 11月 | 12月 | 1月 | 2月 | 3月 | 4月 |
|---|---|---|---|---|---|---|---|---|---|---|---|---|
| 坝址 | 0.93 | 1.27 | 1.61 | 1.71 | 1.73 | 1.27 | 0.92 | 0.79 | 0.59 | 0.59 | 0.60 | 0.74 |
| ZL05 | 0.76 | 0.91 | 1.11 | 1.25 | 1.08 | 0.93 | 0.75 | 0.64 | 0.57 | 0.57 | 0.58 | 0.61 |
| ZL06 | 0.73 | 0.92 | 1.09 | 1.16 | 1.06 | 0.84 | 0.79 | 0.67 | 0.58 | 0.58 | 0.59 | 0.62 |
| ZL19 | 0.99 | 1.29 | 1.73 | 1.92 | 1.65 | 1.32 | 0.98 | 0.83 | 0.77 | 0.77 | 0.79 | 0.81 |
| ZL20 | 1.08 | 1.35 | 1.65 | 1.82 | 1.60 | 1.41 | 1.08 | 0.80 | 0.71 | 0.71 | 0.73 | 0.75 |
| ZL28 | 0.87 | 1.03 | 1.16 | 1.35 | 1.23 | 1.05 | 0.87 | 0.78 | 0.69 | 0.69 | 0.72 | 0.74 |
| ZL34 | 0.76 | 0.90 | 1.14 | 1.31 | 1.10 | 0.92 | 0.82 | 0.75 | 0.66 | 0.67 | 0.67 | 0.71 |
| ZL41 | 0.63 | 0.85 | 1.15 | 1.34 | 1.09 | 0.88 | 0.73 | 0.64 | 0.55 | 0.56 | 0.56 | 0.61 |
| ZL42 | 1.02 | 1.21 | 1.59 | 1.87 | 1.50 | 1.23 | 0.99 | 0.88 | 0.78 | 0.80 | 0.80 | 0.84 |
| 厂址 | 0.73 | 0.87 | 1.12 | 1.30 | 1.06 | 0.88 | 0.71 | 0.66 | 0.57 | 0.59 | 0.59 | 0.62 |
| ZL47 | 1.02 | 1.12 | 1.58 | 1.83 | 1.49 | 1.18 | 0.88 | 0.75 | 0.66 | 0.68 | 0.68 | 0.71 |
| ZL47－3 | 0.94 | 1.08 | 1.42 | 1.61 | 1.37 | 1.14 | 0.90 | 0.79 | 0.71 | 0.73 | 0.73 | 0.76 |
| ZL58 | 1.01 | 1.13 | 1.58 | 1.68 | 1.41 | 1.20 | 1.04 | 1.01 | 0.89 | 0.90 | 0.90 | 0.94 |
| ZL58－3 | 0.82 | 0.95 | 1.24 | 1.38 | 1.20 | 1.01 | 0.78 | 0.68 | 0.61 | 0.63 | 0.63 | 0.65 |

表 3.2-17　　　　　　　　　　　枯水年研究河段典型断面逐月流速　　　　　　　　（单位：m/s）

| 断面 | 5月 | 6月 | 7月 | 8月 | 9月 | 10月 | 11月 | 12月 | 1月 | 2月 | 3月 | 4月 |
|---|---|---|---|---|---|---|---|---|---|---|---|---|
| 坝址 | 1.49 | 1.72 | 2.08 | 2.22 | 2.02 | 1.75 | 1.49 | 1.37 | 1.26 | 1.26 | 1.27 | 1.32 |
| ZL05 | 1.26 | 1.49 | 1.83 | 1.95 | 1.78 | 1.52 | 1.26 | 1.14 | 1.05 | 1.05 | 1.06 | 1.10 |
| ZL06 | 1.15 | 1.35 | 1.60 | 1.70 | 1.56 | 1.38 | 1.15 | 1.05 | 0.97 | 0.97 | 0.98 | 1.01 |
| ZL19 | 1.35 | 1.51 | 1.75 | 1.85 | 1.71 | 1.53 | 1.34 | 1.26 | 1.16 | 1.16 | 1.19 | 1.22 |
| ZL20 | 1.43 | 1.69 | 2.11 | 2.23 | 2.06 | 1.73 | 1.42 | 1.29 | 1.18 | 1.18 | 1.21 | 1.24 |
| ZL28 | 2.10 | 2.36 | 2.74 | 2.89 | 2.67 | 2.39 | 2.06 | 1.90 | 1.78 | 1.78 | 1.80 | 1.88 |
| ZL34 | 1.78 | 1.97 | 2.24 | 2.41 | 2.19 | 1.99 | 1.76 | 1.64 | 1.54 | 1.57 | 1.58 | 1.61 |
| ZL41 | 1.37 | 1.48 | 1.69 | 1.82 | 1.65 | 1.29 | 1.18 | 1.13 | 1.02 | 1.04 | 1.04 | 1.09 |
| ZL42 | 1.25 | 1.44 | 1.71 | 1.86 | 1.67 | 1.45 | 1.23 | 1.15 | 1.06 | 1.08 | 1.08 | 1.11 |
| 厂址 | 2.49 | 2.80 | 3.28 | 3.54 | 3.19 | 2.83 | 2.44 | 2.26 | 2.12 | 2.15 | 2.15 | 2.19 |
| ZL47 | 1.85 | 2.08 | 2.56 | 2.80 | 2.48 | 2.14 | 1.79 | 1.63 | 1.52 | 1.55 | 1.55 | 2.24 |
| ZL47－3 | 1.86 | 2.03 | 2.45 | 2.65 | 2.39 | 2.10 | 1.81 | 1.68 | 1.58 | 1.61 | 1.61 | 1.64 |
| ZL58 | 1.08 | 1.24 | 1.58 | 1.73 | 1.52 | 1.29 | 1.04 | 0.94 | 0.86 | 0.89 | 0.89 | 0.91 |
| ZL58－3 | 1.58 | 1.73 | 2.03 | 2.17 | 1.98 | 1.77 | 1.53 | 1.42 | 1.33 | 1.36 | 1.36 | 1.39 |

表 3.2-18　　　　　　　　　　　枯水年研究河段典型断面逐月水面宽　　　　　　　　（单位：m）

| 断面 | 5月 | 6月 | 7月 | 8月 | 9月 | 10月 | 11月 | 12月 | 1月 | 2月 | 3月 | 4月 |
|---|---|---|---|---|---|---|---|---|---|---|---|---|
| 坝址 | 22.38 | 24.91 | 29.36 | 30.11 | 29.12 | 25.28 | 23.14 | 22.38 | 21.68 | 21.68 | 21.72 | 22.15 |
| ZL05 | 28.75 | 32.39 | 38.30 | 39.42 | 37.34 | 32.87 | 28.71 | 27.02 | 25.69 | 25.69 | 25.85 | 26.39 |
| ZL06 | 19.91 | 22.52 | 27.81 | 29.21 | 26.87 | 22.85 | 19.87 | 19.18 | 17.40 | 17.40 | 17.50 | 18.20 |
| ZL19 | 25.35 | 27.63 | 31.30 | 32.71 | 30.74 | 27.92 | 25.25 | 23.97 | 21.86 | 21.86 | 22.46 | 23.35 |
| ZL20 | 17.60 | 19.09 | 24.53 | 28.02 | 22.01 | 19.27 | 17.53 | 16.81 | 15.68 | 15.68 | 15.77 | 16.50 |
| ZL28 | 13.15 | 15.01 | 18.41 | 19.96 | 17.78 | 15.21 | 13.20 | 12.25 | 11.10 | 11.10 | 11.56 | 11.94 |
| ZL34 | 26.27 | 30.83 | 37.39 | 41.95 | 36.27 | 31.31 | 25.73 | 23.13 | 21.18 | 21.62 | 21.67 | 22.45 |
| ZL41 | 17.47 | 20.89 | 27.06 | 31.04 | 25.95 | 21.26 | 17.07 | 15.95 | 13.82 | 14.29 | 14.33 | 15.29 |
| ZL42 | 32.93 | 36.93 | 40.93 | 42.99 | 40.77 | 37.36 | 33.42 | 31.42 | 28.98 | 29.34 | 29.38 | 30.35 |
| 厂址 | 19.90 | 22.66 | 26.05 | 27.53 | 25.89 | 22.93 | 20.50 | 19.02 | 16.97 | 17.26 | 17.31 | 17.93 |
| ZL47 | 25.27 | 26.24 | 27.85 | 29.08 | 27.81 | 26.65 | 25.49 | 25.15 | 24.69 | 24.81 | 24.85 | 24.99 |
| ZL47－3 | 17.45 | 19.05 | 22.34 | 24.60 | 21.78 | 19.40 | 17.05 | 16.04 | 15.35 | 15.65 | 15.71 | 15.89 |
| ZL58 | 27.29 | 29.89 | 35.59 | 39.31 | 34.68 | 30.57 | 26.77 | 25.39 | 24.38 | 24.61 | 24.70 | 25.02 |
| ZL58－3 | 24.49 | 26.13 | 31.98 | 35.70 | 31.00 | 26.98 | 24.06 | 22.72 | 21.81 | 22.19 | 22.28 | 22.46 |

# 第4章　研究河段水生生态现状及功能定位

## 4.1　调查范围与调查断面

### 4.1.1　调查范围

一般调查范围：玉曲河干流和主要支流，玉曲河河口上下5～10km怒江江段。

重点调查范围：扎拉水电站坝址—玉曲河河口的玉曲河干支流。

### 4.1.2　断面设置

根据控制性、代表性原则，在干流及主要支流布设了18个水生生物调查断面，其中干流布设断面10个；重要支流6个；怒江干流与玉曲河汇口上下各布置1个断面（图4.1-1）。

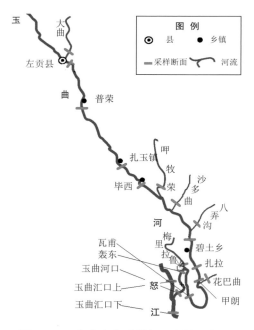

**图 4.1-1　水生生物采样断面布置示意图**

玉曲河干流：左贡、普荣、扎玉、毕西、碧土、扎拉、甲朗、瓦甫、轰东、玉曲河河口；

怒江干流：怒江玉曲汇口上（目巴村）、怒江玉曲汇口下（沙布村）；

玉曲河支流：大曲、呷牧荣曲、沙多曲、八弄沟、花巴曲、梅里拉鲁沟。

鱼类资源调查范围为玉曲河流域干支流、怒江干流。重点调查范围为左贡县至玉曲河河口的干流、玉曲河汇口附近怒江干流。

### 4.1.3 调查时间

在可研阶段，水利部中国科学院水工程生态研究所于 2013 年 4—5 月、7—8 月，2016 年 7—8 月及 2017 年 9 月开展了 4 次野外调查。为了进一步了解现状，2018 年 5—6 月重点针对扎拉水电站影响河段——碧土—玉曲河河口干支流进行了一次全面系统的补充调查。此外，当年 6 月中旬又开展了碧土、扎玉河段的鱼类资源调查工作。

## 4.2 采样点生境状况

### 4.2.1 2013 年采样点生境

#### 4.2.1.1 干 流

（1）左贡

采样时间：2013 年 5 月 12 日 7：15。天气：晴。

经纬度：29°40′1.09″N，97°50′45.07″E。海拔高度：3792m。

透明度：100cm。水温：7.4℃。水色：浅蓝绿。流速：0.8～1.0m/s。水深：0.5～1.0m。pH 值：8.4。

河岸周边：断面水面宽 60m，水道浅，约 3/4 为卵石底浅水道，水深 0.5m 左右，主河槽深 1.2m，四周坡度 60°～90°，植被尚好，多乔木。

左贡采样点生境现状见图 4.1-2。

图 4.1-2 左贡采样点生境现状

（2）普荣

采样时间：2013 年 5 月 11 日 15：20。天气：晴。

经纬度：29°28′52.34″N，97°55′53.46″E。海拔高度：3696m。

透明度：100cm。水温：10.9℃。水色：浅蓝绿。流速：0.3～0.6m/s。水深：1.0m。pH 值：8.6。

河岸周边：断面水面宽 40m，浅水河道，卵石底质，河边薄层淤泥，左岸碎石、卵石岸滩，两岸山体坡度 50°～80°，植被一般，右岸山体上有稀疏乔灌木，另有高台地为村镇农田。左岸山体上植被稍好，有成片乔木生长。

普荣采样点生境现状见图 4.1-3。

图 4.1-3　普荣采样点生境现状

（3）扎玉

采样时间：2013 年 5 月 11 日 13：45。天气：晴。

经纬度：29°12′34.32″N，98°6′15.23″E。海拔高度：3446m。

透明度：80cm。水温：11.1℃。水色：浅绿。流速：0.6m/s。水深：大于 2m。pH 值：8.5。

河岸周边：断面水面宽 60m，左侧卵石河滩，河道底质为卵石、砾石，水势湍急。两岸山体坡度 50°，植被一般，少量乔木，稀疏灌丛。

扎玉采样点生境现状见图 4.1-4。

（4）毕西

采样时间：2013 年 5 月 11 日 11：30。天气：晴。

经纬度：29°5′39.18″N，98°15′14.41″E。海拔高度：3213m。

透明度：80cm。水温：12.2℃。水色：浅绿。流速：0.5～0.8m/s。水深：大于 1.5m。pH 值：8.8。

河岸周边：断面水面宽 40m，卵石底质，河道两侧岸边有薄层淤泥底质，河道水势湍急，两岸山体坡度 60°～80°，植被良好，多乔木林，河岸乔木生长茁壮。

毕西采样点生境现状见图 4.1-5。

图 4.1-4 扎玉采样点生境现状

图 4.1-5 毕西采样点生境现状

（5）碧土

采样时间：2013 年 5 月 10 日 14：15。天气：晴—多云。

经纬度：28°49′1.83″N，98°27′31.88″E。海拔高度：2925m。

透明度：80cm。水温：10.6℃。水色：浅黄绿。流速：1.5～2.5m/s。水深：1.0～1.5m。pH 值：8.9。

河岸周边：断面在跌水段，水面宽 30m，跌水段长 200m，落差 8m；主河道偏右，左侧为礁石、卵石、砾石、细沙岸滩，礁石间形成各式小水流态；两岸山体坡度 80°～90°，右岸植被好于左岸，沟壑、石缝生长乔木。

碧土采样点生境现状见图 4.1-6。

（6）扎拉

采样时间：2013 年 5 月 10 日 13：15。天气：晴—多云。

经纬度：28°47′26.84″N，98°27′49.00″E。海拔高度：2817m。

透明度：80cm。水温：10.5℃。水色：浅黄绿。流速：1.5m/s。水深：大于 2m。pH 值：8.7。

河岸周边：断面水面宽 40～50m，礁石、卵石、砾石底质，水流湍急，两岸山体坡度

70°～90°，植被良好，多乔灌木，60°岸坡，河岸多乔灌木。

图 4.1-6　碧土采样点生境现状

（7）甲朗

采样时间：2013 年 5 月 10 日 10：40。天气：多云—晴。

经纬度：28°41′18.15″N，98°30′35.14″E。海拔高度：2662m。

透明度：70cm。水温：12.2℃。水色：浅黄绿。流速：1.5～2.0m/s。水深：大于 2m。pH 值：8.9。

河岸周边：断面水面宽 30～40m，礁石、卵石河道底质，断面左侧围巨大礁石群，礁石、卵石与巨石堆积形成的小水域，有各式水态（激流、缓流、微流、回水），小水域底质除礁石、卵石外，还有细沙、薄层淤泥；两侧河岸多为岩石、卵石岸滩、岸坡，水流湍急，两岸均有台地，山体坡度 70°～80°，山坡上植被良好，多乔灌木林。

甲朗采样点生境现状见图 4.1-7。

图 4.1-7　甲朗采样点生境现状

（8）瓦甫

采样时间：2013 年 5 月 7 日 12：40。天气：多云。

经纬度：28°37′0.45″N，98°26′25.19″E。海拔高度：2327m。

透明度：60cm。水温：11.9℃。水色：浅黄绿。流速：1.5 ～ 2.0m/s。水

深：大于1.5m。pH值：8.6。

河岸周边：断面水面宽40m，礁石、卵石底质河道两侧多为卵石浅滩，两侧卵石岸滩，两岸山体坡度60°，植被较差，河岸多乔木、灌丛。

（9）轰东

采样时间：2013年5月9日15：45。天气：雨。

经纬度：28°44′19.29″N，98°25′24.95″E。海拔高度：2143m。

轰东采样点生境现状见图4.1-8。

**图4.1-8 轰东采样点生境现状**

透明度：80cm。水温：12.8℃。水色：浅黄绿。流速：2.0m/s。水深：大于1.5m。pH值：8.6。

河岸周边：断面水面宽35m，礁石、卵石底质，水流湍急，一路跌水；两岸山体坡度70°～90°，河岸植被稍好，分布乔灌木。

（10）玉曲河河口

采样时间：2013年5月6日13：05。天气：晴。

经纬度：28°35′55.80″N，98°21′57.07″E。海拔高度：1917m。

透明度：35cm。水温：12.6℃。水色：浅黄绿。流速：1.5～2.5m/s。水深：大于2m。pH值：8.6。

河岸周边：断面距怒江大桥230m；"V"形河道，礁石、卵石底质，水面宽40m，两岸山体坡度80°～90°，稀疏乔灌木、仙人掌、茅草等植被，河道坡降相对较缓。

玉曲河河口采样点生境现状见图4.1-9。

（11）怒江玉曲汇口上（目巴村）

采样时间：2013年5月6日12：20。天气：晴。

经纬度：28°36′2.61″N，98°21′43.71″E。海拔高度：1871m。

透明度：25cm。水温：12.2℃。水色：泥黄。流速：0.8～1.0m/s。水深：大于3m。pH值：8.8。

河岸周边："V"形河道，水面宽，70m，左岸为岩石岸坡，右岸为巨礁石、卵石、细沙岸滩，河道底质为礁石、卵石，右岸山体坡度90°，左岸山体坡度70°。两岸山体植被均一般，稀疏灌丛，多仙人掌。

怒江玉曲汇口上采样点生境现状见图4.1-10。

图 4.1-9　玉曲河河口采样点生境现状

图 4.1-10　怒江玉曲汇口上采样点生境现状

（12）怒江玉曲汇口下（沙布村）

采样时间：2013年5月6日14：20。天气：晴。

经纬度：28°35′13.89″N，98°22′47.79″E。海拔高度：1873m。

透明度：30cm。水温：13.6℃。水色：泥黄。流速：1.0m/s。水深：大于4m。pH值：8.3。

河岸周边：断面水面宽120m，"U"形河道，礁石、石块底质。左岸坡度为25°碎石（巨石）岸坡，左侧90°河床山体，右岸为90°峭壁，四周山体植被较差，稀疏灌丛茅草。断面河段为缓流深槽，深槽上下均有跌水，河道左侧有较大回水，流速几乎为零，左侧有一小瀑布冲沟跌下，形成碎石、卵石堆积冲积扇。

怒江玉曲汇口下采样点生境现状见图4.1-11。

图 4.1-11　怒江玉曲汇口下采样点生境现状

### 4.2.1.2　支　流

（1）大曲

采样时间：2013 年 5 月 11 日 17：20。天气：晴。

经纬度：29°38′30.99″N，97°53′24.05″E。海拔高度：3805m。

透明度：见底。水温：11.6℃。水色：无色。流速：1.0m/s。水深：0.5m。pH值：8.8。

河岸周边：断面水面宽 7m，卵石、砾石底质，水量小，比降大，河水在石缝流淌，河边有薄层淤泥。四周山体坡度 45°～90°，植被尚好，乔木、灌丛相间。

大曲采样点生境现状见图 4.1-12。

图 4.1-12　大曲采样点生境现状

（2）呷牧荣曲

采样时间：2013 年 5 月 11 日 10：45。天气：晴—多云。

经纬度：29°3′29.97″N，98°19′16.41″E。海拔高度：3166m。

透明度：见底。水温：7.9℃。水色：无色。流速：0.6～0.8m/s。水深：0.5～1.5m。pH 值：8.8。

河岸周边：断面水面宽 9m，卵石底质，两侧河道水流较缓，有薄层淤泥底质；四周山体坡度 60°～90°，植被好，多乔木林，河岸乔木林茂盛。

呷牧荣曲采样点生境现状见图 4.1-13。

图 4.1-13　呷牧荣曲采样点生境现状

（3）沙多曲

采样时间：2013 年 5 月 11 日 9：45。天气：晴—多云。

经纬度：28°59′3.85″N，98°23′23.44″E。海拔高度：3092m。

透明度：见底。水温：6.6℃。水色：浅蓝。流速：1.0m/s。水深：0.5～0.8m。pH值：8.6。

河岸周边：断面水面宽 10m，卵石、砾石底质，缓坡降汇入玉曲，河岸植被茂密，左岸山体坡度 90°，植被好，右岸大平坝，乔木植被。

沙多曲采样点生境现状见图 4.1-14。

图 4.1-14　沙多曲采样点生境现状

（4）八弄沟

采样时间：2013 年 5 月 11 日 8：45。天气：晴。

经纬度：28°50′16.91″N，98°28′6.21″E。海拔高度：3119m。

透明度：见底。水温：5.3℃。水色：无色。流速：1.5m/s。水深：0.5～0.8m。pH

值：8.7。

河岸周边：断面水面宽5～8m，"V"形河道，陡降，一路阶梯式跌水，河道礁石、卵石、石块底质；两岸山体坡度70°，植被好，乔灌木茂密。

八弄沟采样点生境现状见图4.1-15。

图4.1-15 八弄沟采样点生境现状

（5）花巴曲（1#支流）

采样时间：2013年5月10日12：20。天气：晴。

经纬度：28°43′46.48″N，98°29′52.17″E。海拔高度：2858m。

透明度：见底。水温：9.7℃。水色：无色。流速：1.5m/s。水深：0.5～0.8m。pH值：8.8。

河岸周边：断面水面宽7～9m，礁石、卵石、砾石底质，河道比降大，陡降跌水；河道两岸山体坡度60°，植被良好，多乔灌木林。

花巴曲采样点生境现状见图4.1-16。

图4.1-16 花巴曲采样点生境现状

（6）梅里拉鲁沟（13#支流）

采样时间：2013年5月9日14：30。天气：雨。

经纬度：28°45′19.00″N，98°25′35.98″E。海拔高度：2374m。

透明度：见底。水温：9.0℃。水色：无色。流速：1.5m/s。水深：0.5～1.0m。pH值：8.4。

河岸周边：断面水面宽 10m，礁石、卵石底质，陡降河道；右岸台地为许巴村及农田，两岸山体坡度 70°～90°，植被较差，河岸植被较好，多乔木灌丛。

梅里拉鲁沟采样点生境现状见图 4.1-17。

**图 4.1-17　梅里拉鲁沟采样点生境现状**

## 4.2.2　2018 年采样点生境状况

2018 年重点针对扎拉影响区进行了水生生态调查，在干流及主要支流布设共 9 个断面。其中干流 5 个断面，从上到下依次为：碧土，扎拉，甲朗，扎拉厂房，玉曲河河口。支流 4 个断面：呷牧荣曲，沙多曲，花巴曲，梅里拉鲁沟。各采样点生境状况与 2013 年调查大体一致，水温、透明度有所差异（表 4.2-1）。

表 4.2-1　　　　　　　　　　2018 年补充调查采样点信息及生境状况

| 采样点 | 采样时间 | 北纬 | 东经 | 高程(m) | 左/右岸 | 水温(℃) | 透明度(cm) | 底质 |
|---|---|---|---|---|---|---|---|---|
| 碧土 | 2018 年 5 月 | N28°49′018″ | E98°27′557″ | 2884 | 左岸 | 12.0 | 35 | 砾石 |
| 扎拉 | 2018 年 5 月 | N28°46′613″ | E98°28′229″ | 2784 | 左岸 | 13.9 | 35 | 砾石、卵石 |
| 甲朗 | 2018 年 5 月 | N28°42′333″ | E98°30′162″ | 2878 | 左岸 | 14.3 | 45 | 砾石、卵石、泥沙 |
| 扎拉厂房 | 2018 年 6 月 | N28°43′319″ | E98°26′327″ | 2168 | 右岸 | 7.4 | 见底 | 砾石、卵石 |
| 玉曲河河口 | 2018 年 6 月 | N28°35′858″ | E98°21′984″ | 1870 | 左岸 | 16.3 | 30 | 砾石、卵石、泥沙 |
| 呷牧荣曲 | 2018 年 5 月 | N29°03′495″ | E98°19′278″ | 3121 | 右岸 | 11.9 | 见底 | 卵石、砾石、泥沙 |
| 沙多曲 | 2018 年 5 月 | N28°59′089″ | E98°23′421″ | 3121 | 右岸 | 10.9 | 见底 | 卵石、砾石 |
| 花巴曲 | 2018 年 5 月 | N28°43′748″ | E98°29′883″ | 2849 | 右岸 | 7.4 | 见底 | 砾石、卵石 |
| 梅里拉鲁沟 | 2018 年 5 月 | N28°46′712″ | E98°24′931″ | 2477 | 右岸 | 9.4 | 见底 | 砾石、卵石、泥沙 |

碧土  扎拉

甲朗  扎拉厂房

玉曲河河口  呷牧荣曲

沙多曲  花巴曲

梅里拉鲁沟

## 4.3　水生生物现状

### 4.3.1　浮游植物

#### 4.3.1.1　浮游植物种类组成

调查区域共检出浮游植物计 3 门 62 种。其中，硅藻门 50 种，占检出种类的 80.65%；绿藻门 7 种，占检出种类的 11.29%；蓝藻门 5 种，占检出种类的 8.06%。调查区域浮游植物组成以硅藻门为主，其次为绿藻门，再次为蓝藻门，其他种类偶见。常见种类有钝脆杆藻、针杆藻、桥弯藻、舟形藻、等片藻等，见表 4.3-1。

表 4.3-1　　　　　　　　　　　调查区域浮游植物种类组成

| 种类组成 | 玉曲河干流 | | 怒江干流 | | 玉曲河支流 | | 调查区域 | |
|---|---|---|---|---|---|---|---|---|
| | 5 月 | 8 月 | 5 月 | 8 月 | 5 月 | 8 月 | 5 月 | 8 月 |
| 硅藻门 | 50 | 46 | 27 | 21 | 34 | 34 | 50 | 50 |
| 蓝藻门 | 4 | 3 | 0 | 0 | 0 | 0 | 5 | 3 |
| 绿藻门 | 5 | 4 | 0 | 0 | 1 | 1 | 7 | 5 |
| 合计 | 59 | 53 | 27 | 21 | 35 | 35 | 62 | 58 |

#### 4.3.1.2　浮游植物现存量

玉曲河浮游植物平均密度为 $1.48 \times 10^6$ ind./L，浮游植物生物量平均为 5.0273mg/L。其中，5 月浮游植物平均密度为 $2.20 \times 10^6$ ind./L，浮游植物生物量平均为 7.4507mg/L；8 月浮游植物平均密度为 $0.77 \times 10^6$ ind./L，浮游植物生物量平均为 2.6039mg/L。

## 4.3.2 浮游动物

### 4.3.2.1 浮游动物种类组成

调查区域共检出浮游动物 18 属 27 种。其中，原生动物 10 属 18 种，种类最多，占总种数的 66.67%；轮虫 8 属 9 种，占总种数的 33.33%；枝角类和桡足类在本次调查中未检出，见表 4.3-2。

**表 4.3-2** 调查区域浮游动物种类组成

| 项目 | 玉曲干流 | | | 怒江 | | | 支流 | | | 调查区域 | | |
|---|---|---|---|---|---|---|---|---|---|---|---|---|
| | 5 月 | 8 月 | 合计 | 5 月 | 8 月 | 合计 | 5 月 | 8 月 | 合计 | 5 月 | 8 月 | 合计 |
| 原生动物 | 11 | 12 | 15 | 4 | 2 | 5 | 10 | 8 | 13 | 15 | 13 | 18 |
| 轮虫 | 8 | 3 | 9 | 1 | 0 | 1 | 1 | 1 | 2 | 9 | 4 | 9 |
| 合计 | 19 | 15 | 24 | 5 | 2 | 6 | 11 | 9 | 15 | 24 | 17 | 27 |

### 4.3.2.2 浮游动物现存量

调查区域浮游动物密度平均为 1130.3ind./L，浮游动物生物量 0.0055~0.0089mg/L，平均为 0.0072mg/L，具体见表 4.3-3。

**表 4.3-3** 调查区域浮游动物现存量组成

| 项目 | | 玉曲干流 | | | 怒江 | | | 支流 | | | 调查水域 | | |
|---|---|---|---|---|---|---|---|---|---|---|---|---|---|
| | | 5 月 | 8 月 | 平均 | 5 月 | 8 月 | 平均 | 5 月 | 8 月 | 平均 | 5 月 | 8 月 | 平均 |
| 原生动物 | 密度 (ind./L) | 1585.00 | 1812.90 | 1698.95 | 600 | 166.67 | 383.33 | 166.67 | 666.67 | 416.67 | 1002.78 | 1247.91 | 1125.34 |
| | 生物量 (mg/L) | 0.0056 | 0.0050 | 0.0053 | 0.0006 | 0.0002 | 0.0004 | 0.0002 | 0.0038 | 0.0020 | 0.0032 | 0.0041 | 0.0036 |
| 轮虫 | 密度 (ind./L) | 14.50 | 0.00 | 7.25 | 0.00 | 0.00 | 0.00 | 0.00 | 5.56 | 2.78 | 8.06 | 1.85 | 4.95 |
| | 生物量 (mg/L) | 0.0103 | 0.0000 | 0.0051 | 0.0000 | 0.0000 | 0.0000 | 0.0000 | 0.0043 | 0.0022 | 0.0057 | 0.0014 | 0.0036 |
| 合计 | 密度 (ind./L) | 1599.50 | 1812.90 | 1706.20 | 600.00 | 166.67 | 383.33 | 166.67 | 672.22 | 419.44 | 1010.83 | 1249.76 | 1130.30 |
| | 生物量 (mg/L) | 0.0158 | 0.0050 | 0.0104 | 0.0006 | 0.0002 | 0.0004 | 0.0002 | 0.0082 | 0.0042 | 0.0089 | 0.0055 | 0.0072 |

### 4.3.3 底栖动物

#### 4.3.3.1 底栖动物种类组成

调查区域底栖动物 42 种，其中软体动物 1 种，占 2.38％；节肢动物 40 种，占 95.24％；扁形动物 1 种，占 2.38％，优势种有四节蜉、扁蚴蜉、高翔蜉、钩虾、大纹石蛾、石蝇、间摇蚊等。

玉曲河干流左贡—河口段坡降比较大，河谷深切，底质以卵石、砂石、淤沙为主，现存底栖动物 23 种，软体动物、节肢动物分别有 1 种、22 种，优势种有四节蜉、蜉蝣、似动蜉、扁蚴蜉、高翔蜉、大纹石蛾、石蝇、间摇蚊等，瓦甫、碧土河段底栖动物分布相对较多，分别有 12 种、8 种，扎拉河段底栖动物 5 种，左贡河段底栖动物种类分布较少，底栖动物仅 4 种。干流评价区 5 月底栖动物 22 种，8 月底栖动物 9 种。

玉曲河支流底栖动物 33 种，节肢动物、扁形动物分别有 32 种、1 种，主要种类有四节蜉、扁蚴蜉、高翔蜉、小蜉、钩虾、石蝇等，底栖动物 5 月有 27 种，8 月有 17 种。玉曲河支流坡降比大，水质好，大曲、花巴曲底栖动物种类分布较多，分别有 15 种、16 种，八弄沟、梅里拉鲁沟底栖动物种类分布较少，分别有 6 种、7 种。

#### 4.3.3.2 底栖动物现存量

玉曲河干流底栖动物密度 151ind. /m²，生物量 1.26g/m²，轰东、瓦甫、扎玉河段底栖动物现存量较高；普荣、左贡、玉曲河河口段底栖动物现存量较低。扎拉底栖动物密度、生物量分别为 168ind. /m²、1.03g/m²。玉曲河支流底栖动物密度 416ind. /m²，生物量 6.36g/m²，大曲、花巴曲评价河段底栖动物密度、生物量较高，八弄沟、梅里拉鲁沟评价河段底栖动物密度、生物量较低。

## 4.4 鱼类资源现状

### 4.4.1 鱼类区系组成及其特点

调查区域分布的鱼类种类共有 15 种，其中鲤形目鲤科裂腹鱼亚科鱼类 3 属 4 种：裂腹鱼类中原始类群的裂腹鱼属 2 种，中间类群的叶须鱼属及特化类群的裸裂尻鱼属各 1 种；鲤形目鳅科条鳅亚科高原鳅属鱼类 8 种，多为广布种；鲤形目鲤科野鲮亚科鱼类 1 种；鲇形目鮡科 2 属 2 种：原鮡属、褶鮡属各 1 种（表 4.4-1）。上述 15 种鱼类中，怒江裂腹鱼（*Schizothorax nukiangensis*）、贡山裂腹鱼（*Schizothorax gongshanensis*）和贡山鮡（*Pareuchiloglanis gongshanensis*）为怒江的特有种类。小眼高原鳅（*Triplophysa microps*）为 2008 年玉曲水电规划阶段调查到的新记录种，在西藏怒江水系为首次发现。

表 4.4-1 玉曲河流域鱼类分布名录

| 种类 | 拉丁名 | 历史记载 | 2008 年调查 | 2013 年调查 | 2017 年调查 | 2018 年调查 |
|---|---|---|---|---|---|---|
| （一）鲤形目 | *Cypriniformes* | | | | | |
| 1. 鲤科 | *Cyprinidae* | | | | | |
| 裂腹鱼亚科 | *Schizothoracinae* | | | | | |
| （1）怒江裂腹鱼 * | *Schizothorax nukiangensis* | + | + | + | + | + |
| （2）贡山裂腹鱼 * | *Schizothorax gongshanensis* | + | + | + | | |
| （3）裸腹叶须鱼 | *Ptychobarbus kaznakovi* | + | + | | + | |
| （4）温泉裸裂尻鱼 | *Schizopygopsis thermalis* | + | + | | | + |
| 野鲮亚科 | *Labeoninae* | | | | | |
| （5）墨头鱼 | *Garra pingi pingi* | | | | | + |
| 2. 鳅科 | *Cobitidae* | | | | | |
| 条鳅亚科 | *Nemacheilinae* | | | | | |
| （6）东方高原鳅 | *Triplophysa orientalis* | + | + | | | + |
| （7）细尾高原鳅 | *Triplophysa stenura* | + | + | + | | |
| （8）拟硬刺高原鳅 | *Triplophysa pseudoscleroptera* | + | | | | |
| （9）异尾高原鳅 | *Triplophysa stewarti* | + | + | | | + |
| （10）短尾高原鳅 | *Triplophysa brevicauda* | + | + | | | |
| （11）斯氏高原鳅 | *Triplophysa stoliczkae* | + | + | | | |
| （12）圆腹高原鳅 | *Triplophysa rotundiventris* | + | | | | |
| （13）小眼高原鳅 | *Triplophysa microps* | | + | | | |
| （二）鲇形目 | *Siluriformes* | | | | | |
| 3. 鮡科 | *Sisoridae* | | | | | |
| （14）扎那纹胸鮡 | *Glyptothorax zainaensis* | + | | | | + |
| （15）贡山鮡 * | *Pareuchiloglanis gongshanensis* | + | | | | |
| 总计（种） | | 14 | 10 | 4 | 2 | 6 |

注：带 * 的为怒江水系特有种，2017 年调查到高原鳅但未鉴定到种。

玉曲河流域鱼类区系结构相对简单，主要由 3 类群组成：鲤形目（*Cypriniformes*）鲤科（*Cyprinidae*）的裂腹鱼亚科（*Schizothoracinae*）、鳅科（*Cobitidae*）的条鳅亚科（*Nemacheilinae*）和鲇形目（*Siluriformes*）的鮡科（*Sisoridae*）（表 4.4-1）。其中裂腹鱼亚科有 4 种，占该流域鱼类总数的 28.6%；条鳅亚科 8 种，占 57.1%；鮡科 2 种，占 14.3%。

2018 年在玉曲河河口调查到的墨头鱼为该区域十分偶见的种类。

### 4.4.2 鱼类生活史特征

（1）繁殖习性

关于玉曲河鱼类生物学特征研究较少，通过查阅相关文献资料并结合现场调查走访情况，对玉曲河鱼类繁殖习性总结如下：

裂腹鱼类对产卵生境要求不高，它们多数产黏沉性卵，一般需要在砾石底质、水流较缓的"滩"和"沱"里产卵。有的裂腹鱼甚至在河滩的沙砾掘成浅坑，产卵于其中。这类鱼的卵产出后，一般发育时间较长，面临的最大危险是低层鱼类的捕食。不过，由于卵散布在砾石滩上，大部分掉进石头缝隙中，可以减少受伤害的机会。此外，砾石浅滩的溶氧丰富，水质良好，有利于受精卵的正常发育。鳅科中的贡山鳅、扎那纹胸鳅卵有微弱黏性，也需在砾石堆中孵化，产卵场多位于峡谷河段急流与缓流之间的区域，当地称之为"二道水"。

高原鳅等一些小型种类，它们个体较多，散布于不同的河段、支流等各类水体，完成生活史所要求的环境范围不大，它们主要在沿岸带适宜的小环境中产卵。

根据《西藏鱼类及其资源》（西藏自治区水产局，1995 年）记录，裸腹叶须鱼繁殖期为 4—5 月，怒江裂腹鱼 5—6 月为繁殖旺季，温泉裸裂尻鱼繁殖期为 5—6 月。

根据相关文献，雅鲁藏布江尖裸鲤在水温 9.5～11.8℃时，胚胎发育历时 265h；拉萨裸裂尻鱼在水温 9.5～11.1℃时，胚胎发育历时 295h；拉萨裂腹鱼在水温 10.0～12.0℃时，胚胎发育历时 264h；异齿裂腹鱼在水温 12.1～13.8℃时，胚胎发育历时 265h。据此判断，裂腹鱼类的繁殖水温为 9.5～14℃。鳅科鱼类的繁殖水温相对较高。根据文献，雅鲁藏布江黑斑原鳅繁殖水温为 12～15℃，繁殖时期为 5—6 月，以此作为玉曲河两种鳅科鱼类的繁殖水温的参考。

玉曲河无长年水温数据，根据对扎拉坝址处的几次水温监测数据，2016 年 3 月 27 日为 6.3℃，2013 年 5 月 10 日为 10.5℃，2016 年 6 月 19 日为 11.2℃，并结合《西藏鱼类及其资源》对裸腹叶须鱼、怒江裂腹鱼、温泉裸裂尻鱼繁殖时期的结果，判断玉曲河下游鱼类的繁殖期：裂腹鱼类的繁殖期为 4—6 月，其中 5—6 月为繁殖旺盛期；鳅科鱼类的繁殖期为 5—7 月，其中 6—7 月为繁殖旺盛期。

（2）食性

高原鱼类生长缓慢，据《西藏鱼类及其资源》记载，1 尾达到性成熟、体重 100g 左右的鱼，一般需要 4～5 年的生长时间；体重 500g 的鱼需要生长 10 年或更长时间。其主要原因是由于高原水体水温低、饵料生物少，导致鱼类生长发育缓慢，特别是在冬季，水温更低，饵料生物更为贫乏，鱼类几乎停滞摄食，一般集中于深潭越冬，生长极为缓慢；春季来临，水温升高，饵料生物渐丰富，鱼类开始觅食生长。

从食性上看，玉曲河流域鱼类可以大致划分为 3 类：

1）主要摄食着生藻类的鱼类，如裂腹鱼亚科及条鳅亚科高原鳅的某些种类。它们口裂较宽，近似横裂，下颌前缘多具锋利角质，适应刮取生长于石上的着生藻类的摄食方式。主要有怒江裂腹鱼、温泉裸裂尻鱼等。

2）主要摄食底栖无脊动物的鱼类，如鲱科鱼类和裂腹鱼亚科的一些种类。它们的口部常具有发达的触须或肥厚的唇，用以吸取食物。所摄取的食物，除少部分生长在深潭和缓流河段泥沙底质中的摇蚊科幼虫和寡毛类外，多数是急流的砾石河滩石缝间生长的毛翅目、翅目和蜉蝣目昆虫的幼虫或稚虫。这一类型的鱼类种类有裸腹叶须鱼、贡山鲱、扎那纹胸鲱等。

3）杂食性鱼类，多以藻类植物和底栖动物为食，如斯氏高原鳅、拟硬刺高原鳅。

（3）洄游习性

鱼类为了繁殖、索饵和越冬的目的，往往会在干流上下、干支流间进行距离不等的迁移或洄游，裂腹鱼类经过长期自然选择，在春季冰雪融化、水温升高时，亲鱼会溯河寻找合适的基质及水流条件繁殖。通常在水流相对较缓的砾石底浅滩上产沉黏性卵，受精卵落入砾石缝中在水流冲刷刺激下孵化，此处溶解氧高，有利于受精卵孵化，且在石缝中能够躲避敌害。仔鱼孵出后则顺水而下，在岸边浅滩等静缓流处索饵生长。冬季来临时，水位下降、水温降低，鱼类会顺水而下寻找河流的深水区越冬。调查区域内的4种裂腹鱼均具有一定的繁殖、索饵和越冬洄游习性。鲱科鱼类和高原鳅属鱼类均为定居性种类，一般仅在小范围内迁移活动。

通过对鱼类繁殖、食性、洄游等特性的分析，玉曲河下游主要鱼类一周年内的主要生活史过程见表4.4-2。裂腹鱼类在3月即开始生殖洄游，4月进入初始繁殖期，5—6月进入初始繁殖旺盛期；4—9月水温相对较高，是裂腹鱼类的生长期，其中5—8月是一年中水温最高、水量最大的时期，由于洪水作用，带入大量有机质，饵料资源丰富，是裂腹鱼类生长旺盛期，10月水温开始显著下降，裂腹鱼类开始越冬洄游，11月至次年2月，进入越冬期。鲱科鱼类由于其繁殖要求水温较高，5月进入初始繁殖期，6—7月为繁殖旺盛期；与裂腹鱼类相似，4—9月为生长期，5—8月为生长旺盛期，10月逐渐开始进入越冬期，直至次年3月。

表 4.4-2　　　　　　　　玉曲河下游主要鱼类一周年内的主要生活史过程

| 鱼类 | 1月 | 2月 | 3月 | 4月 | 5月 | 6月 | 7月 | 8月 | 9月 | 10月 | 11月 | 12月 |
|---|---|---|---|---|---|---|---|---|---|---|---|---|
| 裂腹鱼 | 越冬期 | | 生殖洄游 | 初始繁殖期 | 繁殖旺盛期 | | | | | 越冬洄游 | 越冬期 | |
| | | | | 生长旺盛期 | | | | | | | | |
| | | | | 生长期 | | | | | | | | |
| 鲱科鱼类 | 越冬期 | | | | 初始繁殖期 | 繁殖旺盛期 | | | | 越冬期 | | |
| | | | | | 生长旺盛期 | | | | | | | |
| | | | | | 生长期 | | | | | | | |

### 4.4.3  鱼类重要生境

玉曲河河流生境呈以下特征：河源至邦达（海拔约 4100m）为典型高原河流源头区，河谷开阔，水流平缓，河流蜿蜒曲折，多汊流，两岸湿地发育，为高原鱼类提供了较好的繁殖、索饵、育肥的场所，此处主要分布的是海拔较高且适应静缓流生境的高原鳅属、裸裂尻鱼属鱼类；邦达至左贡（海拔约 3800m），河谷渐收缩，水流流速变快，但大部分河道仍然有较开阔的河滩，且心滩发育，底质以砾石、粗砂质为主，是裂腹鱼等产黏性卵鱼类的重要产卵场和索饵场；左贡至扎玉（海拔约 3400m），两岸山势渐陡峭，河谷进一步收窄，水流较急，适宜于裂腹鱼、鮡科鱼类栖息，局部砾石滩适宜于裂腹鱼类产卵繁殖，而局部的深潭、洄水湾则适宜于鮡科鱼类产卵繁殖；扎玉以下至河口（海拔约 1850m），两岸山势更加高耸，河谷深切，为典型的峡谷河段，水流湍急，在跌水以及一些巨石底质的附近形成洄水和二道水，适宜于鮡科鱼类产卵繁殖，局部水流相对较缓，砾石底质、洲滩较发育的河段也适宜于裂腹鱼类产卵繁殖，峡谷河段水深较深，也是一些鱼类重要的越冬场。扎拉坝下河段鱼类主要产卵场分布见图 4.4-1。

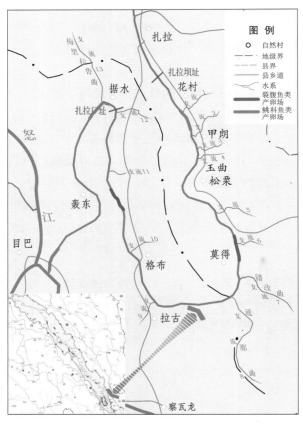

**图 4.4-1  扎拉坝下河段鱼类主要产卵场分布示意图**

#### 4.4.3.1 鱼类产卵场

（1）裂腹鱼类产卵场

从玉曲河鱼类的繁殖习性看，裂腹鱼类对产卵场环境要求不严格。它们的鱼卵多沉性，需要砾石、沙砾底质，鱼类产卵后，受精卵落入石砾缝中，在河流流水的不断冲动中顺利孵化，有的裂腹鱼甚至在河滩的沙砾掘成浅坑，产卵其中并孵化。一般随着水温上升，鱼类从越冬场上溯至浅水区索饵，水温适宜即上溯至就近符合条件的水域产卵。玉曲河符合其产卵条件的水域广泛分布，产卵场分布零散，几乎遍布整个宽谷河段。河道中的江心滩、卵石滩、分汊河道的洄水湾及支流汇口等均是裂腹鱼类比较理想的产卵场所（图4.4-2）。其中美玉至旺达河段，河谷开阔，河道坡降平缓，河流的冲刷和泥沙的沉积，形成河流形态和流态多样化。既有水流较为湍急的狭窄岩基河道，水流平浅湍急的卵石长滩，也有水流平缓的细沙河湾、曲流，还有水深流急的单一河槽及水流平缓的深潭。这种多样性的生态环境，为裂腹鱼的繁殖、栖息提供了良好的条件。美玉至旺达河段是裂腹鱼类产卵场相对集中的主要河段。

图4.4-2 田妥河段、扎玉至碧土河段的江心洲

在本工程影响江段，河谷狭窄，山高谷深，多呈"V"字形，落差集中，河道比降大，水流湍急，底质多为岩基和乱石。该江段除支流汇口、少量水流平急的砾石滩和洄水滩等零星狭小区域具备裂腹鱼繁殖条件外，如龙西村以下河段（图4.4-3）、瓦堡村附近河段（图4.4-4）等，绝大多数河段不适合裂腹鱼繁殖。

（a）卫星影像图

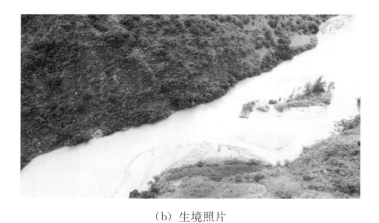

（b）生境照片

图 4.4-3　龙西村以下河段裂腹鱼类产卵场

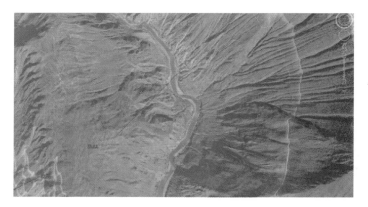

（a）卫星影像图

（b）生境照片

图 4.4-4　瓦堡村附近河段裂腹鱼类产卵场

　　2018年5—6月对玉曲河鱼类调查中，在碧土及以下江段（包括碧土、扎拉坝址、玉曲河河口等）采集到的裂腹鱼均为未性成熟个体，而在扎玉河段采集到性腺时期为Ⅴ期和Ⅵ期的怒江裂腹鱼，2008年7月的调查中在左贡江段亦采集到性腺时期为Ⅳ的怒江裂腹鱼。由此可知，本次研究对于玉曲河裂腹鱼类产卵场的判断是基本正确的，即裂腹鱼类主要在玉曲河中上游宽谷河段产卵繁殖，而碧土以下峡谷急流河段适宜裂腹鱼类产卵繁殖的生境条件较少（图4.4-5至图4.4-17）。

图4.4-5　渔获物

（2008年7月采集于左贡）

图4.4-6　性成熟的雌性怒江裂腹鱼

（2008年7月采集于左贡）

图4.4-7　渔获物

（2018年6月采集于碧土）

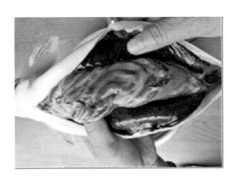

图4.4-8　尚未性成熟的怒江裂腹鱼

（2018年6月采集于碧土）

图4.4-9　渔获物

（2018年5月采集于扎拉坝址附近）

图4.4-10　尚未性成熟的较大个体怒江裂腹鱼

（2018年5月采集于扎拉坝址附近）

图 4.4-11　渔获物

（2018 年 6 月 17 日采集于扎玉）

图 4.4-12　性腺时期为 Ⅵ 期的怒江裂腹鱼

（2018 年 6 月 17 日采集于扎玉）

图 4.4-13　渔获物

（2018 年 6 月 20 日采集于扎玉）

图 4.4-14　性腺时期为 Ⅵ 期的怒江裂腹鱼

（2018 年 6 月 20 日采集于扎玉）

图 4.4-15　玉曲河河口现场捕捞

（2018 年 6 月 2 日）

图 4.4-16　渔获物（含扎那纹胸鮡，

2018 年 6 月 2 日采集于玉曲河河口）

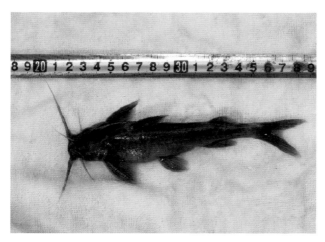

**图 4.4-17 扎那纹胸鮡**

（全长 170mm、体重 40g，2018 年 6 月 2 日采集于玉曲河河口）

（2）鮡科鱼类产卵场

扎那纹胸鮡、贡山鮡卵有弱黏性，也需在礁石、砾石堆中孵化，产卵场多位于连续急流之间的缓流水域，当地称之为"二道水"。它们的产卵场与裂腹鱼不同，多分布于干、支流的峡谷、窄谷及水流较为湍急的河段，底质为巨石，形成局部的回水，鮡科鱼类在急流回水湾处产卵繁殖，产卵场位置相对稳定，鮡科鱼类的产卵场较为分散，且一般规模不大，其产卵场主要分布在左贡以下峡谷河段，尤其碧土到玉曲河河口段及沿岸支流。

本工程影响区域内是玉曲河典型的峡谷河段，落差大，水流湍急，形成诸多小型跌水、回水、二道水等。根据渔民经验，鮡科鱼类喜躲藏在此处底层石缝中，且此处流速较缓，溶氧较高，营养物质滞留，饵料生物丰富，能够为鮡科鱼类栖息、索饵、繁殖等提供适宜生境，如梅里拉鲁沟汇口附近（扎拉厂房以下至轰东坝址河段，图 4.4-18）、甲朗村附近区域（扎拉坝下减水河段，图 4.4-19）、玉曲河河口（图 4.4-20）等，均是适宜鮡科鱼类产卵繁殖的重要场所。

（a）卫星影像图

（b）生境图

图 4.4-18 梅里拉鲁沟汇口附近适宜鲱科鱼类产卵的生境

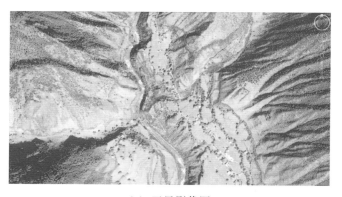

（a）卫星影像图

（b）生境照片

图 4.4-19 甲朗村附近适宜鲱科鱼类产卵的生境

（a）卫星影像图

（b）生境照片

**图 4.4-20　玉曲河河口适宜鮡科鱼类产卵的生境**

（3）鳅科鱼类产卵场

玉曲河的 8 种高原鳅均属广布性种类，其对产卵环境要求很低，繁殖场一般在近岸缓流处，底质也为砾石、卵石、粗沙砾或有水草的场所。符合以上条件的场所一般在支流与干流的交汇处以及邦达以上河源区，调查河段的各支流及其汇口处的浅水湾等都适宜高原鳅鱼类繁殖的理想场所。

### 4.4.3.2　鱼类越冬场

玉曲河鱼类均为典型的冷水性种类。长期的生态适应和演化，使其具有抵御极低水温环境的能力，能在低温环境中顺利越冬。枯水期水量小，水位低，鱼类进入缓流的深水河槽或深潭中越冬，这些水域多为岩石、砾石、沙砾和淤泥底质，冬季水体透明度高，着生藻类等底栖生物较为丰富，为其提供了适宜的越冬场所。因此，水位较深的主河道河段都是裂腹鱼类适宜越冬场所。而鲱科鱼类中的扎那纹胸鲱、贡山鲱，迁移距离一般不长，它们的越冬场所往往在河道急流附近的深潭。而鳅类迁移距离更短，它们的越冬场所往往在流水处的岩石、砾石底下的穴巢里。

### 4.4.3.3 鱼类索饵和育幼场

玉曲河鱼类多以着生藻类、底栖动物等为主要食物，浅水区光照条件好，砾石底质适宜着生藻类生长，往往是鱼类索饵的场所。随着雨季的到来，水温逐渐升高，来水量逐渐增大，鱼类开始"上滩"索饵。水浅流急的砾石滩，水流平缓的曲流和洄水湾，鳅类等则主要在峡谷和窄谷河段越冬深潭附近的礁石滩或上溯至支流急流河段索饵。这些水域一方面是溯滩鱼类栖息场所，另一方面也是个体较小鱼类集中的水域，其饵料资源丰富。

玉曲河道宽窄相间，急流河段也往往滩潭交替，产卵场孵化的仔鱼随水流进入河流缓水深潭、洄水湾和宽谷河段育幼。特别是较宽河谷上游部分和支流汇口往往分布着鱼类产卵场，其下游的辫状河谷开阔，水流平缓，为仔幼鱼的索饵肥育创造了良好的条件。

本工程影响区内由于是峡谷河段，水流湍急，不利于鱼类索饵和育幼，一般在跌水、洄水、二道水处是鲱科鱼类的栖息地和索饵场，一些零星的浅滩、洄水、深潭也是裂腹鱼类的索饵、育幼场所。

## 4.5 研究河段水生生态功能定位

玉曲河是怒江中上游的最大支流，位于中游上段，河口海拔约 1900m，天然落差约3000m，为典型高原河流，生境多样性高。玉曲河源头至美玉乡（开曲沟口）为上游，为高原中低山地貌，河道比降小，水流平缓，高山草甸发育，是裂腹鱼、高原鳅等鱼类重要的育肥场所；中游河段美玉乡（开曲沟口）至左贡县城旺达镇（兰嘎曲沟口），为高山峡谷过渡区，河谷由宽逐渐变窄，多呈宽缓的"U"形河谷，多砾石浅滩，是裂腹鱼类重要的产卵生境；旺达镇（兰嘎曲沟口）以下为下游，河段长 225.0km，落差 1914m，河道平均比降 8.51‰，为高山峡谷区，河谷深切，河道狭窄，多呈"V"形，是裂腹鱼类、鲱科鱼类的重要栖息地，其中旺达镇至扎玉附近局部河段开阔，多心滩、边滩，分布有裂腹鱼类产卵场，扎玉以下至河口为典型峡谷急流河段，为鲱科鱼类的重要栖息地。

玉曲河鱼类为典型高原鱼类区系，与怒江中上游鱼类种类组成基本一致。裂腹鱼类具有较强的生殖洄游习性，在繁殖期一般由干流向上游或支流上游水质清澈、水流平缓的砾石浅滩处产卵繁殖。怒江中上游鱼类在繁殖期可上溯至玉曲中上游砾石浅滩产卵繁殖，玉曲河鱼类在冬季可退缩至玉曲下游和怒江干流深水区越冬，是怒江中上游鱼类的栖息和繁殖场所。因此，玉曲河鱼类与怒江中上游鱼类有着密切的自然联系。

扎拉水电站所在区域位于玉曲下游峡谷急流区，多回水深潭、砾石与巨石底质，是鲱科鱼类的适宜生境。鮡科鱼类为定居性鱼类，其栖息地一般也是其产卵场。扎拉水电站影响区虽是峡谷急流河段，但在河流的蜿蜒处、支流汇口处等也存在少量的砾石浅滩区域，适宜裂腹鱼类繁殖。该区域底质以岩石较多，其表面着生藻类丰富，为刮食性的怒江裂腹鱼、温泉裸裂尻鱼等提供了较丰富的饵料。

玉曲河中上游分布有规模较大的裂腹鱼类产卵场，繁殖期鱼类上溯生殖洄游，冬季鱼类又顺水而下越冬洄游，扎拉水电站所在的工程影响河段是玉曲河裂腹鱼类生殖和越冬的洄游通道。

# 第5章 研究河段生态流量综合分析

## 5.1 生态流量考虑因素

根据《关于印发〈水电水利建设项目水环境与水生生态保护技术政策研讨会议纪要〉的函》（环办函）〔2006〕11号）和《关于印发〈水电水利建设项目河道生态用水、低温水和过鱼设施环境影响评价技术指南（试行）〉的函》（环评函〔2006〕4号），为维护河流的基本生态需求，水电水利工程必须下泄一定的生态流量，将其纳入工程水资源配置中统筹考虑，使河流水电动能经济规模和水资源配置向"绿色"方向发展。生态流量需要考虑以下因素：工农业生产及生活需水量；维持水生生态系统稳定所需水量；维持河道水质的最小稀释净化水量；维持河口泥沙冲淤平衡和防止咸潮上溯所需水量；水面蒸散量；维持地下水位动态平衡所需要的补给水量；航运、景观和水上娱乐环境需水量；河道外生态需水量，包括河岸植被需水量、相连湿地补给水量等。

环境保护部、国家能源局《关于深化落实水电开发生态环境保护措施的通知》（环发〔2014〕65号）明确规定："合理确定生态流量，认真落实生态流量泄放措施。应根据电站坝址下游河道水生生态、水环境、景观等生态用水需求，结合水力学、水文学等方法，按生态流量设计技术规范及有关导则规定，编制生态流量泄放方案。"

为此，扎拉水电站坝下生态环境需水量的确定应结合减水河段用水对象的分布和保护要求来确定。扎拉水电站工程减水河段河道生态环境需水的基本特点分析如下：

（1）工农业生产及生活需水量

据调查，扎拉水电站坝址至珠拉村之间的河段长约59.2km，沿岸分布有少量村庄和耕地，坝址至厂址区间灌溉或居民生活供水取自玉曲河支流或山间泉水，干流无取用水设施。因此，减水河段无工农业及生活取水要求。

（2）维持水生生态系统稳定所需的水量

历史记载和历次现场调查表明：工程河段分布有怒江裂腹鱼、贡山裂腹鱼和贡山鮡3种怒江水系特有鱼类。该河段为典型峡谷急流，分布有鮡科鱼类产卵场，亦有零星的适宜裂腹鱼类产卵的砾石浅滩。因此，减水河段有维持鱼类栖息地的需求。

（3）维持河道水质的最小稀释净化水量

根据调查，工程区地处偏远高山峡谷区域，当地产业结构以农牧业为主，工业经济发展滞后，水污染源主要为少量的农业面源、畜禽养殖。2010年、2016年工程河段多次水质监测结果能够满足《地表水环境质量标准》（GB 3838—2002）中的Ⅲ类水域水质标准要求。因此，不需要单独考虑下泄水量用于稀释水体污染物。

（4）维持河口泥沙冲淤平衡所需水量

玉曲河属山区性河流，位于雪域高原区，在径流补给中雪山融水、地下水占有较大比重，人类活动主要为游牧业，农业占比重低，水土流失不严重。输沙量年内分配不均匀，排沙集中在6—9月，枯期的排沙任务很小。因此，工程河段不需要单独考虑维持河口泥沙冲淤平衡所需水量。

（5）水面蒸散量

工程河段植被较好，河流河谷深切，水面较窄，水面蒸散发耗水量对于河道流量而言很小，由此引起的水量损耗不予考虑。

（6）维持地下水位动态平衡补给需水

工程河段坡降大、河谷深切，地下水主要受大气降水补给，由两侧单向补给河床。因此，工程河段不需要单独考虑维持地下水位动态平衡补给需水。

（7）航运、景观和水下娱乐环境需水量

玉曲河不通航，工程区位于偏远、高山峡谷区域，没有重要的旅游景观分布，减水河段沿岸高处仅有乡村道路通过。就枯水年而言，工程实施前后减水河段12月至次年5月水深变化值在0.35m以内，水面宽度减少在5m以内，且在天然情况下丰、枯水期河道水面宽度变化值也在5~10m，加之本区域河谷深切，沿线道路与水面高差多在100~200m，视野范围内的水位变幅基本感觉不到。因此，工程河段可以不需要单独考虑航运、景观和水下娱乐环境需水。

（8）河道外生态需水量

工程减水河段地处高山峡谷区域，两岸多为岩石基质，河谷岸坡植被需水通过地表径流、降水、冰雪融水补给。减水河段湿地植被较少，现有的滩地植物主要为水柏枝和雀梅藤等，其具有耐旱特性。在河道维持水生生态系统所需水量满足的情况下，由于湿周对两岸的浸润作用，河岸滩地的湿地植被需水也相应得到满足，河道外生态需水量不需要单独考虑。

结合以上分析，扎拉水电站下泄的生态流量主要是考虑维持水生生态系统稳定所需水量的要求。

## 5.2 敏感保护对象及生境需求条件的确定

综合以往研究资料，并根据相关文献资料记载和现场调查结果，玉曲河调查区域内的怒江裂腹鱼、贡山裂腹鱼、贡山鮡为怒江特有鱼种，占调查河段鱼类总数 15 种的 20%。在玉曲河，鮡科鱼类主要分布在下游峡谷急流河段，该河段也栖息着怒江裂腹鱼、温泉裸裂尻鱼、裸腹叶须鱼等，同时也是裂腹鱼类向玉曲河中上游宽谷河段的产卵场生殖洄游的通道。因此，扎拉水电站减水河段的敏感保护对象为鮡科鱼类及裂腹鱼类。经调查研究，裂腹鱼类在 3 月即开始生殖洄游，4 月进入初始繁殖期，5—6 月进入繁殖旺盛期；4—9 月水温相对较高，是裂腹鱼类的生长期，其中 5—8 月是一年中水温最高、水量最大的时期，由于洪水作用，带入大量有机质，饵料资源丰富，是裂腹鱼类生长旺盛期，10 月水温开始显著下降，裂腹鱼类开始越冬洄游，11 月至次年 2 月，进入越冬期。鮡科鱼类由于其繁殖要求水温较高，5 月进入繁殖期，6—7 月为繁殖旺盛期；与裂腹鱼类相似，4—9 月为生长期，5—8 月为生长旺盛期，10 月逐渐开始进入越冬期，直至次年 3 月。

玉曲河分布的四种裂腹鱼（怒江裂腹鱼、贡山裂腹鱼、裸腹叶须鱼、温泉裸裂尻鱼）和两种鮡科鱼类（贡山鮡、扎那纹胸鮡）均未有关于其生境指标研究报道，因此只能通过类比和参照相同类型鱼类的生境条件得出。

宋旭燕等（2014）研究得出重口裂腹鱼繁殖期最适宜水深范围为 0.5～1.5m，最适宜流速范围为 1.5～2.5m/s，玉曲河分布的四种裂腹鱼类为怒江裂腹鱼、贡山裂腹鱼、裸腹叶须鱼、温泉裸裂尻鱼，其中怒江裂腹鱼、贡山裂腹鱼与重口裂腹鱼为同一属，体型、生态习性等十分相似，裸腹叶须鱼、温泉裸裂尻鱼与重口裂腹鱼为同一亚科，体型、生态习性相似，其中温泉裸裂尻鱼个体相对较小，适宜的流速、水深可能也相对较小。蒋红霞等对青石爬鮡的生境适宜性进行了研究，从总体上来看，其适宜流速为 0.45～3m/s，适宜水深为 0～3m。贡山鮡、扎那纹胸鮡与青石爬鮡同属鮡科鱼类，体型大小、生态习性等类似。据此，综合各方研究成果，本次研究最终确定玉曲河裂腹鱼类的适宜水深为 0～2.5m，流速范围为 0.45～3.5m/s；鮡科鱼类适宜水深为 0～3m，流速范围为 0.45～3m/s。

## 5.3 河道生态需水量计算方法

国内外常用的河流生态需水量计算方法大致可以分为水文学法、水力学法、生态水力学法、生境分析法和其他经验分析法。

### 5.3.1 水文学法

水文学法，又称历史流量法，是以河道的历史流量为基础，采用简单的水文指标对河流流量进行设定，最常用的代表性方法是 Tennant 法。

Tennant 法也叫蒙大拿（Montana）法，是在对美国东部、西部和中西部 11 条河流的生境和用途参数进行广泛现场调查的基础上于 1976 年提出的。Tennant 法根据水文资料和现场调查结果，以年平均径流量百分数来描述河道内流量状态。该法认为河流水生生态环境状况与水体水量之间关系如下：

1）河道内径流为多年平均流量的 60%（即 40% 为河道外耗水），大多数水生生物在主要生长期具有优良至极好的栖息条件。在这种流量条件下，河宽、水位及流速将为水生生物提供优良的生长环境，大部分河道，包括许多急流浅滩区将被淹没，通常可输水的边槽也出现水流，大部分河岸滩地将成为鱼类所能游及的地带，也将成为野生动物安全的穴居区，大部分漩涡、急流和浅滩将适中地没于水中，提供鱼类优良的繁殖和生长环境，岸边植物将有充裕的水量，在任何浅滩区，鱼类的洄游将不成问题。

2）河道内径流为多年平均河道流量的 30%（即 70% 为河道外耗水），这是保持大多数水生动物有良好的栖息条件所需要的水量。在这种流量条件下，除极宽浅滩外，大部分河道将没于水中，大部分边槽将有水流。许多河岸将成为鱼类的活动区，也可成为野生动物穴居的场所。许多流速快的河段和大部分漩涡区的深度将足以作为鱼类的活动场所。无脊椎动物将有所减少，但预计不会成为鱼类种群数量的控制因素。

3）河道内径流为多年平均河道流量的 10%，是大多数水生生物生存所需的最小水量。在这种流量条件下，河宽、水位和流速将显著减少，水生生态环境质量下降，河道或正常湿周近一半露出水面，宽浅滩露出部分将会更多。边槽将大部分干涸，卵石、沙坝也基本干涸无水，作为鱼类及皮毛动物的岸边穴居场所将有所消失。部分浅水区水位更浅，以至鱼类不能在此活动而一般只能集中于主槽中，岸边植物将会缺水，体型较大的鱼遇到浅滩处将可能存在洄游困难。Tennant 法推荐的流量标准见表 5.3-1，其保护目标为鱼、水鸟、长毛皮的动物、爬虫动物、两栖动物、软体动物、水生无脊椎动物和相关的所有与人类争水的生命形式。

表 5.3-1　　　　　　　保护鱼类、野生动物、娱乐和有关环境资源的河流状况

| 流量状况描述 | 枯水期推荐的基流（%年平均流量） | 汛期推荐的基流（%年平均流量） |
|---|---|---|
| 泛滥或最大 | 200 | 200（48～72/小时） |
| 最佳范围 | 60～100 | 60～100 |
| 非常好 | 40 | 60 |
| 很好 | 30 | 50 |
| 好 | 20 | 40 |
| 一般或退化 | 10 | 30 |
| 差或最小 | 10 | 10 |
| 严重退化 | 0～10 | 0～10 |

因为 Tennant 法采用多年平均流量的一定百分比和河流的保护目标对应起来，不需要野外调查测量，应用方便。在国外生态需水计算中，是常用的方法，在美国该方法是第二常用的方法，被 16 个州认可。Tennant 法易将计算结果和水资源规划相结合，具有宏观的指导意义。但由于 Tennant 法对河流的实际情况过分简化，没有直接考虑生物的需水和生物间的相互影响，通常用于优先度不高的河段，或者作为其他方法的一种检验。

从总体上来看，水文学方法虽然没有明确考虑栖息地、水质和水温等因素，但由于其设定的状态是河流实际存在或发生过的状态，故认为该流量能维持现存的生命形式或保障河流的水质。水文学方法适合于对河流进行最初目标管理，作为战略性管理方法而使用。

## 5.3.2　水力学法

水力学法认为一定流量下河流断面的水力参数可以来指示鱼类栖息地的情况，这些参数包括湿周、水位、流速、水面宽度等，并以这些参数来设定栖息地的保护标准。水力学法主要有湿周法和 R2－Cross 法。

（1）湿周法

湿周法是以湿周（河床底质被水流淹没的部分，见图 5.3-1）作为衡量栖息地质量的指标，利用湿周—流量关系曲线来估算河道内流量的最小值。该法的基本假设是湿周和水生生物栖息地的有效性有直接的联系，确保一定水生生物栖息地的湿周，就能满足水生生物正常生存的要求。通过建立河道断面湿周与流量的关系曲线，确定该曲线的拐点，该拐点对应的流量值就是河道最小生态需水值，由此流量值即可估算出最小需水量的推荐值。

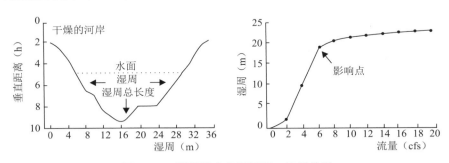

**图 5.3-1　湿周的定义及湿周—流量关系**

湿周法受到河道形状的影响较大，比较适用于宽浅型和抛物线型河道，同时要求河床形状稳定，否则没有稳定的湿周—流量关系曲线，也就没有固定的增长变化点。

（2）R2－Cross 法

R2－Cross 法是由美国科罗拉多州水务局开发应用的。该法认为河流流量的主要生态功能是维持河流栖息地，尤其是浅滩栖息地。该方法采用河流宽度、平均水位、平均流速以及平滩湿周率（湿周长与平滩水位对应的湿周长的百分比）等指标来评估河流栖息地的保护水平，从而确定河流目标流量。

R2－Cross法确定了平均深度、平均流速以及平滩湿周率作为冷水鱼栖息地指数，认为如能在浅滩类栖息地保持这些参数在足够的水平，将足以维护鱼类和水生无脊椎动物在深潭和正常河道处的水生生境。

R2－Cross法的最小流量设定标准见表5.3-2。

表5.3-2    R2－Cross法确定最小流量的标准

| 河宽（m） | 平均水位（m） | 平滩湿周率（%） | 平均流速（m/s） |
|---|---|---|---|
| 0.3～6.3 | 0.06 | 50 | 0.3 |
| 6.3～12.3 | 0.06～0.12 | 50 | 0.3 |
| 12.3～18.3 | 0.12～0.18 | 50～60 | 0.3 |
| 18.3～30.5 | 0.18～0.30 | 70 | 0.3 |

R2－Cross法适用于浅滩栖息地类型的河流，其原始的水力参数标准适合冷水鱼类。但不同河流，水生生物不同，各种不同的生物有着不同的流速、水位偏好度，应该根据研究水域的水生生物的特点对水力参数标准值进行修正。R2－Cross法主要用于中小型河流的分析，其仅对河宽30.5m以下的河流提出了水力参数标准。

### 5.3.3  生态水力学法

生态水力学法以鱼类对河流水深、流速等水力生境参数及急流、缓流、浅滩、深潭等水力形态指标的要求评估河流生境状况，假设水深、流速、湿周、水面面积等是流量变化对物种数量和分布造成影响的主要水力生境参数。

生态水力学法确定大型河流最小流量的水力生境参数标准见表5.3-3。

表5.3-3    生态水力学法确定大型河流最小流量的水力生境参数标准

| 参数指标 | 最大水深 | 平均水深（m） | 平均流速（m/s） | 水面宽度（m） | 湿周率（%） | 过水断面面积（m²） | 水域水面面积（m²） | 水温 |
|---|---|---|---|---|---|---|---|---|
| 最低标准参数值 | 鱼类体长的2～3倍 | ≥0.3 | ≥0.3 | ≥30 | ≥50 | ≥30 | ≥70 | 适合鱼类生存、繁殖 |
| 累计河段长度的百分比（%） | 95 | 95 | 95 | 95 | 95 | 95 | | |

### 5.3.4　生境分析法

生境分析法是对水力学方法的进一步发展。它是利用水力模型预测水位、流速等水力参数，然后与生境适宜性标准相比较，计算适于指定水生物种的生境面积，然后据此确定河流流量，目的是为保护的水生生物物种提供一个适宜的物理生境。

河道内流量增加法（IFIM 法，Instream Flow Incremental Methodology）是一种应用比较广泛的生境分析法，在美国 24 个州使用。该方法是将大量的水文、水化学现场调查数据与选定的水生生物种在不同生长阶段的生物学信息相结合，采用 PHABSIM（Physical Habitat Simulation）模型模拟流速变化和栖息地类型的关系，进行流量增加变化对栖息地影响的评价。考虑的主要指标有河水流速、最小水位、河床底质、水温等。河道内流量增加法的结果通常用来评价水资源开发建设项目对下游水生栖息地的影响。

生境分析法的优点在于能将生物资料与河流流量研究相结合，使其更具有说服力。

### 5.3.5　经验分析法（维持鱼类适宜生境分析法）

根据国内相关科研单位对鱼类生物学特性和生活习性的调查研究成果，结合工程影响河段分布的目标鱼类，分析满足目标鱼类生长、繁殖所需的适宜水深、流速等水力参数指标，以此推求工程需下泄的最小生态流量。

## 5.4　水生生态需水量计算

在常用的几类水生生态需水量计算方法中，生境分析法因为结合水生生物的生境需求，说服力较强，在国外应用中受到了重视。但在我国，由于对水生生物的生境需求研究还处于起步阶段，积累的资料较少，目前还难以按其标准程序和内容进行全面分析，本次研究将一些参数简化后，只考虑水深和流速两个水力生境参数，采用简化的生境分析法对研究河段进行分析。根据研究河段的水文特征和水生生态特点，参照《水电工程生态流量计算规范》（NB/T 35091—2016），本次研究采用规范推荐的水文学法中的 Tennant 法、水力学法中的湿周法和 R2－Cross 法、生态水力学法和维持鱼类适宜生境分析法分析鱼类非产卵繁殖期（10 月至次年 3 月）的河道生态流量；采用生境分析法分析鱼类主要生长繁殖期（4—9 月）的生态流量。通过各种生态流量计算方法的综合比较，最终合理确定坝址需下泄的生态流量。

### 5.4.1　研究河段的选择

根据扎拉水电站水生生态专题研究结果，鮡科鱼类产卵场主要分布在左贡以下峡谷江段，尤其碧土至玉曲河河口段及沿岸支流，共有 3 处产卵区，分别位于扎拉水电站坝址下游、厂址附近及玉曲河河口处；裂腹鱼类产卵场分布在坝址至厂址区间的两处河段。为了计算分析扎拉水电站对坝址下游河段水生生态需水量的影响，选取坝址至厂址处 59.2km 的减水河段及厂址至玉曲河河口处的河段作为研究河段，并在产卵区典型断面处设置研究断面。

## 5.4.2 研究断面的选择

为了计算扎拉水电站减水河段及其下游河道的生态需水量，根据鱼类的产卵区位置及上述水文情势分析断面综合考虑，分别选取 ZL04（鮡科鱼类产卵场断面①）、ZL05（鮡科鱼类产卵场断面①）、ZL06（鮡科鱼类产卵场断面①、ZL07（鮡科产鱼类产卵场断面①）、ZL18（裂腹鱼类产卵场断面①）、ZL19（裂腹鱼类产卵场断面①）、ZL20 断面（裂腹鱼类产卵场断面①）、ZL21 断面（裂腹鱼类产卵场断面①）、ZL39 断面（裂腹鱼类产卵场断面②）、ZL40 断面（裂腹鱼类产卵场断面②）、ZL41 断面（裂腹鱼类产卵场断面②）、ZL42（裂腹鱼类产卵场断面②）作为研究断面。其中 ZL04、ZL05、ZL07、ZL20 为宽浅型河道断面；ZL18、ZL21 为"W"形复合河道断面；其他断面为"V"形断面。厂址下游河道断面流量不受扎拉水电站引水影响，因此生态流量分析断面仅选取减水河段鱼类产卵场所在断面。研究断面位置分布见图 5.4-1，断面现状见图 3.1-6 至图 3.1-8，生态流量研究断面统计见表 5.4-1。

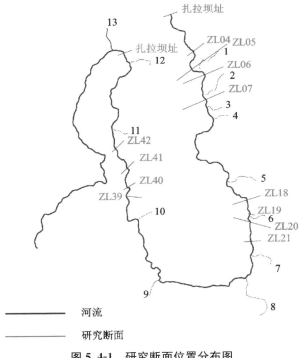

图 5.4-1 研究断面位置分布图

表 5.4-1　　　　　　　　　　　生态流量研究断面统计表

| 序号 | 断面编号 | 断面特征 | 序号 | 断面编号 |
|---|---|---|---|---|
| 1 | 坝上 3.8km | 库尾 | | |
| 2 | 坝上 1.0km | 库中 | | |
| 3 | 坝上 0.5km | 坝前 | | |
| 4 | 坝址 | 坝址断面 | | |
| 5 | ZL04 | 鮡科鱼类产卵场① | 1 | ZL04 |
| 6 | ZL05 | 鮡科鱼类产卵场①，支流1汇入 | 2 | ZL05 |
| 7 | ZL06 | 鮡科鱼类产卵场① | 3 | ZL06 |
| 8 | ZL07 | 鮡科鱼类产卵场①，支流2汇入 | 4 | ZL07 |
| 9 | ZL18 | 裂腹鱼类产卵场① | 5 | ZL18 |
| 10 | ZL19 | 裂腹鱼类产卵场① | 6 | ZL19 |
| 11 | ZL20 | 裂腹鱼类产卵场①，支流6汇入 | 7 | ZL20 |
| 12 | ZL21 | 裂腹鱼类产卵场① | 8 | ZL21 |
| 13 | ZL28 | 支流8汇入，河道突变 | | |
| 14 | ZL34 | 支流9汇入，河道突变 | | |
| 15 | ZL39 | 裂腹鱼类产卵场② | 9 | ZL39 |
| 16 | ZL40 | 裂腹鱼类产卵场② | 10 | ZL40 |
| 17 | ZL41 | 裂腹鱼类产卵场② | 11 | ZL41 |
| 18 | ZL42 | 裂腹鱼类产卵场② | 12 | ZL42 |
| 19 | 厂址 | 厂址断面 | | |
| 20 | ZL47 | 鮡科鱼类产卵场②，支流13汇入 | | |
| 21 | ZL47—3 | 鮡科鱼类产卵场② | | |
| 22 | ZL58 | 鮡科鱼类产卵场③ | | |
| 23 | ZL58—3 | 鮡科鱼类产卵场③、近玉曲河河口 | | |

表头：水文情势研究断面（序号、断面编号、断面特征）／生态流量研究断面（序号、断面编号）

## 5.4.3　鱼类非产卵繁殖期生态流量

### 5.4.3.1　水文学法（Tennant 法）计算水生生态需水量

基于坝址断面 1979—2015 年共 37 年各月平均流量数据及下游支流汇入情况，按照《水电工程生态流量计算规范》（NB/T 35091—2016）推荐的 Tennant 法进行计算分析。

由 Tennant 法计算出各断面不同评价指标下的生态基流量，见表 5.4-2。

表 5.4-2　　　　　　　　　各断面 Tennant 法计算水生生态需水量结果　　　　　　（流量：m³/s）

| 断面 | | 多年平均流量 | 最小 | 一般 | | 好 | | 很好 | |
|---|---|---|---|---|---|---|---|---|---|
| | | | | 汛期 | 非汛期 | 汛期 | 非汛期 | 汛期 | 非汛期 |
| ZL04 | 鮡科鱼类产卵场 | 110.0 | 11.0 | 33.0 | 11.0 | 44.0 | 22.0 | 55.0 | 33.0 |
| ZL05 | | 110.0 | 11.0 | 33.0 | 11.0 | 44.0 | 22.0 | 55.0 | 33.0 |
| ZL06 | | 110.2 | 11.0 | 33.1 | 11.0 | 44.1 | 22.0 | 55.1 | 33.1 |
| ZL07 | | 110.4 | 11.0 | 33.1 | 11.0 | 44.2 | 22.1 | 55.2 | 33.1 |
| ZL18 | 裂腹鱼类产卵场 | 110.9 | 11.1 | 33.3 | 11.1 | 44.4 | 22.2 | 55.5 | 33.3 |
| ZL19 | | 110.9 | 11.1 | 33.3 | 11.1 | 44.4 | 22.2 | 55.5 | 33.3 |
| ZL20 | | 111.1 | 11.1 | 33.3 | 11.1 | 44.5 | 22.2 | 55.6 | 33.3 |
| ZL21 | | 111.1 | 11.1 | 33.3 | 11.1 | 44.4 | 22.2 | 55.6 | 33.3 |
| ZL39 | | 113.5 | 11.4 | 34.1 | 11.4 | 45.4 | 22.7 | 56.8 | 34.1 |
| ZL40 | | 113.5 | 11.4 | 34.1 | 11.4 | 45.4 | 22.7 | 56.8 | 34.1 |
| ZL41 | | 113.5 | 11.4 | 34.1 | 11.4 | 45.4 | 22.7 | 56.8 | 34.1 |
| ZL42 | | 113.5 | 11.4 | 34.1 | 11.4 | 45.4 | 22.7 | 56.8 | 34.1 |

根据以上结果，在多年平均流量条件下，为了满足扎拉坝址下游断面生态基流量要求，鱼类非生长繁殖期坝址处需下泄流量为 11.0m³/s。

### 5.4.3.2　水力学法计算水生生态需水量

（1）湿周法

湿周法是一种应用较为广泛的水生生态需水量确定方法。根据湿周—流量的关系来判断出河道最小水生生态需水量。

根据谢才公式，可以导出湿周—流量关系式：

$$Q = \frac{1}{n} A^{5/3} x^{-2/3} j^{1/2} \tag{5-1}$$

式中：$Q$——河道流量，m³/s；

$A$——过水面积，m²；

$x$——河流断面的湿周，m；

$j$——水力坡度；

$n$——糙率。

采用湿周法分析时，湿周、流量一般采用相对于多年平均流量下的相对值表示，即

相对流量 $x$＝流量/多年平均流量（%）

相对湿周长 $y$＝湿周长/多年平均流量下的湿周长（%）

湿周法以浅滩断面湿周—流量关系曲线上的拐点所对应的流量作为水生生态需水量建议值，但由于河流实际断面的湿周—流量关系曲线往往很少只有一个拐点，多数是有多个拐点或者没有明显的拐点，人为确定拐点往往会有较大的偏差。Gippel 等对湿周法作了改进，采用数学方法来确定流量拐点并提出了两种方式来确定拐点：设定斜率对应点（斜率法）或最大曲率对应点（曲率法），认为采用斜率法较为合适，一般情况下可选择斜率为 1

的点作为拐点。一般情况下，采用幂函数或对数函数来拟合湿周—流量关系。

幂函数形式如下：

$$y = ax^b \tag{5-2}$$

式中：$a$、$b$——待定系数，按方差最小通过拟合确定。

$$y' = abx^{b-1} \qquad (当\ y' = 1\ 时，x = \left(\frac{a}{ab}\right)^{1/(b-1)}) \tag{5-3}$$

对数函数形式如下：

$$y = a\ln(x) + b \tag{5-4}$$

式中：$a$、$b$——待定系数，按方差最小通过拟合确定。

$$y' = \frac{a}{x} \qquad (当\ y' = 1\ 时，x = a) \tag{5-5}$$

本项目采用对数函数作为湿周—流量关系曲线的拟合函数。各断面湿周—流量关系曲线见图 5.4-2。

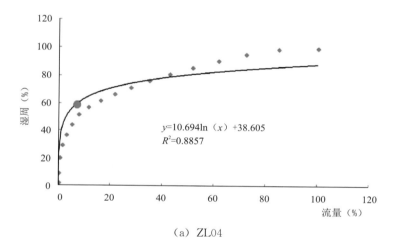

（a）ZL04

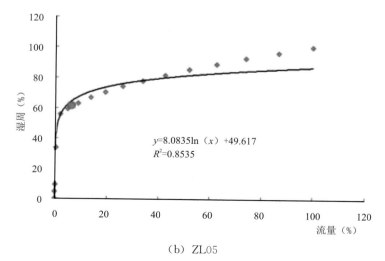

（b）ZL05

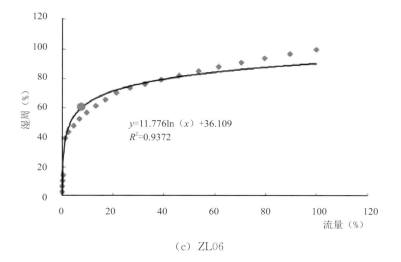

（c）ZL06

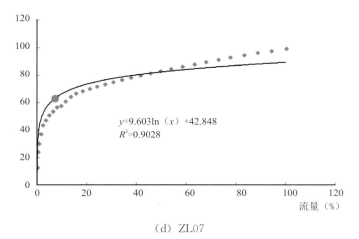

（d）ZL07

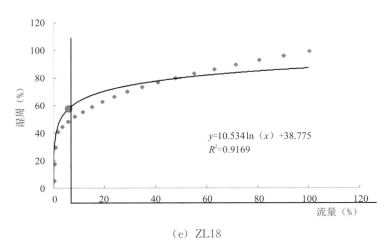

（e）ZL18

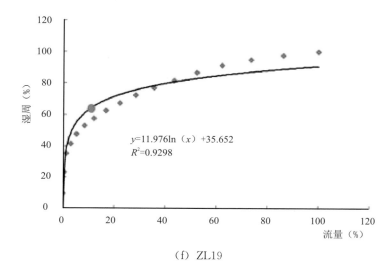

（f）ZL19

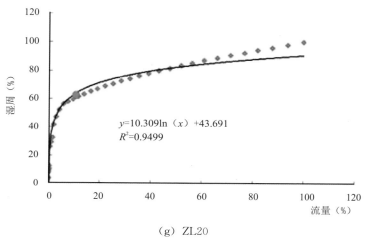

（g）ZL20

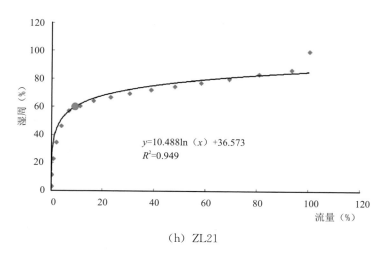

（h）ZL21

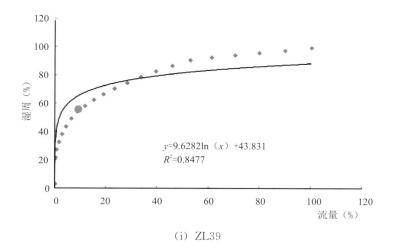

（i）ZL39

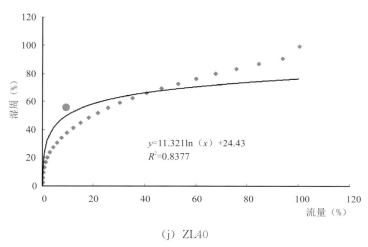

（j）ZL40

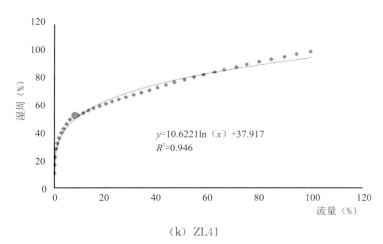

（k）ZL41

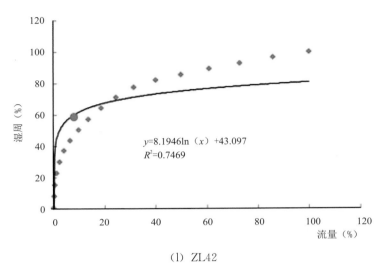

$y = 8.1946\ln(x) + 43.097$

$R^2 = 0.7469$

（l）ZL42

**图 5.4-2　研究河段断面湿周—流量关系曲线**

根据各断面的湿周—流量关系曲线，采用曲线斜率为 1 的方法拟定各断面的拐点，由拐点处流量估算最小生态流量，并计算各断面生态流量下的水深等水力要素，计算结果见表 5.4-3。

表 5.4-3　　　　　　　　　　　　　　各断面湿周法估算结果

| 断面 | | 拐点对应的流量 | | 湿周率 | 坝址处需 | 外包值 |
| --- | --- | --- | --- | --- | --- | --- |
| | | 占多年平均流量的比（%） | 流量（m³/s） | （%） | 下泄流量（m³/s） | （m³/s） |
| ZL04 | 鮡科鱼类产卵场 | 10.69 | 11.8 | 55.8 | 11.8 | 12.8 |
| ZL05 | | 8.08 | 8.9 | 61.3 | 8.9 | |
| ZL06 | | 11.78 | 13.0 | 58.2 | 12.8 | |
| ZL07 | | 9.60 | 10.6 | 58.6 | 10.2 | |
| ZL18 | 裂腹鱼类产卵场 | 10.53 | 11.6 | 54.5 | 10.7 | |
| ZL19 | | 11.98 | 13.3 | 57.1 | 12.4 | |
| ZL20 | | 12.48 | 11.4 | 69.4 | 10.3 | |
| ZL21 | | 10.49 | 11.7 | 60.7 | 10.5 | |
| ZL39 | | 9.63 | 10.9 | 56.2 | 7.4 | |
| ZL40 | | 11.32 | 12.8 | 41.9 | 9.3 | |
| ZL41 | | 9.65 | 12.1 | 36.8 | 8.6 | |
| ZL42 | | 8.19 | 9.3 | 48.7 | 5.8 | |

由湿周法计算结果可知，各断面拐点对应的流量各不相同，湿周法主要是在河道外用水和河流栖息地之间进行权衡，以期尽可能多地保护栖息地。综合以上对比，确定湿周法

计算的各断面所需的生态基流，反推到坝址处需下泄的生态基流为 12.8m³/s。

（2）R2－Cross 法计算水生生态需水量

根据《水电工程生态流量计算规范》（NB/T 35091—2016）中 R2－Cross 方法计算生态流量。根据 R2－Cross 法生态流量判别标准以及鱼类生长所需的适宜生境指标，分析各典型断面河宽为 15.3m、平均水深为 0.15m、湿周率为 55%、流速为 0.45m/s 时对应的流量，考虑支流汇入，计算各断面满足判别标准条件下相应的坝址下泄流量（表5.4-4）。分析统计可知，坝址需下泄生态基流 14.3m³/s，占多年平均流量的 13%。

表 5.4-4　　　　　　　　　　　典型断面 R2－Cross 法生态流量统计表

| 断面 | 流量（不同因素） | | | | 外包流量 (m³/s) | 相应坝址处下泄流量 (m³/s) | 推荐值 (m³/s) |
| --- | --- | --- | --- | --- | --- | --- | --- |
| | 河宽 ≥15.3 | 平均水深 ≥0.15 | 湿周率 ≥55% | 流速 ≥0.45m/s | | | |
| ZL04 | 5.6 | 1.08 | 10.6 | 2.3 | 10.6 | 10.6 | 14.3 |
| ZL05 | 5.2 | 1.68 | 6.6 | 3.2 | 6.6 | 6.6 | |
| ZL06 | 14.4 | 1.40 | 11.8 | 8.1 | 14.4 | 14.2 | |
| ZL07 | 6.2 | 1.65 | 9.1 | 2.8 | 9.1 | 8.7 | |
| ZL18 | 15.1 | 2.10 | 10.9 | 3.5 | 15.1 | 14.2 | |
| ZL19 | 11.5 | 1.12 | 10.1 | 7.3 | 11.5 | 10.6 | |
| ZL20 | 12.8 | 1.80 | 11.4 | 1.2 | 12.8 | 11.7 | |
| ZL21 | 5.4 | 1.45 | 9.4 | 2.7 | 9.4 | 8.3 | |
| ZL39 | 10.2 | 1.54 | 9.1 | 3.1 | 10.2 | 6.7 | |
| ZL40 | 13.3 | 1.12 | 17.8 | 1.7 | 17.8 | 14.3 | |
| ZL41 | 15.4 | 1.04 | 15.6 | 2.1 | 15.6 | 12.1 | |
| ZL42 | 6.4 | 1.82 | 10.5 | 4.5 | 10.5 | 7.0 | |

### 5.4.3.3　生态水力学法计算水生生态需水量

《关于印发〈水电水利建设项目河道生态用水、低温水和过鱼设施环境影响评价技术指南（试行）〉的函》（环评函〔2006〕4号）明确说明生态水力学法的水力生境参数标准适用于大中型河流内的水生生物生态流量的计算；对中型河流，上述标准适当降低。玉曲河多年平均流量小于150m³/s，属中型河流，枯水期河道水面宽度多小于30m、过水断面面积多小于30m²，因此对于扎拉水电站而言，采用生态水力学法分析减水河段生态流量时，水力生境参数标准中的水面宽≥30m 和过水断面面积≥30m² 这两项参数不作为评价标准。

修订后的生态水力学法确定中型河流最小流量的水力生境参数标准见表5.4-5。

表 5.4-5 生态水力学法的水力生境参数标准

| 参数指标 | 最大水深 | 平均水深（m） | 平均流速（m/s） | 湿周率（%） | 水面面积 | 备注 |
|---|---|---|---|---|---|---|
| 最低标准参数值 | 鱼类体长的 2~3 倍 | ≥0.3 | ≥0.3 | ≥50 | ≥70 | 参考玉曲河扎拉坝址和怒江上游近年渔获物调查成果，确定鱼类平均体长在 300mm 以内 |
| 累计河段长度的百分比（%） | 95 | 95 | 95 | 95 | | |

（1）工况设置

为较全面了解扎拉水电站下游减水河段的水力生境参数分布特点，以坝址多年平均流量的 5% 为计算工况的最小流量，以多年平均流量的 20% 为计算工况的最大流量，初步拟定多年平均流量的 5%、10%、12.5%、15%、17.5%、20% 共 6 个模拟工况，计算分析各工况下减水河段内的水力生境参数及鱼类可利用栖息地数量。根据模拟工况的计算结果确定扎拉水电站生态基流量。具体的工况设置见表 5.4-6。

表 5.4-6 计算工况一览表

| 序号 | 流量（m³/s） | 工况说明 |
|---|---|---|
| 模拟工况 1 | 5.5 | 坝址下泄多年平均流量的 5% |
| 模拟工况 2 | 11.0 | 坝址下泄多年平均流量的 10% |
| 模拟工况 3 | 13.8 | 坝址下泄多年平均流量的 12.5% |
| 模拟工况 4 | 16.5 | 坝址下泄多年平均流量的 15% |
| 模拟工况 5 | 18.8 | 坝址下泄多年平均流量的 17.5% |
| 模拟工况 6 | 22.0 | 坝址下泄多年平均流量的 20% |

（2）计算结果

运用 MIKE11 一维水动力模型计算出各代表断面在不同流量条件下的水力生境参数。各工况的计算结果见表 5.4-7 至表 5.4-11。

表 5.4-7 不同流量时减水河段内最大水深分级变化情况表

| 最大水深分级（m） | | 0.6 以下 | 0.6~0.8 | 0.8~1.2 | 1.2~3 | 3~5 | 5 以上 |
|---|---|---|---|---|---|---|---|
| 5.5m³/s | 对应的河道长度（m） | 34144 | 18532 | 5617 | 911 | 0 | 0 |
| | 占总河道长百分比（%） | 57.7 | 31.3 | 9.5 | 1.5 | 0 | 0 |

续表

| 最大水深分级（m） | | 0.6以下 | 0.6～0.8 | 0.8～1.2 | 1.2～3 | 3～5 | 5以上 |
|---|---|---|---|---|---|---|---|
| 11.0m³/s | 对应的河道长度（m） | 5307 | 19900 | 27841 | 6156 | 0 | 0 |
| | 占总河道长百分比（%） | 9.0 | 33.6 | 47.0 | 10.4 | 0 | 0 |
| 13.8m³/s | 对应的河道长度（m） | 1127 | 12876 | 35189 | 10012 | 0 | 0 |
| | 占总河道长百分比（%） | 1.9 | 21.7 | 59.4 | 16.9 | 0 | 0 |
| 16.5m³/s | 对应的河道长度（m） | 0 | 9500 | 37342 | 12361 | 0 | 0 |
| | 占总河道长百分比（%） | 0 | 16.0 | 63.1 | 20.9 | 0 | 0 |
| 18.8m³/s | 对应的河道长度（m） | 0 | 6942 | 37360 | 14902 | 0 | 0 |
| | 占总河道长百分比（%） | 0 | 11.7 | 63.1 | 25.2 | 0 | 0 |
| 22.0m³/s | 对应的河道长度（m） | 0 | 3329 | 25765 | 30110 | 0 | 0 |
| | 占总河道长百分比（%） | 0 | 5.6 | 43.5 | 50.9 | 0 | 0 |

表5.4-8　　　　　不同流量时减水河段内平均水深分级变化情况表

| 平均水深分级（m） | | 0.3以下 | 0.3～0.45 | 0.45～0.5 | 0.5～1 | 1～3 | 3以上 |
|---|---|---|---|---|---|---|---|
| 5.5m³/s | 对应的河道长度（m） | 10782 | 48422 | 0 | 0 | 0 | 0 |
| | 占总河道长百分比（%） | 18.2 | 81.8 | 0 | 0 | 0 | 0 |
| 11.0m³/s | 对应的河道长度（m） | 0 | 42612 | 14058 | 2534 | 0 | 0 |
| | 占总河道长百分比（%） | 0 | 72.0 | 23.7 | 4.3 | 0 | 0 |
| 13.8m³/s | 对应的河道长度（m） | 0 | 29720 | 25060 | 4424 | 0 | 0 |
| | 占总河道长百分比（%） | 0 | 50.2 | 42.3 | 7.5 | 0 | 0 |
| 16.5m³/s | 对应的河道长度（m） | 0 | 6058 | 47586 | 5560 | 0 | 0 |
| | 占总河道长百分比（%） | 0 | 10.2 | 80.4 | 9.4 | 0 | 0 |

续表

| 平均水深分级（m） | | 0.3 以下 | 0.3～0.45 | 0.45～0.5 | 0.5～1 | 1～3 | 3 以上 |
|---|---|---|---|---|---|---|---|
| 18.8m³/s | 对应的河道长度（m） | 0 | 0 | 34995 | 24209 | 0 | 0 |
| | 占总河道长百分比（%） | 0 | 0 | 59.1 | 40.9 | 0 | 0 |
| 22.0m³/s | 对应的河道长度（m） | 0 | 0 | 9587 | 49617 | 0 | 0 |
| | 占总河道长百分比（%） | 0 | 0 | 16.2 | 83.8 | 0 | 0 |

表 5.4-9　　　　　　　　不同流量时减水河段内平均流速分级变化情况表

| 平均流速分级（m/s） | | 0.3 以下 | 0.3～0.5 | 0.5～1 | 1～2 | 2～3 | 3 以上 |
|---|---|---|---|---|---|---|---|
| 5.5m³/s | 对应的河道长度（m） | 0 | 0 | 55678 | 3526 | 0 | 0 |
| | 占总河道长百分比（%） | 0 | 0 | 94.0 | 6.0 | 0 | 0 |
| 11.0m³/s | 对应的河道长度（m） | 0 | 0 | 39347 | 19857 | 0 | 0 |
| | 占总河道长百分比（%） | 0 | 0 | 66.5 | 33.5 | 0 | 0 |
| 13.8m³/s | 对应的河道长度（m） | 0 | 0 | 14298 | 44906 | 0 | 0 |
| | 占总河道长百分比（%） | 0 | 0 | 24.2 | 75.8 | 0 | 0 |
| 16.5m³/s | 对应的河道长度（m） | 0 | 0 | 4275 | 54929 | 0 | 0 |
| | 占总河道长百分比（%） | 0 | 0 | 7.2 | 92.8 | 0 | 0 |
| 18.8m³/s | 对应的河道长度（m） | 0 | 0 | 2535 | 56669 | 0 | 0 |
| | 占总河道长百分比（%） | 0 | 0 | 4.3 | 95.7 | 0 | 0 |
| 22.0m³/s | 对应的河道长度（m） | 0 | 0 | 0 | 59204 | 0 | 0 |
| | 占总河道长百分比（%） | 0 | 0 | 0 | 100 | 0 | 0 |

表 5.4-10　　　　　　　　　不同流量时减水河段内湿周率分级变化情况表

| 湿周率分级（%） | | 50 以下 | 50~60 | 60~70 | 70~80 | 80~90 | 90 以上 |
|---|---|---|---|---|---|---|---|
| 5.5m³/s | 对应的河道长度（m） | 45874 | 9741 | 3588 | 0 | 0 | 0 |
| | 占总河道长百分比（%） | 77.5 | 16.5 | 6.1 | 0 | 0 | 0 |
| 11.0m³/s | 对应的河道长度（m） | 24126 | 19151 | 9356 | 6571 | 0 | 0 |
| | 占总河道长百分比（%） | 40.8 | 32.3 | 15.8 | 11.1 | 0 | 0 |
| 13.8m³/s | 对应的河道长度（m） | 2761 | 39685 | 7356 | 9402 | 0 | 0 |
| | 占总河道长百分比（%） | 4.7 | 67.0 | 12.4 | 15.9 | 0 | 0 |
| 16.5m³/s | 对应的河道长度（m） | 0 | 36665 | 12226 | 7353 | 2961 | 0 |
| | 占总河道长百分比（%） | 0 | 61.9 | 20.7 | 12.4 | 5.0 | 0 |
| 18.8m³/s | 对应的河道长度（m） | 0 | 33312 | 15579 | 7353 | 2961 | 0 |
| | 占总河道长百分比（%） | 0 | 56.3 | 26.3 | 12.4 | 5.0 | 0 |
| 22.0m³/s | 对应的河道长度（m） | 0 | 24187 | 17296 | 9705 | 8016 | 0 |
| | 占总河道长百分比（%） | 0 | 40.9 | 29.2 | 16.4 | 13.5 | 0 |

表 5.4-11　　　　　　　　　不同流量时减水河段水面面积变化情况表

| 流量（m³/s） | 水面面积（m²） | 占枯水期多年平均流量（52.9m³/s）下水面面积的百分比（%） |
|---|---|---|
| 5.5 | 619865.88 | 58 |
| 11.0 | 731761.44 | 64 |
| 13.8 | 803990.32 | 68 |
| 16.5 | 901676.92 | 74 |
| 18.8 | 975681.92 | 79 |
| 22.0 | 1076920.76 | 86 |

经计算分析，各模拟工况的水力生境参数沿程变化情况见图 5.4-3 至图 5.4-6。由图 5.4-3 至图 5.4-6 可以看出，由于断面形态不一，且坡降时陡时缓，沿程水力参数值变幅较大；河段总体能保持急流、缓流交替存在天然状态。断面平均流速均大于 0.58m/s；河段沿程平均水深均大于 0.27m。

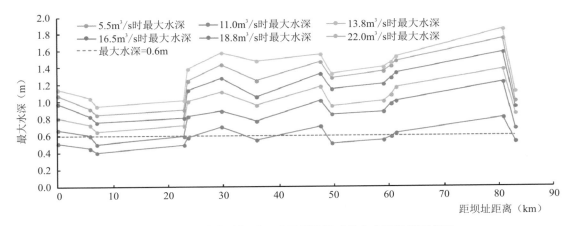

图 5.4-3　扎拉水电站坝址下泄不同流量时最大水深沿程变化图

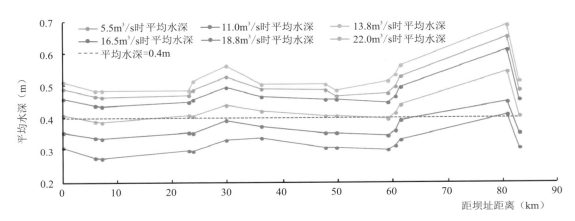

图 5.4-4　扎拉水电站坝址下泄不同流量时平均水深沿程变化图

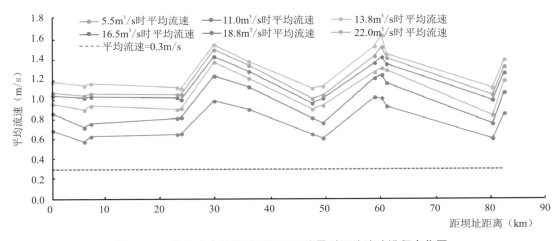

图 5.4-5　扎拉水电站坝址下泄不同流量时平均流速沿程变化图

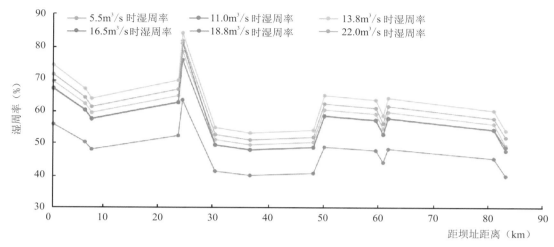

图 5.4-6 扎拉水电站坝址下泄不同流量时湿周率沿程变化图

（3）结果分析

a. 最大水深

从鱼类调查结果显示，以裂腹鱼个体较大，成鱼体长为 300～400mm。根据生态水力学法指标体系标准，河流最大水深达到鱼体长度的 2～3 倍时，可较好满足鱼类在水体中自由游动、藏身、觅食等生境要求。根据计算结果，当河流流量为 13.8m³/s 时，有超过98.1％的河段最大水深在 0.6～3m，可以基本满足鱼类生存对水深的要求。

b. 平均水深

当河流流量为 11.0m³/s 时，所有断面的平均水深均大于 0.3m；当河流流量为13.8m³/s 时，有 50.2％的河段平均水深大于 0.45m；当河流流量为 16.5m³/s 时，有80.4％的河段平均水深大于 0.45m。

c. 平均流速

各工况下所有断面的平均流速均大于 0.5m/s，可以达到生态水力学法的要求。

d. 湿周率

当河流流量为 11.0m³/s 时，有 59.2％的河段湿周率大于 50％；当河流流量为13.8m³/s 时，有 95.3％的河段湿周率大于 50％，可以达到生态水力学法的要求。

e. 水面面积

当河流流量为 13.8m³/s 时，水面面积达到多年平均枯水期水面面积的 68％；当河流流量为 16.5m³/s 时，水面面积达到多年平均枯水期水面面积的 74％，可以达到生态水力学法的要求。

（4）达标情况分析

根据生态水力学法要求，对各断面水力生境参数进行汇总分析，根据生态水力学法指标体系标准，对不同流量下减水河段水力生境参数的达标情况进行分析，见表 5.4-12。

表 5.4-12　　　　　　　水力生境参数标准及不同流量时各参数达标情况分析表

| 标准 | | | 不同流量下各指标达标情况 | | | | | | 备注 |
|---|---|---|---|---|---|---|---|---|---|
| 水力生境参数指标 | 指标标准 | 累计河段长占总河段长的百分比（%） | 5.5 (m³/s) | 11.0 (m³/s) | 13.8 (m³/s) | 16.5 (m³/s) | 18.8 (m³/s) | 22.0 (m³/s) | 各计算工况对应流量 |
| 最大水深 | 鱼类体长的2~3倍 | 95 | 42.3 | 91 | 98.1 | 100 | 100 | 100 | 最大水深最低限值取0.6m |
| 平均水深 | ≥0.3m | 95 | 81.8 | 100 | 100 | 100 | 100 | 100 | |
| 平均流速 | ≥0.3m/s | 95 | 100 | 100 | 100 | 100 | 100 | 100 | |
| 湿周率 | ≥50% | 95 | 22.5 | 49.2 | 95.3 | 100 | 100 | 100 | |
| 水面面积 | ≥70% | | 58 | 64 | 68 | 74 | 79 | 86 | 不同流量情况下水面面积占枯水期多年平均流量情况下水面面积的百分比，通过进一步内插计算，当河道流量为14.7m³/s时，水面面积可达到70% |

根据对不同工况下减水河段水力生境参数的汇总分析，当河道流量为 13.8m³/s 时，最大水深、平均水深、平均流速、湿周率等各水力生境参数均满足标准要求，但水面面积未能达到标准要求；当河道流量为 16.5m³/s 时，最大水深、平均水深、平均流速、湿周率、水面面积等各水力生境参数均满足标准要求。通过进一步的内插计算得到，当河道流量为 14.7m³/s（占坝址处多年平均流量的 13.4% 时）各水力要素均能达到生态水力学法要求。因此以坝址处多年平均流量 13.4%（即 14.7m³/s）作为生态水力学法所推荐的生态流量。

### 5.4.3.4　维持鱼类适宜生境所需水量

根据国内相关单位对鮡科鱼类、裂腹鱼的调查研究成果，并参考《四川省大渡河干流硬梁包水电站工程环境影响报告书》中关于鮡科鱼类、裂腹鱼成鱼生存的水力参数限值，见表 5.4-13。

表 5.4-13                  可供鮡鱼类、裂腹鱼成鱼生存的水力参数限值

| 鱼类名称 | 平均水深的最小值（m） | 最大水深的最小值（m） | 平均流速的最小值（m/s） | 水面宽度（m） | 过水面积（m²） |
|---|---|---|---|---|---|
| 黄石爬鮡、青石爬鮡 | 0.23 | 0.44 | 0.14 | 7.8 | 2.01 |
| 齐口裂腹鱼 | 0.38 | 0.56 | 0.18 | 13.1 | 2.94 |
| 松潘裸鲤 | 0.28 | 0.5 | 0.08 | 10.3 | 2.91 |

注：1. 根据四川水产研究所、武汉水工程生态研究所多次调研，并征求相关专家意见。
     2. 根据岷江、杂谷脑河减水河段和区间支流的野外观测数据。

基于以上，本次参考以往有关单位对鮡科鱼类、裂腹鱼类生存的水力参数限值需求的研究成果，并征求相关专家意见，分析确定玉曲河鱼类适宜生境最小需求的水力参数，见表 5.4-14。通过推算满足该条件时坝址处所需下泄的流量，将其作为满足鱼类适宜生境需求的最小推荐流量，即生态基流。计算成果见表 5.4-15 至表 5.4-17。

表 5.4-14                  玉曲河鱼类适宜生境最小需求的水力参数限值

| 平均水深的最小值（m） | 最大水深的最小值（m） | 水面宽度（m） |
|---|---|---|
| 0.4 | 0.6 | 14 |

表 5.4-15                  各断面平均水深达到 0.4m 时坝址处需下泄最小流量情况表

| 断面 | 各断面平均水深达到0.4m所需流量（m³/s） | 最大水深（m） | 流速（m/s） | 水面宽（m） | 相应坝址处需下泄最小流量（m³/s） | 比例 |
|---|---|---|---|---|---|---|
| ZL04 | 13.8 | 0.71 | 0.79 | 18.4 | 13.8 | 12.55 |
| ZL05 | 12.5 | 0.68 | 0.75 | 15.3 | 12.5 | 11.36 |
| ZL06 | 10.6 | 0.72 | 0.85 | 11.8 | 10.4 | 9.48 |
| ZL07 | 13.2 | 0.53 | 0.88 | 19.1 | 12.8 | 11.67 |
| ZL18 | 12.7 | 0.58 | 0.81 | 9.9 | 11.8 | 10.71 |
| ZL19 | 14.7 | 0.59 | 0.84 | 17.5 | 13.8 | 12.53 |
| ZL20 | 14.3 | 0.86 | 0.68 | 16.2 | 13.2 | 11.97 |
| ZL21 | 16.1 | 0.68 | 0.78 | 20.4 | 15.0 | 13.61 |
| ZL39 | 13.6 | 0.62 | 0.81 | 15.4 | 10.1 | 9.17 |
| ZL40 | 17.7 | 0.71 | 0.77 | 15.8 | 14.2 | 12.90 |
| ZL41 | 11.6 | 0.77 | 0.69 | 9.4 | 8.1 | 7.35 |
| ZL42 | 14.9 | 0.78 | 0.78 | 17.1 | 11.4 | 10.35 |
| 最大值 | | | | | 15.0 | 13.61 |

表 5.4-16　　　　　　　各断面最大水深达到 0.6m 时坝址处需下泄最小流量情况表

| 断面 | 各断面最大水深达到 0.6m 所需流量（m³/s） | 平均水深（m） | 流速（m/s） | 水面宽（m） | 相应坝址处需下泄最小流量（m³/s） | 比例 |
|---|---|---|---|---|---|---|
| ZL04 | 11.6 | 0.35 | 0.71 | 16.7 | 11.6 | 10.55 |
| ZL05 | 10.8 | 0.34 | 0.67 | 14.4 | 10.8 | 9.82 |
| ZL06 | 7.9 | 0.31 | 0.81 | 11.1 | 7.7 | 7.03 |
| ZL07 | 14.7 | 0.46 | 0.93 | 19.9 | 14.3 | 13.04 |
| ZL18 | 14.1 | 0.41 | 0.85 | 9.4 | 13.2 | 11.98 |
| ZL19 | 15.3 | 0.41 | 0.85 | 17.7 | 14.4 | 13.07 |
| ZL20 | 8.6 | 0.29 | 0.61 | 15.3 | 7.5 | 6.79 |
| ZL21 | 13.5 | 0.34 | 0.72 | 19.2 | 12.4 | 11.25 |
| ZL39 | 12.8 | 0.39 | 0.76 | 14.8 | 9.3 | 8.45 |
| ZL40 | 15.8 | 0.35 | 0.74 | 15.1 | 12.3 | 11.17 |
| ZL41 | 9.1 | 0.32 | 0.61 | 8.9 | 5.6 | 5.08 |
| ZL42 | 11.4 | 0.31 | 0.7 | 16.2 | 7.9 | 7.17 |
| 最大值 | | | | | 14.4 | 13.07 |

当各断面平均水深达到 0.4m 时，水面宽大部分均大于 14m，仅 ZL06、ZL18、ZL41 断面没达到，单独对其进行分析，计算断面水面宽达到 14m 时所需流量，见表 5.4-17。

表 5.4-17　　　　　　　各断面水面宽达到 14m 时坝址处需下泄最小流量情况表

| 断面 | 各断面水面宽达到 14m 所需流量（m³/s） | 最大水深（m） | 平均水深（m） | 平均流速（m/s） | 相应坝址处需下泄最小流量（m³/s） | 比例 |
|---|---|---|---|---|---|---|
| ZL06 | 15.4 | 0.79 | 0.44 | 0.9 | 15.23 | 13.85 |
| ZL18 | 16.8 | 0.64 | 0.43 | 0.9 | 15.9 | 14.44 |
| ZL41 | 17.1 | 0.86 | 0.44 | 0.78 | 13.6 | 12.35 |
| 最大值 | | | | | 15.9 | 14.44 |

综上所述，根据断面平均水深达到 0.4m、最大水深达到 0.6m、水面宽达到 14m 的判别标准，统计得到各断面所需最小流量，考虑支流汇入，计算各断面满足水深标准条件下的对应坝址断面需下泄的最小流量。综合分析可知，坝址需下泄生态基流 15.9m³/s。

## 5.4.4　鱼类主要生长繁殖期生态流量

鱼类产卵及生长期生态流量的计算通常选用生境模拟法。研究表明，由美国鱼类和生物服务调查中心（US Fish and Wildlife Service）开发的河道内流量增加方法 IFIM（Instream Flow Incremental Methodology）是当前最为有效的生境模拟法。IFIM 方法考虑了对象物种对栖息地流速、水位和底质的喜好性，较传统的水文分析法或水力学方法更能反映生物的特性与需求，因此被接受程度较高，目前该方法在世界各国，如美国、法国、德国、日本和英国等，得到了广泛的应用。

### 5.4.4.1 IFIM 方法及 PHABSIM 模型简介

IFIM 方法是一个理论体系框架。它基于两点假设：一是任何一条河流都具有一定的承载野生动物生存和繁衍的功能；二是该功能的大小取决于河流的物理和化学条件。通常 IFIM 方法选择鱼类作为指标物种，一方面是由于鱼类处于水生生物群落食物链的最顶层，对其他水生生物类群的存在和分布有着重要影响，同时它对环境的变化也最为敏感；另一方面，鱼类与人类间的关系十分密切。目前，该方法的运用主要包括：通过模拟不同流量下物种的可利用栖息地面积，从而量化流量和栖息地之间的关系，为确定鱼类生存所需要的水生生态需水量提供依据；通过建立流量与可利用栖息地的质量、数量之间的关系，评价流量变化对鱼类栖息地可能造成的影响。

在 IFIM 法中，栖息地适宜性的数据主要来自微生境模拟和大生境模拟。其中，微生境模拟模型以物理栖息地模拟模型 PHABSIM 为主，模型主要由两部分构成，即水力学模型和栖息地模型。水力学模型的主要功能在于计算不同流量下断面各分区的流速、水位分布；根据水力学模型计算的不同流量各断面流速与水位分布，再通过栖息地模型中对象物种的栖息地适应度曲线（Habltat Suitability Curve），计算出断面各分区的流速及水位的栖息地适应度指数（Habltat Suitability Index），适应度指数与水域平面面积相乘可求得研究河段对象物种的权重可使用栖息地面积（Weighted Usable Area，简称 WUA）。模型主要包括确定目标物种、适宜性曲线、鱼类有效栖息地模拟几个过程。具体模拟过程如下：

（1）确定目标物种及其生命

对于研究河段中目标物种的确定可参照以下两点：①选择对栖息地变化最为敏感的代表性物种，它能反映出栖息地中其他物种的变化特征；②选择能够反映对流量变化最敏感的主要物种。可以通过调查研究文献及分析实验数据的方法确定研究目标物种。

（2）确定研究河段

研究河段的确定可参考：①选择对河道内流量较为敏感的河段；②选择生物物种繁殖、生长及活动的河段。

（3）覆盖物和基质的采集

基质由植被、有机质残骸及组成河床的材料组成。不同河流的基质组成一般不相同。

覆盖物主要有高架覆盖物、物体覆盖物、深度覆盖物和紊动覆盖物四种类型。研究时，需要对研究河段的基质、覆盖物进行采集和统计。

（4）适宜性指标

栖息地适宜性标准是将目标鱼种的数量与其生活的栖息地微生境因子（水深、流速等）相关联，并用0~1的数值反映各影响因子对目标鱼种的影响，1表示栖息地中各微生境因子均为最适宜目标鱼种生存；0表示最不适宜目标鱼种生存。

（5）水力模拟

目前，水力模拟的方法有多种，也出现了多种模拟模型，主要针对栖息地的水位和流速等微生境水力学因子进行模拟。

①推估水位

对于由流量推估水位的计算，PHABSIM的水力学模型提供3种推估水位的方法，其分别使用PHABSIM模型中的IFG4、MANSQ、WSP方程式，用横切断面去预测水位。

a. IFG4法

利用各断面历时水文资料，推求回归方程式的参数 $a$ 与 $b$ 后，便可计算河段断面任一流量的水位，其通式可表示如下：

$$D = aQ^b \tag{5-6}$$

b. MANSQ法

利用渠道某一断面的流量与水位资料，推求断面的糙度系数（曼宁 $n$ 值），其公式为均匀流方程式：

$$Q = A\frac{1}{n}R^{2/3}S_0^{1/2} = \frac{1}{n}f(D)A \tag{5-7}$$

c. WSP法

利用缓变流水面线方程式，并以标准步推法由下游给定一已知水位，逐一计算上游各断面的水位。

②推估流速

对于流速的推估，PHABSIM提供了已知速度检定法、速度回归检定法、水位检定法3种方法。当各断面有一组流速值，可使用已知速度检定法来推估流速；当有2组或2组以上的流速值时，可使用速度回归检定法来推估流速；若完全没有流速资料时就必须使用水位检定法，该法针对每一个计算单元，以曼宁公式为基础，输入曼宁系数，求出每一个计算单元的流速，所依据的公式如下式所示：

$$V = \frac{1}{n}f(D) \tag{5-8}$$

式中 $f(D)$ 函数会随着断面形状及底床特性而改变。

（6）栖息地模拟

栖息地模拟基于以下三点假定：①栖息地适宜性与流量存在一定相关关系；②水位、流速等河流微生境因子的变化是影响物种分布和数量的主要因素；③河床地形在模拟的过程中始终保持不变。

栖息地模拟首先根据目标鱼类对于各微生境因子的适宜性曲线得到每个单元各影响因子适宜性值，然后将其组合得到每个单元的组合适宜性值，最后计算研究河段的加权可利用面积 WUA（Weighted Usable Area）。其中 WUA 的计算方法如下：

$$\text{WUA} = \sum_{i=1}^{n} \text{CSF}(V_i，C_i，D_i) \times A_i \qquad (5\text{-}9)$$

式中：WUA——研究河段加权可利用面积；

CSF（$V_i$，$C_i$，$D_i$）——每个单元的组合适宜性值，其中：$i$ 是划分的单元个数，$D$ 是水位适宜指数，$V$ 是流速适宜指数，$C$ 是河道适宜指数（包括基质和覆盖物）；

$A_i$——每个单元的水平面积。

栖息地组合适宜性值的确定公式有以下 3 种。

乘积法：
$$\text{CSF} = V_i \times D_i \times C_i \qquad (5\text{-}10)$$

几何平均法：
$$\text{CSF} = (V_i \times D_i \times C_i)^{1/3} \qquad (5\text{-}11)$$

最小值法：
$$\text{CSF} = \text{MIN}(V_i \times D_i \times C_i) \qquad (5\text{-}12)$$

式（5-10）将三个影响因子的适宜指数相乘，体现了各影响因子的综合作用结果；式（5-11）考虑当某一影响因子较为不利时，组成栖息地影响因子之间的补偿影响；式（5-12）将最不适于鱼种生存的影响因子适宜性指数值作为组合适宜指数值。本研究采用式（5-10）来确定栖息地的组合适宜性值。最后根据计算得到的流速、水位及其对应的生境适宜性指数，得出流量与生境可利用面积之间的模拟曲线，以生境可利用面积最大值对应的流量作为河道内目标鱼类的水生生态需水量。

### 5.4.4.2 目标鱼类

综合以往研究资料，并根据相关文献资料记载，玉曲河调查区域内的怒江裂腹鱼、贡山裂腹鱼、贡山鲱为怒江特有鱼种，占调查河段鱼类总数 15 种的 20%。其中，鲱科鱼类的主要产卵及生长区位于扎拉水电站坝址下游至玉曲河河口处，该河段也是部分裂腹鱼的生长河段。该河段是分析坝址对下游生态流量影响的核心区域，因此经综合考虑选择贡山鲱及怒江裂腹鱼作为目标鱼类（图 5.4-7、图 5.4-8）。

图 5.4-7    贡山鮡

图 5.4-8    裂腹鱼

### 5.4.4.3    研究河段

经调查研究发现，扎拉水电站坝址下游至玉曲河河口处共有 3 处鮡科鱼类的产卵场，其中包括坝址下游、厂址处及玉曲河河口处。该河段也是裂腹鱼的生长区间，同时河段内也存在贡山鮡及裂腹鱼的越冬场。扎拉水电站运行后，下游河道流量减少，水位降低，对鱼类的产卵及生长可能造成一定影响。该河段一些较大个体的鱼类会顺水而下进入下游或怒江干流水量较大的河段，而一些小型个体可能会滞留在该河段。水量减少也导致减水河段水文情势发生改变，原本栖息于流水深潭的鮡科鱼类，其生境条件可能会发生变化。因此，选择坝址至厂址之间形成的长 59.2km 减水河段及厂址至玉曲河河口处的河段作为研究河段，并在整个减水河段及厂址至玉曲河河口全河段设置研究断面。

### 5.4.4.4    生境适宜性指标

贡山鮡的产卵期一般从 5 月开始，并于 6—7 月达到繁殖旺盛期。由于国内目前关于贡山鮡生境条件的研究较少，本次研究通过参考目前国内相关鮡科鱼类的生态习性、繁殖习性等方面的研究进行确定。经研究发现，贡山鮡与青石爬鮡生境较相近，故以青石爬鮡作为贡山鮡的类比，并咨询相关专家，最终确定贡山鮡繁殖期所需的适宜水深为 0～3m，其中最适宜水深为 0.45～1m；流速范围为 0.45～3m/s，其中最适宜流速为 1～1.75m/s。

玉曲河分布的四种裂腹鱼类怒江裂腹鱼、贡山裂腹鱼、裸腹叶须鱼、温泉裸裂尻鱼，一般每年的 4 月开始产卵，5—6 月进入繁殖旺盛期，其中怒江裂腹鱼、贡山裂腹鱼与重口裂腹鱼为同一属，体型、生态习性等十分相似，裸腹叶须鱼、温泉裸裂尻鱼与重口裂腹鱼为同一亚科，体型、生态习性相似，其中温泉裸裂尻鱼个体相对较小，适宜的流速、水深可能也相对较小。因此，参照国内其他单位对裂腹鱼生态习性、繁殖习性研究，并咨询相关专家，确定玉曲河裂腹鱼类的适宜水深为 $0\sim2.5m$，其中最适水深为 $0.5\sim1.5m$，流速范围为 $0.45\sim3.5m/s$，其中最适流速为 $1\sim2m/s$。确定研究河段目标鱼类在产卵繁殖季节对水位及流速的适宜性指数见表5.4-18。

表 5.4-18　　　　　　　　　　　贡山鮡、裂腹鱼生境适宜性指数表

| 目标鱼种 | 产卵月份 | 栖息地及产卵场特征 | 水深范围（m） | 适配度 | 流速范围（m/s） | 适配度 |
|---|---|---|---|---|---|---|
| 贡山鮡 | 一般从5月开始，并于6—7月达到繁殖旺盛期 | 分布于干、支流的峡谷、窄谷及水流较为湍急的河段，底质为巨石，形成局部的洄水 | 0 | 0 | 0.45 | 0 |
|  |  |  | 0.45~1 | 1 | 1~1.75 | 1 |
|  |  |  | ≥3 | 0 | ≥3 | 0 |
| 裂腹鱼 | 一般从4月开始，并于5—6月进入繁殖旺盛期 | 河道中的江心滩、卵石滩、分汊河道的洄水湾及支流汇口等 | 0 | 0 | 0.45 | 0 |
|  |  |  | 0.5~1.5 | 1 | 1~2 | 1 |
|  |  |  | ≥2.5 | 0 | ≥3.5 | 0 |

### 5.4.4.5　模拟工况

考虑到坝址下游支流的汇入，各产卵区年均流量不同（表5.4-2）。根据水文的百分比法，选取各产卵区多年平均流量的 $5\%$、$7.5\%$、$10\%$、$12.5\%$、$15\%$、$18\%$、$28\%$、$30\%$、$50\%$ 等22个工况作为模拟工况。由于生长繁殖期所需流量集中在多年平均流量的 $10\%\sim35\%$，因此对其进行加密模拟。

### 5.4.4.6　边界条件

上边界采用坝址断面实测的水位—流量关系，河道糙率通过模型进行率定。

### 5.4.4.7　模拟结果

以坝址至厂址之间长 59.2km 的减水河段及厂址至玉曲河河口处的干流河段为研究对象，结合贡山鮡及怒江裂腹鱼的繁殖及生长需求，设置20个模拟工况，分别模拟计算不同断面、各个工况对应的栖息地面积，得到了不同断面、不同流量条件下的有效栖息地面积。

使用水位—流量方法（STGQ）模拟研究区域河段的水位，采用水深检定法推估各断面流速，选用生境应用模型（HABTAE）将水文模型（WSL、Velocity）计算得到的各单元水深及流速与生境适配曲线上所描述的水深、流速适配度结合起来，将各单元适宜度与单元面积相乘求得不同工况下的指示物种的 WUA 值，并最终得到栖息地加权可利用面积（WUA）—流量关系曲线，计算结果见表5.4-19及图5.4-11。

表 5. 4-19                                    贡山鮡、裂腹鱼 PHABSIM 生境模拟结果

| 模拟工况 (%) | 流量 (m³/s) | ZL04~ZL07 WUA (m²) | 流量 (m³/s) | ZL18~ZL21 WUA (m²) | 流量 (m³/s) | ZL39~ZL42 WUA (m²) |
|---|---|---|---|---|---|---|
| 5 | 5.5 | 31468 | 5.6 | 20438 | 5.7 | 22547 |
| 7.5 | 8.3 | 34537 | 8.4 | 27753 | 8.5 | 29737 |
| 10 | 11 | 43021 | 11.1 | 33891 | 11.4 | 35570 |
| 12.5 | 13.8 | 49386 | 13.9 | 36718 | 14.1 | 38462 |
| 15 | 16.5 | 68311 | 16.7 | 39075 | 17.0 | 44839 |
| 18 | 19.8 | 85441 | 20.0 | 58644 | 20.4 | 48309 |
| 19 | 20.9 | 94449 | 21.1 | 69185 | 21.6 | 51584 |
| 20 | 22 | 96455 | 22.3 | 70502 | 22.7 | 52107 |
| 22 | 24.2 | 98788 | 24.5 | 71977 | 25.0 | 52730 |
| 24 | 26.4 | 100430 | 26.7 | 73734 | 27.2 | 53246 |
| 25 | 27.5 | 101329 | 27.8 | 74179 | 28.4 | 53641 |
| 26 | 28.6 | 101898 | 28.9 | 74600 | 29.5 | 53964 |
| 27 | 29.7 | 102047 | 30.1 | 75196 | 30.6 | 54184 |
| 28 | 30.8 | 103419 | 31.2 | 75456 | 31.8 | 54795 |
| 29 | 31.9 | 102884 | 32.3 | 75625 | 32.9 | 55207 |
| 30 | 33 | 102139 | 33.4 | 73190 | 34.1 | 55606 |
| 31 | 34.1 | 101858 | 34.5 | 69576 | 35.2 | 53789 |
| 33 | 36.3 | 101130 | 36.7 | 67849 | 37.5 | 47633 |
| 35 | 38.5 | 100191 | 39.0 | 65994 | 39.7 | 45136 |
| 50 | 55 | 80595 | 55.7 | 53325 | 56.8 | 37310 |
| 80 | 88 | 63969 | 89.0 | 35908 | 90.8 | 28821 |
| 100 | 110 | 57262 | 111.3 | 31497 | 113.5 | 21345 |

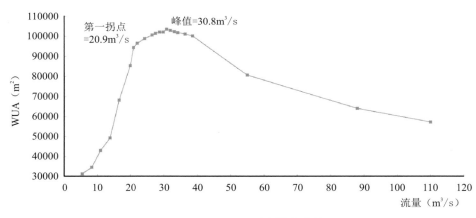

（a）ZL04~ZL07（贡山鮡产卵场）

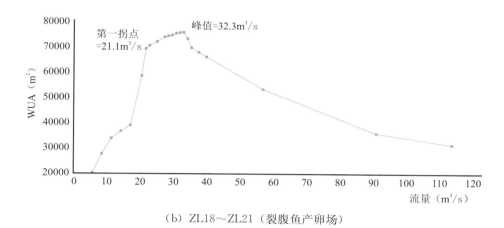

（b）ZL18～ZL21（裂腹鱼产卵场）

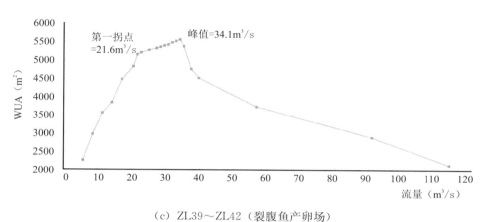

（c）ZL39～ZL42（裂腹鱼产卵场）

图 5.4-11　各断面流量与贡山鮡、裂腹鱼可利用栖息地面积关系图

表 5.4-20　　　　　　　贡山鮡、裂腹鱼 PHABSIM 生境模拟估算结果

| 断面 | 最小适宜生态流量（m³/s） | 坝址处需下泄流量（m³/s） | 外包值（m³/s） | 适宜生态流量（m³/s） | 坝址处需下泄流量（m³/s） | 外包值（m³/s） |
|---|---|---|---|---|---|---|
| ZL04～ZL07 | 20.9 | 20.9 | | 30.8 | 30.8 | |
| ZL18～ZL21 | 21.1 | 20.2 | 20.9 | 32.3 | 31.4 | 31.4 |
| ZL39～ZL42 | 21.6 | 18.1 | | 34.1 | 30.6 | |

　　由表 5.4-19 及图 5.4-11 可以看出，各断面不同流量下贡山鮡及裂腹鱼可利用的栖息地面积各不相同，但均呈先增加后减小的变化趋势。通过判断各断面可利用栖息地面积所对应的流量来确定断面的生态流量，可利用栖息地面积越大，证明更适合鱼类生存。通过流量与可利用栖息地面积曲线，将曲线第一拐点处流量及峰值处流量分别当作鱼类生长繁殖所需的最小适宜生态流量及适宜生态流量。其中，曲线上第一拐点处的流量对应鱼类的繁殖初期及一般生长期所需的流量，峰值处的流量对应鱼类的繁殖旺盛期及生长旺盛期所

需的流量。可知，为满足减水河段贡山鮡及裂腹鱼的生长及繁殖需求，将各断面贡山鮡或裂腹鱼生长及繁殖所需的生态流量反推到坝址处可知，扎拉坝址4月和9月需下泄的生态流量为20.9 m³/s、5—8月需下泄的生态流量为31.4m³/s。

### 5.4.5 研究河段生态流量综合分析

经过调查，坝址以下河道外用水基本可以忽略。河道内生态用水主要考虑鱼类生境用水需求。结合研究河段保护目标的需求及贡山鮡及裂腹鱼的产卵及生长范围，选取贡山鮡产卵区的ZL04、ZL05、ZL06（支流1汇入）、ZL06（支流1~2汇入）；裂腹鱼产卵区的ZL18（支流1~5汇入）、ZL19（支流1~5汇入）、ZL20（支流1~6汇入）、ZL21（支流1~6汇入）、ZL39、ZL40、ZL41、ZL42断面（支流1~10汇入）作为研究结果分析断面，用于综合分析坝址至厂址减水河段河道的生态流量，综合分析得到的各断面生态流量结果汇总见表5.4-21。

根据规程规范推荐的水文学Tennant法和水力学湿周法、R2-Cross法、生态水力学法的计算结果，鱼类非产卵繁殖期扎拉坝址处需下泄的生态基流可取四种计算方法的外包值，即14.7m³/s（占坝址处多年平均流量的13.4%）。此外，根据专家提出的研究满足生境适宜的生态下泄流量，通过计算各典型断面达到鱼类生长及繁殖所需的适宜水力要素（平均水深0.4m；最大水深0.6m；水面宽14m）时的流量，推求得到扎拉坝址处需下泄的生态基流，即15.9m³/s（占坝址处多年平均流量的14.5%）。经综合分析确定，本次研究推荐10月至次年3月坝址处需下泄的生态基流为15.9m³/s。

根据生境分析法计算结果，分析得到鱼类生长及繁殖旺盛期（5—8月）坝址处需下泄的生态流量为31.4m³/s，鱼类一般生长繁殖期（4月和9月）坝址处需下泄的生态流量为20.9m³/s（表5.4-22）。考虑玉曲河干流水电规划环评审查意见要求和Tennant法关于保护鱼类、野生动物、娱乐和有关环境资源的河流状况需求，综合考虑各种方法的计算、模拟结果后推荐：鱼类生长及繁殖旺盛期（5—8月）、鱼类一般生长繁殖期（4月和9月）坝址处需下泄的生态流量分别为33m³/s和22m³/s。

表5.4-21　扎拉水电站坝址下游各断面生态流量统计表

| 断面 | | | ZL04 | ZL05 | ZL06 | ZL07 | ZL18 | ZL19 | ZL20 | ZL21 | ZL39 | ZL40 | ZL41 | ZL42 | 反推坝址断面需下泄流量(m³/s) |
|---|---|---|---|---|---|---|---|---|---|---|---|---|---|---|---|
| 多年平均流量(m³/s) | | | 110.0 | 110.0 | 110.2 | 110.4 | 110.9 | 110.9 | 111.1 | 111.1 | 113.5 | 113.5 | 113.5 | 113.5 | |
| 鱼类非卵产繁殖期(10月至次年3月)生态流量(m³/s) | 规程规范推荐的方法 | Tennant法 | 11.0 | 11.0 | 11.0 | 11.0 | 11.1 | 11.1 | 11.1 | 11.1 | 11.4 | 11.4 | 11.4 | 11.4 | 11.0 |
| | | 湿周法 | 11.8 | 8.9 | 13.0 | 10.6 | 11.6 | 13.3 | 11.4 | 11.7 | 10.9 | 12.8 | 12.1 | 9.3 | 12.8 |
| | | R2-Cross法 | 10.6 | 6.6 | 14.4 | 9.1 | 15.1 | 11.5 | 12.8 | 9.4 | 10.2 | 17.8 | 15.6 | 10.5 | 14.3 |
| | | 生态水力学法 | | | | | 14.7 | | | | | | | | 14.7 |
| | 适宜生境方法 | 平均水深达0.4m | 13.8 | 12.5 | 10.6 | 13.2 | 12.7 | 14.7 | 14.3 | 16.1 | 13.6 | 17.7 | 11.6 | 14.9 | 15.0 |
| | | 最大水深达0.6m | 11.6 | 10.8 | 7.9 | 14.7 | 14.1 | 15.3 | 8.6 | 13.5 | 12.8 | 15.8 | 9.1 | 11.4 | 14.4 |
| | | 水面宽达14m | | | 15.4 | | 16.8 | | | | | | 17.1 | | 15.9 |
| 鱼类生长繁殖期生态流量(m³/s) | 5-8月(鱼类生长及繁殖旺盛期) | | | 30.8 | | | | 32.3 | | | | 34.1 | | | 31.4 |
| | 4月和9月(鱼类一般生长繁殖期) | | | 20.9 | | | | 21.1 | | | | 21.6 | | | 20.9 |

表 5.4-22                           扎拉水电站坝址下泄生态流量推荐表

| 时期 | | 各种方法计算值 | 推荐的坝址下泄基流 |
|---|---|---|---|
| 鱼类非产卵繁殖期（10 月至次年 3 月）生态流量（m³/s） | 规程规范推荐方法 | 14.7 | 15.9 |
| | 适宜生境方法（平均水深 0.4m、最大水深 0.6、水面宽 14m） | 15.9 | |
| 鱼类生长繁殖期生态流量（m³/s） | 5—8 月（鱼类生长及繁殖旺盛期） | 31.4 | 33 |
| | 4 月、9 月（鱼类一般生长繁殖期） | 20.9 | 22 |

## 5.4.6　河道生态流量满足程度分析

根据扎拉水电站坝址不同水文年（丰水年、平水年、枯水年及多年平均）引水后的流量（以 10 月至次年 3 月、5—8 月、4 月和 9 月下泄基流为 15.9 m³/s、33.0 m³/s、22.0 m³/s 为代表分析，下同），评价坝址下游断面各月生态流量保障率状况，评价结果见表 5.4-23。

表 5.4-23                         坝址下游断面各月生态流量保障程度分析

| 月份 | 引水后流量＋区间汇流（m³/s） | | | 生态流量（m³/s） | 引水后的生态流量保证率（%） | | |
|---|---|---|---|---|---|---|---|
| | 丰水年 | 平水年 | 枯水年 | | 丰水年 | 平水年 | 枯水年 |
| 5 | 33 | 33 | 33 | 33.0 | 100 | 100 | 100 |
| 6 | 96.4 | 33 | 33 | 33.0 | 100 | 100 | 100 |
| 7 | 91.4 | 43.4 | 33 | 33.0 | 100 | 100 | 100 |
| 8 | 86.4 | 33 | 33 | 33.0 | 100 | 100 | 100 |
| 9 | 104.4 | 101.4 | 22 | 22.0 | 100 | 100 | 100 |
| 10 | 15.9 | 15.9 | 15.9 | 15.9 | 100 | 100 | 100 |
| 11 | 15.9 | 15.9 | 15.9 | 15.9 | 100 | 100 | 100 |
| 12 | 15.9 | 15.9 | 15.9 | 15.9 | 100 | 100 | 100 |
| 1 | 15.9 | 15.9 | 15.9 | 15.9 | 100 | 100 | 100 |
| 2 | 15.9 | 15.9 | 15.9 | 15.9 | 100 | 100 | 100 |
| 3 | 15.9 | 15.9 | 15.9 | 15.9 | 100 | 100 | 100 |
| 4 | 22 | 22 | 22 | 22.0 | 100 | 100 | 100 |

按照优先保证下泄生态流量的运行调度原则，扎拉水电站引水发电后，各典型年坝址至厂址区间减水河段河道流量可以满足河道生态流量要求；厂址以下河段河道流量不减少，厂址以下河段河道流量可以得到保障。

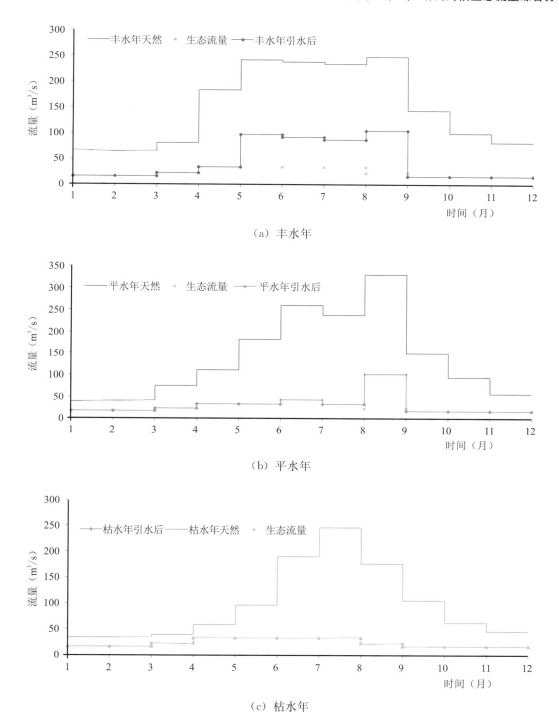

图 5.4-12 扎拉坝址处生态流量与各典型年下泄流量关系图

经分析，天然情况下，扎拉水电站工程实施后，1—3 月坝下减水河段流量占当月平均流量的 36%～38%，4—9 月坝下减水河段流量占当月平均流量的 24%～44%，10—12

月坝下减水河段流量占当月平均流量的18%～30%；1—3月厂址处流量占当月平均流量的35%～38%，4—9月厂址处流量占当月平均流量的21%～41%，10—12月厂址处流量占当月平均流量的15%～28%。

考虑上游梯级水库（中波水库）调节情况下，与天然情况相比，坝下各月流量均有一定程度的减少；与扎拉水电站单独运行时相比，枯水期坝下减水河段各月流量没有变化，丰水期流量有所减少，见表5.4-24和表5.4-25。

表5.4-24　　　　　　　　　工程实施后坝下减水河段流量占比情况一览表

| 月份 | | 1月 | 2月 | 3月 | 4月 | 5月 | 6月 | 7月 | 8月 | 9月 | 10月 | 11月 | 12月 |
|---|---|---|---|---|---|---|---|---|---|---|---|---|---|
| 坝址处天然流量（m³/s） | | 45.1 | 43.9 | 46.5 | 53.1 | 82.5 | 190 | 228 | 214 | 178 | 109 | 70.8 | 57.9 |
| 天然情况下 | 工程实施后坝下流量（m³/s） | 15.9 | 15.9 | 15.9 | 22 | 33 | 52.6 | 70.4 | 60.9 | 37.2 | 15.9 | 15.9 | 15.9 |
| | 占坝址处多年平均流量的比例（%） | 14 | 14 | 14 | 20 | 30 | 48 | 64 | 55 | 34 | 14 | 14 | 14 |
| | 占各月平均流量的比例（%） | 35 | 36 | 34 | 41 | 40 | 28 | 31 | 28 | 21 | 15 | 22 | 27 |
| 考虑上游梯级水库调节后 | 工程实施后坝下流量（m³/s） | 15.9 | 15.9 | 15.9 | 22 | 33 | 48.3 | 48.2 | 47.6 | 47.5 | 15.9 | 15.9 | 15.9 |
| | 占坝址处多年平均流量的比例（%） | 14 | 14 | 14 | 20 | 30 | 44 | 44 | 43 | 43 | 14 | 14 | 14 |
| | 占各月平均流量的比例（%） | 37 | 38 | 35 | 41 | 40 | 25 | 21 | 22 | 27 | 15 | 23 | 28 |

表5.4-25　　　　　　　　　　工程实施后厂址处流量占比情况一览表

| 月份 | 1月 | 2月 | 3月 | 4月 | 5月 | 6月 | 7月 | 8月 | 9月 | 10月 | 11月 | 12月 |
|---|---|---|---|---|---|---|---|---|---|---|---|---|
| 厂址处天然流量（m³/s） | 46.7 | 45.5 | 48.2 | 55.1 | 85.4 | 194.5 | 236 | 221.9 | 185.8 | 113.1 | 73.6 | 59.9 |
| 工程实施后厂址处流量（m³/s） | 17.5 | 17.5 | 17.6 | 24.0 | 35.9 | 57.1 | 78.4 | 68.8 | 45.0 | 20.0 | 18.7 | 17.9 |
| 占厂址处多年平均流量的比例（%） | 15 | 15 | 15 | 21 | 32 | 50 | 69 | 60 | 40 | 18 | 16 | 16 |
| 占各月平均流量的比例（%） | 37 | 38 | 36 | 44 | 42 | 29 | 33 | 31 | 24 | 18 | 25 | 30 |

扎拉水电站按照优先保障下泄生态基流的运行调度原则，4—6月引水发电后坝下减水河段流量占坝下当月流量的29%～44%。工程实施后，坝下生态流量下泄最终需要结合

下泄流量的实时监测、下游生态需求和水库实际运行调度，以同时实现河流开发和保护。

扎拉水电站引水发电后，各典型年坝址至厂址区间减水河段河道流量逐日过程分析见图 5.4-13 至图 5.4-15。

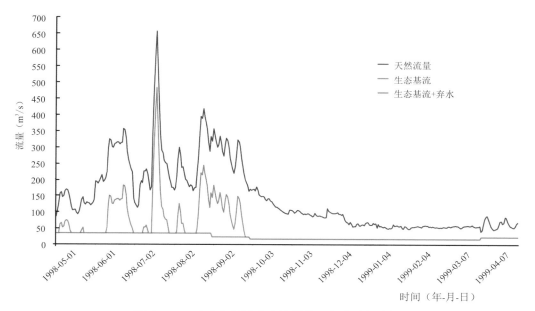

图 5.4-13 丰水年逐日生态流量满足程度过程分析

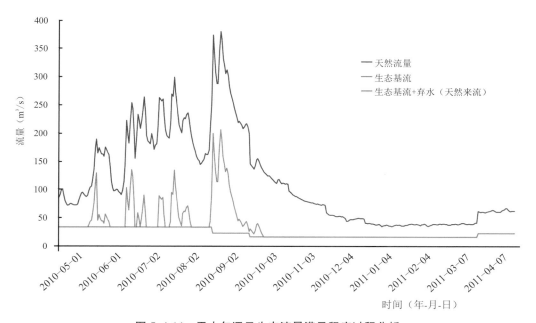

图 5.4-14 平水年逐日生态流量满足程度过程分析

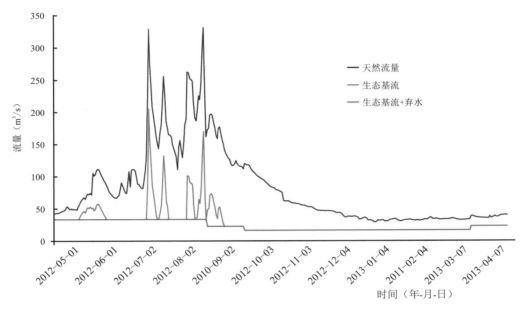

**图 5.4-15　枯水年逐日生态流量满足程度过程分析**

## 5.5　合理性分析

### 5.5.1　模型简介

RIVER—2D 是一个二维的平均水深有限元模型，它主要是基于一个非恒定的瞬时模型，同时也可以用于恒定流加速收敛的状况。鱼类栖息地的计算模块则是基于 PHABSIM 中权重有效面积的方法，适应于不规则几何区域三角形网格的应用。

（1）水动力学模型

RIVER—2D 的水动力模型是基于二维平均水深的圣维南方程。这三个方程分别代表了水体的质量守恒方程和两个方向的动量守恒方程。

质量守恒方程：

$$\frac{\partial H}{\partial t}+\frac{\partial q_x}{\partial x}+\frac{\partial q_y}{\partial y}=0$$

X 方向的动量守恒方程：

$$\frac{\partial q_x}{\partial t}+\frac{\partial}{\partial x}(Uq_x)+\frac{\partial}{\partial y}(Vq_y)+\frac{g}{2}\frac{\partial}{\partial x}H^2=gH(S_{ox}-S_{fx})+\frac{1}{\rho}\left(\frac{\partial}{\partial x}(H\tau_{xx})\right)+\frac{1}{\rho}\left(\frac{\partial}{\partial y}(H\tau_{xy})\right)$$

Y 方向的动量守恒方程：

$$\frac{\partial q_y}{\partial t}+\frac{\partial}{\partial x}(Uq_y)+\frac{\partial}{\partial y}(Vq_y)+\frac{g}{2}\frac{\partial}{\partial y}H^2=gH(S_{oy}-S_{fy})+\frac{1}{\rho}\left(\frac{\partial}{\partial x}(H\tau_{yx})\right)+\frac{1}{\rho}\left(\frac{\partial}{\partial y}(H\tau_{yy})\right)$$

式中：$H$——水深；

$\qquad U$、$V$——$x$、$y$方向的水深平均流速；

$\qquad q_x$，$q_y$——与流速相对应的流量值，其中$q_x=HU$、$q_y=HV$；

$\qquad g$——重力加速度；

$\qquad \rho$——水的密度；

$\qquad S_{ox}$和$S_{oy}$——$x$和$y$方向的河床底坡斜率；

$\qquad S_{fx}$和$S_{fx}$——相应的摩擦比降；

$\qquad \tau_{xx}$、$\tau_{xy}$、$\tau_{yx}$、$\tau_{yy}$——水平方向的切应力值。

（2）鱼类栖息地模型

权重可用面积（Weighted Usable Area，WUA）是 RIVER—2D 软件鱼类栖息地功能评价的基础，权重可用面积的概念来自天然栖息地模拟系统 PHABSIM。

假设河流的流速、水深、基质和覆盖物是流量变化对物质数量和分布造成影响的主要因素。通过调查分析所选择的目标物种对流速、水深、基质和覆盖物的要求，确定出目标物种对流速、水深、基质和覆盖物的适宜性曲线，再利用公式计算出目标物种的权重可用面积，即 WUA 值。

$$\mathrm{WUA} = \sum_{i=1}^{n} \mathrm{CSF}(V_i，C_i，D_i) \times A_i$$

式中：WUA——研究河段加权可利用面积。

$\qquad$CSF（$V_i$，$C_i$，$D_i$）——每个单元的组合适宜性值。其中：$i$是划分的单元个数；$D$是水位适宜指数、$V$是流速适宜指数、$C$是河道适宜指数（包括基质和覆盖物）。

$\qquad A_i$——每个单元的水平面积。

WUA 不是鱼类在河道中的实际使用面积，而是当河流管理良好时，河道中潜在可以利用的鱼类栖息地面积。

## 5.5.2　模拟分析

采用 RIVER—2D 模型对扎拉水电站减水河段生态流量的计算进行验证，模型以扎拉水电站坝址至厂址间的减水河段及厂址至玉曲河河口段为研究区域，结合贡山鮡和裂腹鱼的繁殖需求，设置不同的模拟工况。其中，ZL04～ZL07 断面为贡山鮡的产卵区；ZL18～ZL21 断面为裂腹鱼的产卵区；ZL39～ZL42 断面为裂腹鱼的产卵区。各研究断面河道现状见图 5.5-1。

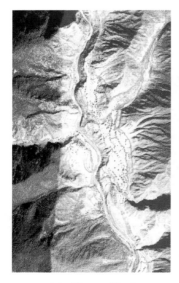  

(a) ZL04～ZL07　　　　　(b) ZL18～ZL21　　　　　(c) ZL39～ZL42

**图 5.5-1　各研究断面河道现状图**

利用 RIVER—2D 模型分别模拟计算不同断面各个工况对应的栖息地面积，得到了不同流量条件下整个研究河段的有效栖息地面积，可判断出各生态流量下减水河段生境情况满足程度。模拟情况见图 5.5-2 至图 5.5-4。

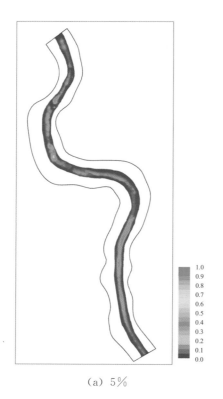 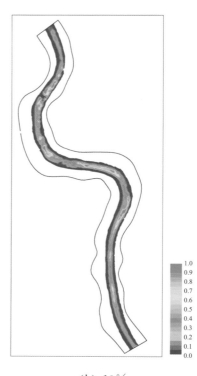

(a) 5%　　　　　　　　　　　　　(b) 10%

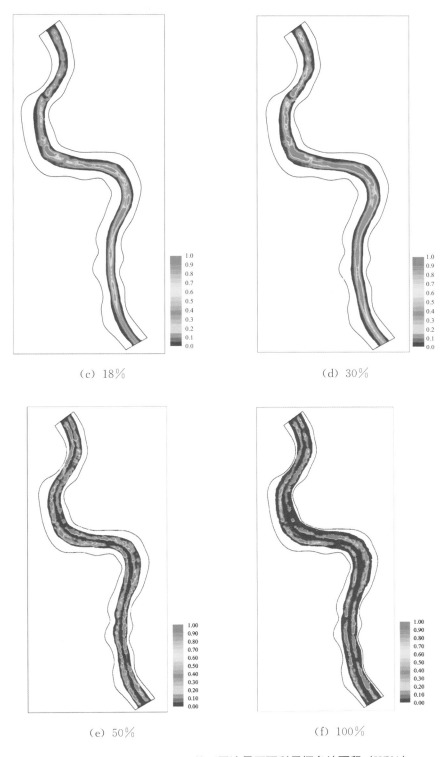

（c）18％  （d）30％

（e）50％  （f）100％

图 5.5-2　断面 ZL04～ZL07 处不同流量下可利用栖息地面积（WUA）

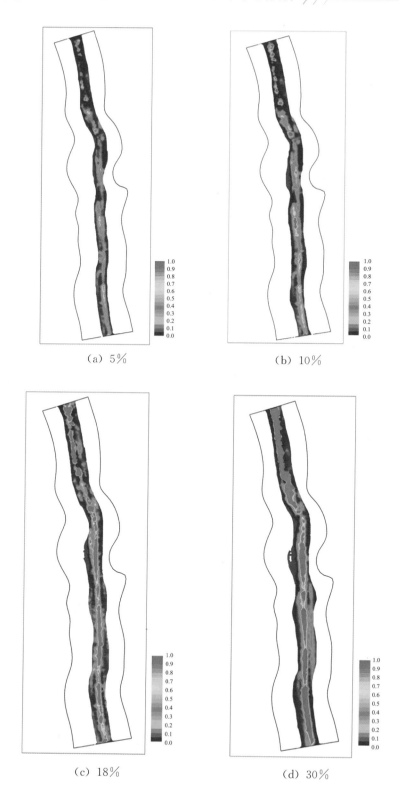

(a) 5%　　　　　　　　　　(b) 10%

(c) 18%　　　　　　　　　　(d) 30%

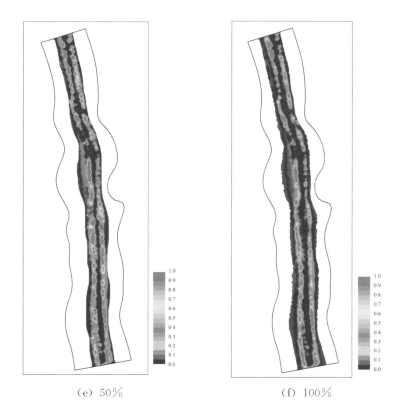

（e）50％ （f）100％

**图 5.5-3 断面 ZL18～ZL21 处不同流量下可利用栖息地面积（WUA）**

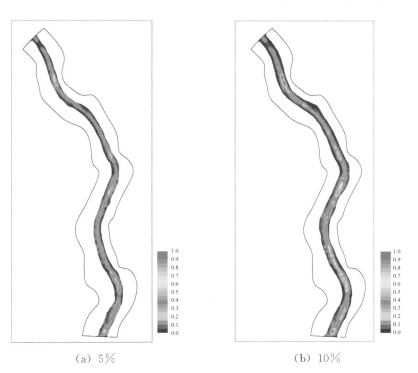

（a）5％ （b）10％

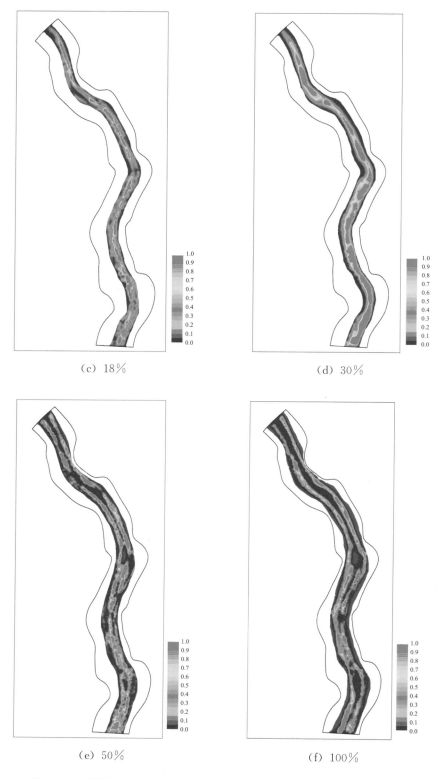

(c) 18%                    (d) 30%

(e) 50%                    (f) 100%

图 5.5-4　断面 ZL039～ZL42 处不同流量下可利用栖息地面积（WUA）

从表5.5-1可以看出，不同流量下各产卵场鱼类可利用栖息地面积各不相同，但均呈先增加后减小的变化趋势。经验证可知，在贡山鮡及裂腹鱼生长繁殖期，当坝址处4月、9月下泄流量22.0m³/s、5—8月下泄流量33.0m³/s、10月至次年3月下泄流量15.9m³/s时，在考虑支流汇入的情况下，坝址下游河段各断面可利用栖息地面积均较大，下泄的生态流量基本可以满足坝址下游减水河段鱼类的繁殖及生长需求。

表 5.5-1                                各产卵区模拟情况表

| 模拟工况 (%) | ZL04～ZL07 | | ZL18～ZL21 | | ZL39～ZL42 | |
|---|---|---|---|---|---|---|
| | 流量 (m³/s) | WUA (m²) | 流量 (m³/s) | WUA (m²) | 流量 (m³/s) | WUA (m²) |
| 5 | 5.5 | 31276 | 5.6 | 25312 | 5.7 | 24666 |
| 10 | 11.0 | 45510 | 11.1 | 32330 | 11.4 | 34860 |
| 18 | 19.8 | 83003 | 20.0 | 59145 | 20.4 | 51844 |
| 30 | 33.0 | 101827 | 33.4 | 71777 | 34.1 | 58878 |
| 50 | 55.0 | 90008 | 55.7 | 49108 | 56.8 | 36541 |
| 100 | 110.0 | 71408 | 111.3 | 29158 | 113.5 | 20372 |

# 第6章　工程实施对坝下水文情势及水生生物影响分析

通过 MIKE11 软件建立扎拉水电站坝址至玉曲河入怒江汇入口处河段一维水动力数学模型。模型建立后，采用厂址处实测水位对模型进行率定和验证。利用率定后的水动力数学模型模拟扎拉水电站坝址至玉曲河河口段水文情势现状。

## 6.1　计算模型构建

### 6.1.1　计算模型和求解方法

#### 6.1.1.1　计算模型

MIKE11 中的水动力控制方程为一维 Saint－Venant 方程组，它描述水动力过程基于以下四个方面假设：水是均一且不可压缩的；河道底坡较小；与水深相比，波长较大。控制方程组为：

$$\begin{cases} \dfrac{\partial Q}{\partial x} + \dfrac{\partial A}{\partial t} = q \\[3mm] \dfrac{\partial Q}{\partial t} + \dfrac{\partial \left( a \dfrac{Q^2}{A} \right)}{\partial x} + g \cdot A \dfrac{\partial h}{\partial x} + \dfrac{gQ|Q|}{C^2 A \cdot R} = 0 \end{cases} \tag{6-1}$$

式中：$x$——距离（主河道流向方向），m；

$\quad t$——时间的坐标，s；

$\quad A$——过水断面面积，$\mathrm{m}^2$；

$\quad Q$——流量，$\mathrm{m}^3$；

$\quad h$——水位，m；

$\quad q$——旁侧入流流量，$\mathrm{m}^2/\mathrm{s}$；

$\quad C$——谢才系数（无量纲常数）；

$\quad R$——水力半径，m；

$\quad a$——动量校正系数；

$\quad g$——重力加速度，$\mathrm{m/s}^2$。

#### 6.1.1.2　求解方法

以上方程组先采用 Abbott 六点中心隐式差分格式进行离散，形成一系列隐式差分方程组，再用追赶法求解。该离散格式在每一个网格点并不同时计算水位（$h$）和流量（$Q$），而是按顺序交替计算水位或流量，分别称为 $h$ 点和 $Q$ 点，$Q$ 点一直位于两个临近的 $h$ 点之间。计算网格上 $h$ 点和 $Q$ 点布置概化见图 6.1-1。

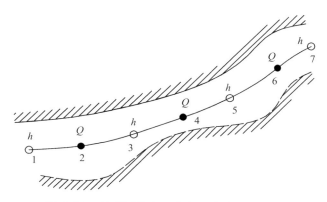

图 6.1-1　计算网格上 $h$ 点和 $Q$ 点布置概化图

六点 Abbott 离散格式为无条件稳定，可以在相当大的 Courant 数下保持计算稳定，可以取较长的时间步长以节省计算时间。图 6.1-2 为中心 6 点 Abbott 离散格式。

基于以上离散格式，控制方程组（6-1）的离散化形式如下：

$$\begin{cases} a_j Q_{j-1}^{n+1} + \beta_j h_j^{n+1} + \gamma_j Q_{j+1}^{n+1} = \delta_j \\ a_j h_{j-1}^{n+1} + \beta_j Q_j^{n+1} + \gamma_j h_{j+1}^{n+1} = \delta_j \end{cases} \tag{6-2}$$

式中

$$a_j = f(A)$$
$$\beta_j = f(Q_j^n, \Delta t, \Delta x, C, A, R)$$
$$\gamma_j = f(A)$$
$$\delta_j = f(A, \Delta x, \Delta t, a, q, \upsilon, \theta, Q_{j-1}^{n+1/2}, Q_{j+1}^n, Q_{j+1}^{n+1/2})$$

当形成了离散化的式（6-2）之后，给定河网（包括支流）上、下边界条件及初始条件，可用追赶法（或称双扫法）进行求解。

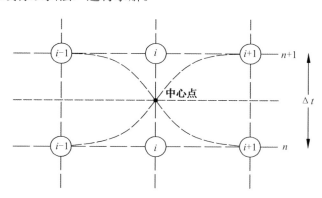

图 6.1-2　中心 6 点 Abbott 离散格式

### 6.1.2 计算条件

#### 6.1.2.1 计算范围

模型计算范围为扎拉水电站库尾至坝址和扎拉水电站坝址至厂址的减水河段及厂址至玉曲河河口段及其区间的各个支流，研究干流河段全长约 83km。

#### 6.1.2.2 流量边界

（1）干流来流条件

根据扎拉坝址 1979—2015 水文年年径流系列，选取丰水年、平水年、枯水年。典型年天然状态入流逐月流量过程见表 6.1-1。

表 6.1-1　　　　　　　　　典型年天然状态入流逐月流量过程　　　　　　（单位：m³/s）

| 月份 | 典型年 | | |
| :---: | :---: | :---: | :---: |
| | 丰水年 | 平水年 | 枯水年 |
| 5 | 128.0 | 93.5 | 54.2 |
| 6 | 267.0 | 152.0 | 86.5 |
| 7 | 262.0 | 214.0 | 156.0 |
| 8 | 257.0 | 198.0 | 194.0 |
| 9 | 275.0 | 272.0 | 146.0 |
| 10 | 133.0 | 126.0 | 94.9 |
| 11 | 93.3 | 80.2 | 55.3 |
| 12 | 76.9 | 50.1 | 41.7 |
| 1 | 55.8 | 36.9 | 31.9 |
| 2 | 53.2 | 37.3 | 31.9 |
| 3 | 54.2 | 38.6 | 32.9 |
| 4 | 61.6 | 61.6 | 36.8 |

（2）支流来流条件

研究范围内共有 13 条支流（支流与干流位置关系见图 4.1-1），坝址至厂址区间支流汇入情况见表 6.1-2。

坝下河段各支流径流计算，以扎拉坝址径流为依据，采用水文比拟法，按照面积比乘以一个降水修正系数推求，计算公式如下：

$$Q_{支} = \frac{F_{支}}{F_{坝}} \times Q_{坝} \times \eta$$

式中：$Q_{支}$——支流径流，m³/s；

$Q_坝$——扎拉坝址径流，$m^3/s$；

$F_支$——支流流域面积，$km^2$；

$F_坝$——扎拉坝址面积，$km^2$；

$\eta$——支流流域平均降水深与扎拉坝址以上流域平均降水深比值。

不同典型年各支流天然状态逐月流量过程见表6.1-3至表6.1-5。

表6.1-2 扎拉水电站坝址至厂址区间支流汇入情况

| 支流编号 | 距坝址距离（km） | 年均流量（$m^3/s$） | 集水面积（$km^2$） |
|---|---|---|---|
| 支流1 | 5.12 | 0.17 | 16.4 |
| 支流2 | 6.89 | 0.19 | 18.3 |
| 支流3 | 8.27 | 0.11 | 9.91 |
| 支流4 | 10.33 | 0.09 | 8.24 |
| 支流5 | 18.02 | 0.36 | 33.9 |
| 支流6 | 22.14 | 0.21 | 20.2 |
| 支流7 | 26.38 | 0.67 | 63 |
| 支流8 | 28.45 | 1.48 | 139.3 |
| 支流9 | 36.23 | 0.10 | 9.8 |
| 支流10 | 44.16 | 0.13 | 12.1 |
| 支流11 | 51.10 | 0.12 | 10.9 |
| 支流12（厂址上游） | 58.18 | 0.28 | 26.04 |
| 支流13梅里拉鲁曲（厂址下游） | 60.21 | 1.94 | 182 |

表6.1-3 丰水年各支流天然状态逐月流量过程 （单位：$m^3/s$）

| 月份 | 支流编号 | | | | | | | | | | | | |
|---|---|---|---|---|---|---|---|---|---|---|---|---|---|
| | 1 | 2 | 3 | 4 | 5 | 6 | 7 | 8 | 9 | 10 | 11 | 12 | 13 |
| 5 | 0.18 | 0.20 | 0.11 | 0.09 | 0.37 | 0.22 | 0.69 | 1.52 | 0.11 | 0.13 | 0.12 | 0.28 | 1.99 |
| 6 | 0.29 | 0.33 | 0.18 | 0.15 | 0.60 | 0.36 | 1.12 | 2.48 | 0.17 | 0.22 | 0.19 | 0.46 | 3.24 |
| 7 | 0.41 | 0.46 | 0.25 | 0.21 | 0.85 | 0.51 | 1.58 | 3.49 | 0.25 | 0.30 | 0.27 | 0.65 | 4.56 |
| 8 | 0.38 | 0.42 | 0.23 | 0.19 | 0.79 | 0.47 | 1.46 | 3.23 | 0.23 | 0.28 | 0.25 | 0.60 | 4.22 |
| 9 | 0.52 | 0.58 | 0.32 | 0.26 | 1.08 | 0.64 | 2.01 | 4.43 | 0.31 | 0.39 | 0.35 | 0.83 | 5.79 |
| 10 | 0.24 | 0.27 | 0.15 | 0.12 | 0.50 | 0.30 | 0.93 | 2.05 | 0.14 | 0.18 | 0.16 | 0.38 | 2.68 |
| 11 | 0.15 | 0.17 | 0.09 | 0.08 | 0.32 | 0.19 | 0.59 | 1.31 | 0.09 | 0.11 | 0.10 | 0.24 | 1.71 |
| 12 | 0.10 | 0.11 | 0.06 | 0.05 | 0.20 | 0.12 | 0.37 | 0.82 | 0.06 | 0.07 | 0.06 | 0.15 | 1.07 |
| 1 | 0.07 | 0.08 | 0.04 | 0.04 | 0.15 | 0.09 | 0.27 | 0.60 | 0.04 | 0.05 | 0.05 | 0.11 | 0.79 |
| 2 | 0.07 | 0.08 | 0.04 | 0.04 | 0.15 | 0.09 | 0.27 | 0.61 | 0.04 | 0.05 | 0.05 | 0.11 | 0.79 |
| 3 | 0.07 | 0.08 | 0.04 | 0.04 | 0.15 | 0.09 | 0.28 | 0.63 | 0.04 | 0.05 | 0.05 | 0.12 | 0.82 |
| 4 | 0.12 | 0.13 | 0.07 | 0.06 | 0.24 | 0.15 | 0.45 | 1.00 | 0.07 | 0.09 | 0.08 | 0.19 | 1.31 |

**表 6.1-4**　　　　　　　平水年各支流天然状态逐月流量过程　　　　（单位：m³/s）

| 月份 | 支流编号 | | | | | | | | | | | | |
|---|---|---|---|---|---|---|---|---|---|---|---|---|---|
| | 1 | 2 | 3 | 4 | 5 | 6 | 7 | 8 | 9 | 10 | 11 | 12 | 13 |
| 5 | 0.10 | 0.11 | 0.06 | 0.05 | 0.20 | 0.12 | 0.37 | 0.82 | 0.06 | 0.07 | 0.06 | 0.15 | 1.07 |
| 6 | 0.10 | 0.11 | 0.06 | 0.05 | 0.21 | 0.13 | 0.39 | 0.86 | 0.06 | 0.08 | 0.07 | 0.16 | 1.13 |
| 7 | 0.32 | 0.36 | 0.19 | 0.16 | 0.66 | 0.39 | 1.23 | 2.72 | 0.19 | 0.24 | 0.21 | 0.51 | 3.56 |
| 8 | 0.43 | 0.48 | 0.26 | 0.21 | 0.88 | 0.52 | 1.64 | 3.62 | 0.25 | 0.31 | 0.28 | 0.68 | 4.73 |
| 9 | 0.29 | 0.32 | 0.17 | 0.14 | 0.59 | 0.35 | 1.10 | 2.43 | 0.17 | 0.21 | 0.19 | 0.45 | 3.17 |
| 10 | 0.16 | 0.18 | 0.10 | 0.08 | 0.34 | 0.20 | 0.63 | 1.39 | 0.10 | 0.12 | 0.11 | 0.26 | 1.81 |
| 11 | 0.11 | 0.13 | 0.07 | 0.06 | 0.23 | 0.14 | 0.43 | 0.96 | 0.07 | 0.08 | 0.07 | 0.18 | 1.25 |
| 12 | 0.09 | 0.10 | 0.05 | 0.04 | 0.18 | 0.11 | 0.33 | 0.74 | 0.05 | 0.06 | 0.06 | 0.14 | 0.97 |
| 1 | 0.07 | 0.08 | 0.04 | 0.04 | 0.15 | 0.09 | 0.28 | 0.62 | 0.04 | 0.05 | 0.05 | 0.12 | 0.82 |
| 2 | 0.07 | 0.08 | 0.04 | 0.04 | 0.15 | 0.09 | 0.28 | 0.62 | 0.04 | 0.05 | 0.05 | 0.12 | 0.81 |
| 3 | 0.08 | 0.09 | 0.05 | 0.04 | 0.17 | 0.10 | 0.31 | 0.68 | 0.05 | 0.06 | 0.05 | 0.13 | 0.89 |
| 4 | 0.08 | 0.09 | 0.05 | 0.04 | 0.17 | 0.10 | 0.31 | 0.69 | 0.05 | 0.06 | 0.05 | 0.13 | 0.91 |

**表 6.1-5**　　　　　　　枯水年各支流天然状态逐月流量过程　　　　（单位：m³/s）

| 月份 | 支流编号 | | | | | | | | | | | | |
|---|---|---|---|---|---|---|---|---|---|---|---|---|---|
| | 1 | 2 | 3 | 4 | 5 | 6 | 7 | 8 | 9 | 10 | 11 | 12 | 13 |
| 5 | 0.11 | 0.12 | 0.07 | 0.06 | 0.23 | 0.14 | 0.42 | 0.94 | 0.07 | 0.08 | 0.07 | 0.17 | 1.22 |
| 6 | 0.21 | 0.24 | 0.13 | 0.11 | 0.44 | 0.26 | 0.81 | 1.79 | 0.13 | 0.16 | 0.14 | 0.34 | 2.34 |
| 7 | 0.33 | 0.37 | 0.20 | 0.17 | 0.69 | 0.41 | 1.28 | 2.82 | 0.20 | 0.24 | 0.22 | 0.53 | 3.68 |
| 8 | 0.25 | 0.27 | 0.15 | 0.12 | 0.51 | 0.30 | 0.94 | 2.09 | 0.15 | 0.18 | 0.16 | 0.39 | 2.73 |
| 9 | 0.24 | 0.26 | 0.14 | 0.12 | 0.49 | 0.29 | 0.91 | 2.00 | 0.14 | 0.17 | 0.16 | 0.37 | 2.62 |
| 10 | 0.15 | 0.16 | 0.09 | 0.07 | 0.30 | 0.18 | 0.56 | 1.24 | 0.09 | 0.11 | 0.10 | 0.23 | 1.62 |
| 11 | 0.10 | 0.11 | 0.06 | 0.05 | 0.21 | 0.13 | 0.39 | 0.87 | 0.06 | 0.08 | 0.07 | 0.16 | 1.14 |
| 12 | 0.08 | 0.09 | 0.05 | 0.04 | 0.16 | 0.10 | 0.30 | 0.67 | 0.05 | 0.06 | 0.05 | 0.12 | 0.87 |
| 1 | 0.07 | 0.08 | 0.04 | 0.03 | 0.14 | 0.08 | 0.26 | 0.58 | 0.04 | 0.05 | 0.05 | 0.11 | 0.75 |
| 2 | 0.07 | 0.08 | 0.04 | 0.03 | 0.14 | 0.08 | 0.26 | 0.58 | 0.04 | 0.05 | 0.05 | 0.11 | 0.75 |
| 3 | 0.07 | 0.08 | 0.04 | 0.03 | 0.14 | 0.09 | 0.27 | 0.59 | 0.04 | 0.05 | 0.05 | 0.11 | 0.77 |
| 4 | 0.07 | 0.08 | 0.04 | 0.04 | 0.15 | 0.09 | 0.28 | 0.62 | 0.04 | 0.05 | 0.05 | 0.12 | 0.81 |

（3）引水发电流量

不同典型年引水发电流量过程见表 6.1-6。

表 6.1-6　　　　　　　　　不同典型年引水发电流量过程表　　　　　　（单位：m³/s）

| 月份 | 典型年 | | |
| --- | --- | --- | --- |
| | 丰水年 | 平水年 | 枯水年 |
| 5 | 95.0 | 60.5 | 21.2 |
| 6 | 170.6 | 119.0 | 53.5 |
| 7 | 170.6 | 170.6 | 123.0 |
| 8 | 170.6 | 165.0 | 161.0 |
| 9 | 170.6 | 170.6 | 124.0 |
| 10 | 117.1 | 110.1 | 79.0 |
| 11 | 77.4 | 64.3 | 39.4 |
| 12 | 61.0 | 34.2 | 25.8 |
| 1 | 39.9 | 21.0 | 16.0 |
| 2 | 37.3 | 21.4 | 16.0 |
| 3 | 38.3 | 22.7 | 17.0 |
| 4 | 39.6 | 39.6 | 14.8 |

#### 6.1.2.3　水位边界

下游给定水位边界条件，玉曲河河口处水位—流量关系见图 6.1-3。

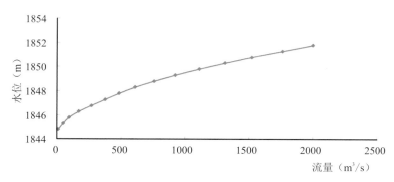

图 6.1-3　玉曲河河口处水位—流量关系

#### 6.1.2.4　模型率定

利用厂址下游约 234m 处水位站实测水位数据对模型参数进行率定和验证。采用 2012—2013 年逐日数据对厂址下游水位站实测水位进行率定，见图 6.1-4。

经率定，坝址断面至玉曲河河口处断面的河道糙率采用 0.0398～0.042。

根据率定结果，采用 2013—2014 年逐日数据对厂址下游水位站实测水位进行验证，见图 6.1-5。

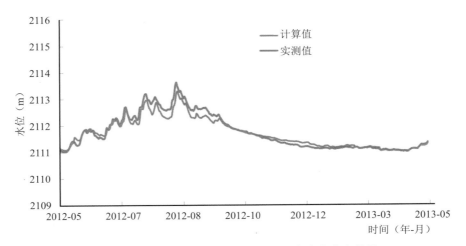

**图 6.1-4　厂址下游水位站 2012—2013 年水位率定结果**

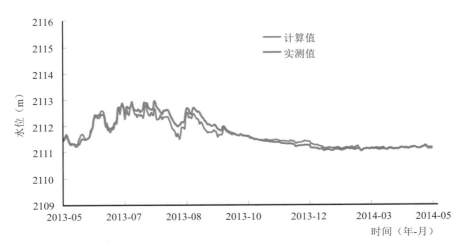

**图 6.1-5　厂址下游水位站 2013—2014 年水位验证结果**

由结果可知，枯水期水位计算结果与实测结果吻合较好，丰水期个别月份水位相差较大，从总体上来看水位相对误差均较小，精度满足研究需求，可以用于扎拉水电站工程水文情势影响研究工作。

## 6.2　典型研究断面的选择

### 6.2.1　典型研究断面选择的原则

（1）代表性原则

研究断面选择能够反映工程区域水文情势，如库区、坝址上下游、厂址上下游、河道拐弯处、支流汇入等断面。

（2）敏感性原则

研究断面选择能够反映工程区域敏感目标位置处水文情势，如鱼类产卵场等断面。

## 6.2.2 典型研究断面

根据上述典型断面选取原则，结合扎拉水电站引水发电调度及其影响，选择库区 3 个断面、坝址、坝下共 20 个典型断面分析工程前、后的水文情势变化。这些断面全部涵盖了坝址、厂址、玉曲河河口、鱼类产卵场及河道地形拐弯处等环境敏感或水文情势发生变化的断面位置，能反映扎拉水电站发电后对下游河道的水文情势变化情况。典型研究断面统计见表 6.2-1。

表 6.2-1　　　　　　　　　　　　典型研究断面统计表

| 序号 | 断面编号 | 断面特征 |
|---|---|---|
| 1 | 坝上 3.8km | 库尾 |
| 2 | 坝上 1.0km | 库中 |
| 3 | 坝上 0.5km | 坝前 |
| 4 | 坝址 | 坝址断面 |
| 5 | ZL04 | 鲱科鱼类产卵场① |
| 6 | ZL05 | 鲱科鱼类产卵场①，支流 1 汇入 |
| 7 | ZL06 | 鲱科鱼类产卵场① |
| 8 | ZL07 | 鲱科鱼类产卵场①，支流 2 汇入 |
| 9 | ZL18 | 裂腹鱼类产卵场① |
| 10 | ZL19 | 裂腹鱼类产卵场① |
| 11 | ZL20 | 裂腹鱼类产卵场①，支流 6 汇入 |
| 12 | ZL21 | 裂腹鱼类产卵场① |
| 13 | ZL28 | 支流 8 汇入，河道突变 |
| 14 | ZL34 | 支流 9 汇入，河道突变 |
| 15 | ZL39 | 裂腹鱼类产卵场② |
| 16 | ZL40 | 裂腹鱼类产卵场② |
| 17 | ZL41 | 裂腹鱼类产卵场② |
| 18 | ZL42 | 裂腹鱼类产卵场② |
| 19 | 厂址 | 厂址断面 |
| 20 | ZL47 | 鲱科鱼类产卵场②，支流 13 |
| 21 | ZL47－3 | 鲱科鱼类产卵场② |
| 22 | ZL58 | 鲱科鱼类产卵场③ |
| 23 | ZL58－3 | 鲱科鱼类产卵场③、近玉曲河河口 |

## 6.3 典型年坝下水文情势

### 6.3.1 典型年下泄过程分析

按照生态流量下泄过程要求，工程规划进行了电站运行调度方面优化，表 6.3-1 为典型年坝址优化前后下泄过程。优化前，6—9 月下泄生态流量 33 m³/s，10 月至次年 5 月下泄生态流量 11.0m³/s。优化后，4 月和 9 月下泄生态流量为 22m³/s，5—8 月下泄生态流量为 33m³/s，10 月至次年 3 月下泄生态流量为 15.9m³/s。

**表 6.3-1**　　　　　　　　　　优化后研究河段下泄过程　　　　　　　（单位：m³/s）

| 时间<br>（年-月） | 水期 | 入流 | 优化后 | | |
|---|---|---|---|---|---|
| | | | 生态基流 | 发电流量 | 弃水＋生态 |
| 1998-05 | 丰水年 | 128 | 33.0 | 95.0 | 33.0 |
| 1998-06 | | 267.0 | 33.0 | 170.6 | 96.4 |
| 1998-07 | | 262.0 | 33.0 | 170.6 | 91.4 |
| 1998-08 | | 257.0 | 33.0 | 170.6 | 86.4 |
| 1998-09 | | 275.0 | 22.0 | 170.6 | 104.4 |
| 1998-10 | | 133.0 | 15.9 | 117.1 | 15.9 |
| 1998-11 | | 93.3 | 15.9 | 77.4 | 15.9 |
| 1998-12 | | 76.9 | 15.9 | 61 | 15.9 |
| 1999-01 | 丰水年 | 55.8 | 15.9 | 39.9 | 15.9 |
| 1999-02 | | 53.2 | 15.9 | 37.3 | 15.9 |
| 1999-03 | | 54.2 | 15.9 | 38.3 | 15.9 |
| 1999-04 | | 61.6 | 22.0 | 39.6 | 22.0 |
| 2010-05 | 平水年 | 93.5 | 33.0 | 60.5 | 33.0 |
| 2010-06 | | 152.0 | 33 | 119.0 | 33.0 |
| 2010-07 | | 214.0 | 33.0 | 170.6 | 43.4 |
| 2010-08 | | 198.0 | 33.0 | 165.0 | 33.0 |
| 2010-09 | | 272.0 | 22.0 | 170.6 | 101.4 |
| 2010-10 | | 126.0 | 15.9 | 110.1 | 15.9 |
| 2010-11 | | 80.2 | 15.9 | 64.3 | 15.9 |
| 2010-12 | | 50.1 | 15.9 | 34.2 | 15.9 |
| 2011-01 | 平水年 | 36.9 | 15.9 | 21.0 | 15.9 |
| 2011-02 | | 37.3 | 15.9 | 21.4 | 15.9 |
| 2011-03 | | 38.6 | 15.9 | 22.7 | 15.9 |
| 2011-04 | | 61.6 | 22.0 | 39.6 | 22.0 |

| 时间<br>（年-月） | 水期 | 入流 | 优化后 | | |
|---|---|---|---|---|---|
| | | | 生态基流 | 发电流量 | 弃水＋生态 |
| 2012-05 | | 54.2 | 33.0 | 21.2 | 33.0 |
| 2012-06 | | 86.5 | 33.0 | 53.5 | 33.0 |
| 2012-07 | | 156.0 | 33.0 | 123.0 | 33.0 |
| 2012-08 | | 194.0 | 33.0 | 161.0 | 33.0 |
| 2012-09 | | 146.0 | 22.0 | 124.0 | 22.0 |
| 2012-10 | 枯水年 | 94.9 | 15.9 | 79.0 | 15.9 |
| 2012-11 | | 55.3 | 15.9 | 39.4 | 15.9 |
| 2012-12 | | 41.7 | 15.9 | 25.8 | 15.9 |
| 2013-01 | | 31.9 | 15.9 | 16.0 | 15.9 |
| 2013-02 | | 31.9 | 15.9 | 16.0 | 15.9 |
| 2013-03 | | 32.9 | 15.9 | 17.0 | 15.9 |
| 2013-04 | | 36.8 | 22.0 | 14.8 | 22.0 |

## 6.3.2  丰水年

丰水年、优化后坝址下游14个断面的流量、水位、最大水深、平均水深、流速变化、水面宽变化见表6.3-2至表6.3-7。选择典型断面进行分析，由表6.3-2至表6.3-7可知：

（1）坝址

工程实施后，各月流量在15.9～104.4m³/s，月均流量最大减少值为170.6m³/s，最大减少比例为88.05％；月均水位在2760.20～2761.20m，月均水位最大降低值为1.19m；断面平均水深在0.45～1.29m，断面平均水深最大减少值为0.97m；各月平均流速在1.02～1.82m/s，最大减少值为0.94m/s，最大减少比例为47.96％。

（2）断面ZL04

工程实施后，各月流量在15.9～104.4m³/s，月均流量最大减少值为170.6m³/s，最大减少比例为88.05％；月均水位在2721.99～2722.19m，月均水位最大降低值为1.25m；断面平均水深在0.41～1.11m，断面平均水深最大减少值为1.07m；各月平均流速在0.88～1.74m/s，最大减少值为1.15m/s，最大减少比例为55.35％。

（3）断面ZL05

工程实施后，各月流量在15.9～104.4m³/s，月均流量最大减少值为170.6m³/s，最大减少比例为88.05％；月均水位在2697.20～2698.02m，月均水位最大降低值为1.01m；断面平均水深在0.43～1.06m，断面平均水深最大减少值为0.75m；各月平均流

速在 $0.85\sim1.61m/s$，最大减少值为 $0.87m/s$，最大减少比例为 $50.39\%$。

（4）断面 ZL19

工程实施后，各月流量在 $16.28\sim107.16m^3/s$，月均流量最大减少值为 $170.6m^3/s$，最大减少比例为 $87.21\%$；月均水位在 $2497.80\sim2499.05m$，月均水位最大降低值为 $1.51m$；断面平均水深在 $0.45\sim1.46m$，断面平均水深最大减少值为 $1.13m$；各月平均流速在 $0.96\sim1.65m/s$，最大减少值为 $0.70m/s$，最大减少比例为 $42.12\%$。

（5）断面 ZL21

工程实施后，各月流量在 $16.37\sim107.80m^3/s$，月均流量最大减少值为 $170.6m^3/s$，最大减少比例为 $87.01\%$；月均水位在 $2492.50\sim2493.45m$，月均水位最大降低值为 $1.25m$；断面平均水深在 $0.41\sim0.86m$，断面平均水深最大减少值为 $0.57m$；各月平均流速在 $0.75\sim1.22m/s$，最大减少值为 $0.54m/s$，最大减少比例为 $41.67\%$。

（6）断面 ZL28

工程实施后，各月流量在 $16.64\sim109.81m^3/s$，月均流量最大减少值为 $170.6m^3/s$，最大减少比例为 $86.41\%$；月均水位在 $2401.01\sim2402.09m$，月均水位最大降低值为 $1.17m$；断面平均水深在 $0.50\sim1.19m$，断面平均水深最大减少值为 $0.78m$；各月平均流速在 $1.45\sim2.54m/s$，最大减少值为 $1.13m/s$，最大减少比例为 $43.37\%$。

（7）断面 ZL40

工程实施后，各月流量在 $17.33\sim114.94m^3/s$，月均流量最大减少值为 $170.6m^3/s$，最大减少比例为 $84.93\%$；月均水位在 $2224.36\sim2225.87m$，月均水位最大降低值为 $1.45m$；断面平均水深在 $0.45\sim1.11m$，断面平均水深最大减少值为 $0.62m$；各月平均流速在 $1.08\sim2.05m/s$，最大减少值为 $1.01m/s$，最大减少比例为 $46.12\%$。

（8）厂址

工程实施后，各月流量在 $17.49\sim116.12m^3/s$，月均流量最大减少值为 $170.6m^3/s$，最大减少比例为 $84.6\%$；月均水位在 $2116.22\sim2117.29m$，月均水位最大降低值为 $1.07m$；断面平均水深在 $0.44\sim1.01m$，断面平均水深最大减少值为 $0.75m$；各月平均流速在 $1.44\sim3.08m/s$，最大减少值为 $1.62m/s$，最大减少比例为 $52.16\%$。

（9）断面 ZL47、ZL47−3、ZL58、ZL58−3

扎拉水电站引水发电前后，厂址下游各月流量、水位、流速及水面宽不变。

表 6.3-2 　丰水年、优化后研究河段典型断面逐月流量变化

（单位：流量，m³/s；变化率，%）

| 断面 | | 5月 | 6月 | 7月 | 8月 | 9月 | 10月 | 11月 | 12月 | 1月 | 2月 | 3月 | 4月 |
|---|---|---|---|---|---|---|---|---|---|---|---|---|---|
| 坝址 | 引水前 | 128.00 | 267.00 | 262.00 | 257.00 | 275.00 | 133.00 | 93.30 | 76.90 | 55.80 | 53.20 | 54.20 | 61.60 |
| | 引水后 | 33.00 | 96.40 | 91.40 | 86.40 | 104.40 | 15.90 | 15.90 | 15.90 | 15.90 | 15.90 | 15.90 | 22.00 |
| | 变化值 | -95.00 | -170.60 | -170.60 | -170.60 | -170.60 | -117.10 | -77.40 | -61.00 | -39.90 | -37.30 | -38.30 | -39.60 |
| | 变化率 | -74.22 | -63.90 | -65.11 | -66.38 | -62.04 | -88.05 | -82.96 | -79.32 | -71.51 | -70.11 | -70.66 | -64.29 |
| ZL04 | 引水前 | 128.00 | 267.00 | 262.00 | 257.00 | 275.00 | 133.00 | 93.30 | 76.90 | 55.80 | 53.20 | 54.20 | 61.60 |
| | 引水后 | 33.00 | 96.40 | 91.40 | 86.40 | 104.40 | 15.90 | 15.90 | 15.90 | 15.90 | 15.90 | 15.90 | 22.00 |
| | 变化值 | -95.00 | -170.60 | -170.60 | -170.60 | -170.60 | -117.10 | -77.40 | -61.00 | -39.90 | -37.30 | -38.30 | -39.60 |
| | 变化率 | -74.22 | -63.90 | -65.11 | -66.38 | -62.04 | -88.05 | -82.96 | -79.32 | -71.51 | -70.11 | -70.66 | -64.29 |
| ZL05 | 引水前 | 128.00 | 267.00 | 262.00 | 257.00 | 275.00 | 133.00 | 93.30 | 76.90 | 55.80 | 53.20 | 54.20 | 61.60 |
| | 引水后 | 33.00 | 96.40 | 91.40 | 86.40 | 104.40 | 15.90 | 15.90 | 15.90 | 15.90 | 15.90 | 15.90 | 22.00 |
| | 变化值 | -95.00 | -170.60 | -170.60 | -170.60 | -170.60 | -117.10 | -77.40 | -61.00 | -39.90 | -37.30 | -38.30 | -39.60 |
| | 变化率 | -74.22 | -63.90 | -65.11 | -66.38 | -62.04 | -88.05 | -82.96 | -79.32 | -71.51 | -70.11 | -70.66 | -64.29 |
| ZL06 | 引水前 | 128.18 | 267.29 | 262.41 | 257.38 | 275.52 | 133.24 | 93.45 | 77.00 | 55.87 | 53.27 | 54.27 | 61.72 |
| | 引水后 | 33.18 | 96.69 | 91.81 | 86.78 | 104.92 | 16.14 | 16.05 | 16.00 | 15.97 | 15.97 | 15.97 | 22.12 |
| | 变化值 | -95.00 | -170.60 | -170.60 | -170.60 | -170.60 | -117.10 | -77.40 | -61.00 | -39.90 | -37.30 | -38.30 | -39.60 |
| | 变化率 | -74.11 | -63.83 | -65.01 | -66.28 | -61.92 | -87.89 | -82.83 | -79.22 | -71.42 | -70.02 | -70.57 | -64.16 |
| ZL07 | 引水前 | 128.38 | 267.62 | 262.87 | 257.80 | 276.10 | 133.51 | 93.63 | 77.10 | 55.95 | 53.35 | 54.36 | 61.85 |
| | 引水后 | 33.38 | 97.02 | 92.27 | 87.20 | 105.50 | 16.41 | 16.23 | 16.10 | 16.05 | 16.05 | 16.06 | 22.25 |
| | 变化值 | -95.00 | -170.60 | -170.60 | -170.60 | -170.60 | -117.10 | -77.40 | -61.00 | -39.90 | -37.30 | -38.30 | -39.60 |
| | 变化率 | -74.00 | -63.75 | -64.90 | -66.17 | -61.79 | -87.71 | -82.67 | -79.11 | -71.31 | -69.91 | -70.46 | -64.03 |
| ZL18 | 引水前 | 128.95 | 268.55 | 264.18 | 259.01 | 277.76 | 134.28 | 94.11 | 77.42 | 56.18 | 53.58 | 54.58 | 62.22 |
| | 引水后 | 33.95 | 97.95 | 93.58 | 88.41 | 107.16 | 17.18 | 16.71 | 16.42 | 16.28 | 16.28 | 16.28 | 22.62 |
| | 变化值 | -95.00 | -170.60 | -170.60 | -170.60 | -170.60 | -117.10 | -77.40 | -61.00 | -39.90 | -37.30 | -38.30 | -39.60 |
| | 变化率 | -73.67 | -63.53 | -64.58 | -65.87 | -61.42 | -87.21 | -82.24 | -78.79 | -71.02 | -69.62 | -70.17 | -63.65 |

续表

| 断面 | | 5月 | 6月 | 7月 | 8月 | 9月 | 10月 | 11月 | 12月 | 1月 | 2月 | 3月 | 4月 |
|---|---|---|---|---|---|---|---|---|---|---|---|---|---|
| ZL19 | 引水前 | 128.95 | 268.55 | 264.18 | 259.01 | 277.76 | 134.28 | 94.11 | 77.42 | 56.18 | 53.58 | 54.58 | 62.22 |
| | 引水后 | 33.95 | 97.95 | 93.58 | 88.41 | 107.16 | 17.18 | 16.71 | 16.42 | 16.28 | 16.28 | 16.28 | 22.62 |
| | 变化值 | -95.00 | -170.60 | -170.60 | -170.60 | -170.60 | -117.10 | -77.40 | -61.00 | -39.90 | -37.30 | -38.30 | -39.60 |
| | 变化率 | -73.67 | -63.53 | -64.58 | -65.87 | -61.42 | -87.21 | -82.24 | -78.79 | -71.02 | -69.62 | -70.17 | -63.65 |
| ZL20 | 引水前 | 129.17 | 268.91 | 264.69 | 259.48 | 278.40 | 134.58 | 94.30 | 77.54 | 56.27 | 53.67 | 54.67 | 62.37 |
| | 引水后 | 34.17 | 98.31 | 94.09 | 88.88 | 107.80 | 17.48 | 16.90 | 16.54 | 16.37 | 16.37 | 16.37 | 22.77 |
| | 变化值 | -95.00 | -170.60 | -170.60 | -170.60 | -170.60 | -117.10 | -77.40 | -61.00 | -39.90 | -37.30 | -38.30 | -39.60 |
| | 变化率 | -73.55 | -63.44 | -64.45 | -65.75 | -61.28 | -87.01 | -82.08 | -78.67 | -70.91 | -69.50 | -70.06 | -63.49 |
| ZL21 | 引水前 | 129.17 | 268.91 | 264.69 | 259.48 | 278.40 | 134.58 | 94.30 | 77.54 | 56.27 | 53.67 | 54.67 | 62.37 |
| | 引水后 | 34.17 | 98.31 | 94.09 | 88.88 | 107.80 | 17.48 | 16.90 | 16.54 | 16.37 | 16.37 | 16.37 | 22.77 |
| | 变化值 | -95.00 | -170.60 | -170.60 | -170.60 | -170.60 | -117.10 | -77.40 | -61.00 | -39.90 | -37.30 | -38.30 | -39.60 |
| | 变化率 | -73.55 | -63.44 | -64.45 | -65.75 | -61.28 | -87.01 | -82.08 | -78.67 | -70.91 | -69.50 | -70.06 | -63.49 |
| ZL28 | 引水前 | 129.86 | 270.03 | 266.27 | 260.94 | 280.41 | 135.51 | 94.89 | 77.91 | 56.54 | 53.94 | 54.95 | 62.82 |
| | 引水后 | 34.86 | 99.43 | 95.67 | 90.34 | 109.81 | 18.41 | 17.49 | 16.91 | 16.64 | 16.64 | 16.65 | 23.22 |
| | 变化值 | -95.00 | -170.60 | -170.60 | -170.60 | -170.60 | -117.10 | -77.40 | -61.00 | -39.90 | -37.30 | -38.30 | -39.60 |
| | 变化率 | -73.16 | -63.18 | -64.07 | -65.38 | -60.84 | -86.41 | -81.57 | -78.30 | -70.57 | -69.15 | -69.70 | -63.04 |
| ZL34 | 引水前 | 131.49 | 272.68 | 270.01 | 264.40 | 285.15 | 137.70 | 96.29 | 78.79 | 57.18 | 54.59 | 55.62 | 63.89 |
| | 引水后 | 36.49 | 102.08 | 99.41 | 93.80 | 114.55 | 20.60 | 18.89 | 17.79 | 17.28 | 17.29 | 17.32 | 24.29 |
| | 变化值 | -95.00 | -170.60 | -170.60 | -170.60 | -170.60 | -117.10 | -77.40 | -61.00 | -39.90 | -37.30 | -38.30 | -39.60 |
| | 变化率 | -72.25 | -62.56 | -63.18 | -64.52 | -59.83 | -85.04 | -80.38 | -77.42 | -69.78 | -68.33 | -68.86 | -61.98 |
| ZL39 | 引水前 | 131.62 | 272.90 | 270.31 | 264.68 | 285.54 | 137.88 | 96.40 | 78.86 | 57.23 | 54.64 | 55.67 | 63.98 |
| | 引水后 | 36.62 | 102.30 | 99.71 | 94.08 | 114.94 | 20.78 | 19.00 | 17.86 | 17.33 | 17.34 | 17.37 | 24.38 |
| | 变化值 | -95.00 | -170.60 | -170.60 | -170.60 | -170.60 | -117.10 | -77.40 | -61.00 | -39.90 | -37.30 | -38.30 | -39.60 |
| | 变化率 | -72.18 | -62.51 | -63.11 | -64.46 | -59.75 | -84.93 | -80.29 | -77.35 | -69.72 | -68.27 | -68.80 | -61.89 |

续表

| 断面 | | 5月 | 6月 | 7月 | 8月 | 9月 | 10月 | 11月 | 12月 | 1月 | 2月 | 3月 | 4月 |
|---|---|---|---|---|---|---|---|---|---|---|---|---|---|
| ZL40 | 引水前 | 131.62 | 272.90 | 270.31 | 264.68 | 285.54 | 137.88 | 96.40 | 78.86 | 57.23 | 54.64 | 55.67 | 63.98 |
| | 引水后 | 36.62 | 102.30 | 99.71 | 94.08 | 114.94 | 20.78 | 19.00 | 17.86 | 17.33 | 17.34 | 17.37 | 24.38 |
| | 变化值 | −95.00 | −170.60 | −170.60 | −170.60 | −170.60 | −117.10 | −77.40 | −61.00 | −39.90 | −37.30 | −38.30 | −39.60 |
| | 变化率 | −72.18 | −62.51 | −63.11 | −64.46 | −59.75 | −84.93 | −80.29 | −77.35 | −69.72 | −68.27 | −68.80 | −61.89 |
| ZL41 | 引水前 | 131.62 | 272.90 | 270.31 | 264.68 | 285.54 | 137.88 | 96.40 | 78.86 | 57.23 | 54.64 | 55.67 | 63.98 |
| | 引水后 | 36.62 | 102.30 | 99.71 | 94.08 | 114.94 | 20.78 | 19.00 | 17.86 | 17.33 | 17.34 | 17.37 | 24.38 |
| | 变化值 | −95.00 | −170.60 | −170.60 | −170.60 | −170.60 | −117.10 | −77.40 | −61.00 | −39.90 | −37.30 | −38.30 | −39.60 |
| | 变化率 | −72.18 | −62.51 | −63.11 | −64.46 | −59.75 | −84.93 | −80.29 | −77.35 | −69.72 | −68.27 | −68.80 | −61.89 |
| ZL42 | 引水前 | 131.62 | 272.90 | 270.31 | 264.68 | 285.54 | 137.88 | 96.40 | 78.86 | 57.23 | 54.64 | 55.67 | 63.98 |
| | 引水后 | 36.62 | 102.30 | 99.71 | 94.08 | 114.94 | 20.78 | 19.00 | 17.86 | 17.33 | 17.34 | 17.37 | 24.38 |
| | 变化值 | −95.00 | −170.60 | −170.60 | −170.60 | −170.60 | −117.10 | −77.40 | −61.00 | −39.90 | −37.30 | −38.30 | −39.60 |
| | 变化率 | −72.18 | −62.51 | −63.11 | −64.46 | −59.75 | −84.93 | −80.29 | −77.35 | −69.72 | −68.27 | −68.80 | −61.89 |
| 厂址 | 引水前 | 132.02 | 273.55 | 271.23 | 265.53 | 286.72 | 138.42 | 96.74 | 79.07 | 57.39 | 54.80 | 55.84 | 64.25 |
| | 引水后 | 37.02 | 102.95 | 100.63 | 94.93 | 116.12 | 21.32 | 19.34 | 18.07 | 17.49 | 17.50 | 17.54 | 24.65 |
| | 变化值 | −95.00 | −170.60 | −170.60 | −170.60 | −170.60 | −117.10 | −77.40 | −61.00 | −39.90 | −37.30 | −38.30 | −39.60 |
| | 变化率 | −71.96 | −62.37 | −62.90 | −64.25 | −59.50 | −84.60 | −80.01 | −77.15 | −69.52 | −68.07 | −68.59 | −61.63 |
| ZL47 | 引水前 | 134.01 | 276.79 | 275.79 | 269.75 | 292.51 | 141.10 | 98.45 | 80.14 | 58.18 | 55.59 | 56.66 | 65.56 |
| | 引水后 | 134.01 | 276.79 | 275.79 | 269.75 | 292.51 | 141.10 | 98.45 | 80.14 | 58.18 | 55.59 | 56.66 | 65.56 |
| | 变化值 | 0.00 | 0.00 | 0.00 | 0.00 | 0.00 | 0.00 | 0.00 | 0.00 | 0.00 | 0.00 | 0.00 | 0.00 |
| | 变化率 | 0.00 | 0.00 | 0.00 | 0.00 | 0.00 | 0.00 | 0.00 | 0.00 | 0.00 | 0.00 | 0.00 | 0.00 |
| ZL47−3 | 引水前 | 134.01 | 276.79 | 275.79 | 269.75 | 292.51 | 141.10 | 98.45 | 80.14 | 58.18 | 55.59 | 56.66 | 65.56 |
| | 引水后 | 134.01 | 276.79 | 275.79 | 269.75 | 292.51 | 141.10 | 98.45 | 80.14 | 58.18 | 55.59 | 56.66 | 65.56 |
| | 变化值 | 0.00 | 0.00 | 0.00 | 0.00 | 0.00 | 0.00 | 0.00 | 0.00 | 0.00 | 0.00 | 0.00 | 0.00 |
| | 变化率 | 0.00 | 0.00 | 0.00 | 0.00 | 0.00 | 0.00 | 0.00 | 0.00 | 0.00 | 0.00 | 0.00 | 0.00 |

续表

| 断面 | | 5月 | 6月 | 7月 | 8月 | 9月 | 10月 | 11月 | 12月 | 1月 | 2月 | 3月 | 4月 |
|---|---|---|---|---|---|---|---|---|---|---|---|---|---|
| ZL58 | 引水前 | 134.01 | 276.79 | 275.79 | 269.75 | 292.51 | 141.10 | 98.45 | 80.14 | 58.18 | 55.59 | 56.66 | 65.56 |
| | 引水后 | 134.01 | 276.79 | 275.79 | 269.75 | 292.51 | 141.10 | 98.45 | 80.14 | 58.18 | 55.59 | 56.66 | 65.56 |
| | 变化值 | 0.00 | 0.00 | 0.00 | 0.00 | 0.00 | 0.00 | 0.00 | 0.00 | 0.00 | 0.00 | 0.00 | 0.00 |
| | 变化率 | 0.00 | 0.00 | 0.00 | 0.00 | 0.00 | 0.00 | 0.00 | 0.00 | 0.00 | 0.00 | 0.00 | 0.00 |
| ZL58-3 | 引水前 | 134.01 | 276.79 | 275.79 | 269.75 | 292.51 | 141.10 | 98.45 | 80.14 | 58.18 | 55.59 | 56.66 | 65.56 |
| | 引水后 | 134.01 | 276.79 | 275.79 | 269.75 | 292.51 | 141.10 | 98.45 | 80.14 | 58.18 | 55.59 | 56.66 | 65.56 |
| | 变化值 | 0.00 | 0.00 | 0.00 | 0.00 | 0.00 | 0.00 | 0.00 | 0.00 | 0.00 | 0.00 | 0.00 | 0.00 |
| | 变化率 | 0.00 | 0.00 | 0.00 | 0.00 | 0.00 | 0.00 | 0.00 | 0.00 | 0.00 | 0.00 | 0.00 | 0.00 |

表 6.3-3　丰水年、优化后研究河段典型断面逐月水位变化

（单位：m）

| 断面 | | 5月 | 6月 | 7月 | 8月 | 9月 | 10月 | 11月 | 12月 | 1月 | 2月 | 3月 | 4月 |
|---|---|---|---|---|---|---|---|---|---|---|---|---|---|
| 坝址 | 引水前 | 2761.33 | 2762.16 | 2762.13 | 2762.11 | 2762.20 | 2761.39 | 2761.11 | 2760.98 | 2760.80 | 2760.78 | 2760.79 | 2760.85 |
| | 引水后 | 2760.46 | 2761.14 | 2761.09 | 2761.06 | 2761.20 | 2760.20 | 2760.20 | 2760.20 | 2760.20 | 2760.20 | 2760.20 | 2760.33 |
| | 变化值 | -0.87 | -1.02 | -1.04 | -1.05 | -1.00 | -1.19 | -0.91 | -0.78 | -0.60 | -0.58 | -0.59 | -0.52 |
| ZL04 | 引水前 | 2723.11 | 2724.05 | 2724.02 | 2723.99 | 2724.09 | 2723.15 | 2722.81 | 2722.65 | 2722.44 | 2722.41 | 2722.42 | 2722.50 |
| | 引水后 | 2722.19 | 2722.84 | 2722.79 | 2722.74 | 2722.91 | 2721.99 | 2721.99 | 2721.99 | 2721.99 | 2721.99 | 2721.99 | 2722.07 |
| | 变化值 | -0.92 | -1.21 | -1.23 | -1.25 | -1.18 | -1.16 | -0.81 | -0.66 | -0.44 | -0.42 | -0.43 | -0.43 |
| ZL05 | 引水前 | 2698.16 | 2698.81 | 2698.79 | 2698.77 | 2698.84 | 2698.21 | 2697.94 | 2697.82 | 2697.64 | 2697.62 | 2697.62 | 2697.69 |
| | 引水后 | 2697.38 | 2697.96 | 2697.92 | 2697.89 | 2698.02 | 2697.20 | 2697.20 | 2697.20 | 2697.20 | 2697.20 | 2697.20 | 2697.29 |
| | 变化值 | -0.78 | -0.85 | -0.87 | -0.88 | -0.82 | -1.01 | -0.74 | -0.62 | -0.44 | -0.42 | -0.42 | -0.40 |
| ZL06 | 引水前 | 2680.45 | 2681.34 | 2681.32 | 2681.29 | 2681.39 | 2680.50 | 2680.15 | 2679.97 | 2679.71 | 2679.69 | 2679.69 | 2679.78 |
| | 引水后 | 2679.35 | 2680.19 | 2680.13 | 2680.08 | 2680.26 | 2679.03 | 2679.03 | 2679.03 | 2679.03 | 2679.03 | 2679.03 | 2679.18 |
| | 变化值 | -1.10 | -1.15 | -1.19 | -1.21 | -1.13 | -1.47 | -1.12 | -0.94 | -0.68 | -0.64 | -0.66 | -0.60 |

续表

| 断面 | | 5月 | 6月 | 7月 | 8月 | 9月 | 10月 | 11月 | 12月 | 1月 | 2月 | 3月 | 4月 |
|---|---|---|---|---|---|---|---|---|---|---|---|---|---|
| ZL.07 | 引水前 | 2660.98 | 2662.59 | 2662.53 | 2662.46 | 2662.71 | 2661.03 | 2660.61 | 2660.42 | 2660.15 | 2660.11 | 2660.13 | 2660.23 |
| | 引水后 | 2659.82 | 2660.64 | 2660.59 | 2660.53 | 2660.74 | 2659.53 | 2659.52 | 2659.52 | 2659.52 | 2659.52 | 2659.52 | 2659.63 |
| | 变化值 | -1.16 | -1.95 | -1.94 | -1.92 | -1.98 | -1.50 | -1.08 | -0.90 | -0.63 | -0.59 | -0.61 | -0.60 |
| ZL.18 | 引水前 | 2508.03 | 2508.58 | 2508.60 | 2508.62 | 2508.53 | 2508.09 | 2507.57 | 2507.30 | 2506.89 | 2506.84 | 2506.86 | 2507.02 |
| | 引水后 | 2506.37 | 2507.63 | 2507.56 | 2507.48 | 2507.76 | 2505.89 | 2505.87 | 2505.86 | 2505.86 | 2505.86 | 2505.86 | 2506.05 |
| | 变化值 | -1.66 | -0.95 | -1.04 | -1.14 | -0.77 | -2.20 | -1.70 | -1.44 | -1.03 | -0.98 | -1.00 | -0.96 |
| ZL.19 | 引水前 | 2499.25 | 2500.26 | 2500.24 | 2500.20 | 2500.31 | 2499.32 | 2498.92 | 2498.74 | 2498.49 | 2498.46 | 2498.48 | 2498.57 |
| | 引水后 | 2498.15 | 2498.96 | 2498.92 | 2498.86 | 2499.05 | 2497.81 | 2497.80 | 2497.80 | 2497.80 | 2497.80 | 2497.80 | 2497.92 |
| | 变化值 | -1.10 | -1.30 | -1.32 | -1.34 | -1.26 | -1.51 | -1.12 | -0.94 | -0.69 | -0.66 | -0.68 | -0.65 |
| ZL.20 | 引水前 | 2497.25 | 2498.31 | 2498.29 | 2498.26 | 2498.38 | 2497.32 | 2496.87 | 2496.66 | 2496.36 | 2496.31 | 2496.34 | 2496.45 |
| | 引水后 | 2495.92 | 2496.92 | 2496.86 | 2496.80 | 2497.06 | 2495.48 | 2495.47 | 2495.46 | 2495.46 | 2495.46 | 2495.46 | 2495.63 |
| | 变化值 | -1.33 | -1.39 | -1.43 | -1.46 | -1.32 | -1.84 | -1.40 | -1.20 | -0.90 | -0.85 | -0.88 | -0.82 |
| ZL.21 | 引水前 | 2493.63 | 2494.58 | 2494.56 | 2494.53 | 2494.63 | 2493.68 | 2493.33 | 2493.17 | 2492.95 | 2492.92 | 2492.93 | 2493.01 |
| | 引水后 | 2492.71 | 2493.36 | 2493.32 | 2493.28 | 2493.45 | 2492.51 | 2492.51 | 2492.50 | 2492.50 | 2492.50 | 2492.50 | 2492.58 |
| | 变化值 | -0.93 | -1.22 | -1.23 | -1.25 | -1.18 | -1.16 | -0.82 | -0.66 | -0.45 | -0.42 | -0.43 | -0.44 |
| ZL.28 | 引水前 | 2402.15 | 2402.89 | 2402.89 | 2402.86 | 2402.95 | 2402.21 | 2401.93 | 2401.78 | 2401.59 | 2401.56 | 2401.57 | 2401.66 |
| | 引水后 | 2401.33 | 2401.98 | 2401.94 | 2401.89 | 2402.09 | 2401.04 | 2401.03 | 2401.01 | 2401.01 | 2401.01 | 2401.01 | 2401.09 |
| | 变化值 | -0.82 | -0.91 | -0.95 | -0.97 | -0.86 | -1.17 | -0.90 | -0.77 | -0.58 | -0.55 | -0.56 | -0.57 |
| ZL.34 | 引水前 | 2292.43 | 2293.47 | 2293.45 | 2293.42 | 2293.53 | 2292.49 | 2292.07 | 2291.86 | 2291.58 | 2291.55 | 2291.56 | 2291.67 |
| | 引水后 | 2291.20 | 2292.14 | 2292.07 | 2292.01 | 2292.23 | 2290.80 | 2290.79 | 2290.77 | 2290.76 | 2290.76 | 2290.76 | 2290.90 |
| | 变化值 | -1.23 | -1.33 | -1.38 | -1.41 | -1.30 | -1.69 | -1.28 | -1.09 | -0.82 | -0.79 | -0.80 | -0.77 |
| ZL.39 | 引水前 | 2231.38 | 2231.54 | 2231.55 | 2231.56 | 2231.51 | 2231.41 | 2231.13 | 2230.96 | 2230.72 | 2230.68 | 2230.70 | 2230.80 |
| | 引水后 | 2230.43 | 2231.18 | 2231.16 | 2231.11 | 2231.28 | 2230.18 | 2230.15 | 2230.13 | 2230.12 | 2230.12 | 2230.12 | 2230.24 |
| | 变化值 | -0.95 | -0.36 | -0.39 | -0.45 | -0.23 | -1.23 | -0.98 | -0.83 | -0.59 | -0.56 | -0.57 | -0.56 |

续表

| 断面 | | 5月 | 6月 | 7月 | 8月 | 9月 | 10月 | 11月 | 12月 | 1月 | 2月 | 3月 | 4月 |
|---|---|---|---|---|---|---|---|---|---|---|---|---|---|
| ZL40 | 引水前 | 2225.82 | 2227.15 | 2227.14 | 2227.10 | 2227.23 | 2225.86 | 2225.68 | 2225.46 | 2225.19 | 2225.14 | 2225.16 | 2225.27 |
| | 引水后 | 2224.86 | 2225.74 | 2225.71 | 2225.65 | 2225.87 | 2224.47 | 2224.41 | 2224.37 | 2224.36 | 2224.36 | 2224.36 | 2224.57 |
| | 变化值 | -0.96 | -1.41 | -1.43 | -1.45 | -1.36 | -1.39 | -1.27 | -1.09 | -0.83 | -0.78 | -0.80 | -0.70 |
| ZL41 | 引水前 | 2219.77 | 2220.96 | 2220.94 | 2220.89 | 2221.03 | 2219.85 | 2219.43 | 2219.24 | 2218.97 | 2218.94 | 2219.95 | 2219.04 |
| | 引水后 | 2218.68 | 2219.49 | 2219.46 | 2219.43 | 2219.62 | 2217.93 | 2217.91 | 2217.90 | 2217.89 | 2217.89 | 2217.89 | 2218.14 |
| | 变化值 | -1.09 | -1.47 | -1.48 | -1.46 | -1.41 | -1.92 | -1.52 | -1.34 | -1.08 | -1.05 | -2.06 | -0.90 |
| ZL42 | 引水前 | 2208.41 | 2209.15 | 2209.13 | 2209.08 | 2209.21 | 2208.48 | 2208.14 | 2207.97 | 2207.74 | 2207.72 | 2207.73 | 2207.81 |
| | 引水后 | 2207.47 | 2208.20 | 2208.18 | 2208.16 | 2208.35 | 2207.21 | 2207.19 | 2207.17 | 2207.16 | 2207.16 | 2207.16 | 2207.30 |
| | 变化值 | -0.94 | -0.95 | -0.95 | -0.92 | -0.86 | -1.27 | -0.95 | -0.80 | -0.58 | -0.56 | -0.57 | -0.51 |
| 厂址 | 引水前 | 2117.24 | 2117.93 | 2117.92 | 2117.88 | 2117.98 | 2117.33 | 2117.05 | 2116.93 | 2116.75 | 2116.72 | 2116.73 | 2116.81 |
| | 引水后 | 2116.56 | 2117.16 | 2117.14 | 2117.08 | 2117.29 | 2116.26 | 2116.24 | 2116.23 | 2116.22 | 2116.22 | 2116.22 | 2116.37 |
| | 变化值 | -0.68 | -0.77 | -0.78 | -0.80 | -0.69 | -1.07 | -0.81 | -0.70 | -0.53 | -0.50 | -0.51 | -0.44 |
| ZL47 | 引水前 | 2096.12 | 2096.96 | 2096.94 | 2096.89 | 2097.08 | 2096.17 | 2095.86 | 2095.71 | 2095.51 | 2095.47 | 2095.48 | 2095.59 |
| | 引水后 | 2096.12 | 2096.96 | 2096.94 | 2096.89 | 2097.08 | 2096.17 | 2095.86 | 2095.71 | 2095.51 | 2095.47 | 2095.48 | 2095.59 |
| | 变化值 | 0.00 | 0.00 | 0.00 | 0.00 | 0.00 | 0.00 | 0.00 | 0.00 | 0.00 | 0.00 | 0.00 | 0.00 |
| ZL47-3 | 引水前 | 2084.31 | 2085.14 | 2085.10 | 2085.07 | 2085.25 | 2084.37 | 2084.07 | 2083.93 | 2083.75 | 2083.76 | 2083.81 | 2083.87 |
| | 引水后 | 2084.31 | 2085.14 | 2085.10 | 2085.07 | 2085.25 | 2084.37 | 2084.07 | 2083.93 | 2083.75 | 2083.76 | 2083.81 | 2083.87 |
| | 变化值 | 0.00 | 0.00 | 0.00 | 0.00 | 0.00 | 0.00 | 0.00 | 0.00 | 0.00 | 0.00 | 0.00 | 0.00 |
| ZL58 | 引水前 | 1871.88 | 1873.08 | 1873.06 | 1873.01 | 1873.16 | 1871.90 | 1871.09 | 1870.92 | 1870.81 | 1870.77 | 1870.79 | 1870.84 |
| | 引水后 | 1871.88 | 1873.08 | 1873.06 | 1873.01 | 1873.16 | 1871.90 | 1871.09 | 1870.92 | 1870.81 | 1870.77 | 1870.79 | 1870.84 |
| | 变化值 | 0.00 | 0.00 | 0.00 | 0.00 | 0.00 | 0.00 | 0.00 | 0.00 | 0.00 | 0.00 | 0.00 | 0.00 |
| ZL58-3 | 引水前 | 1852.89 | 1853.67 | 1853.66 | 1853.58 | 1853.79 | 1852.97 | 1852.68 | 1852.55 | 1852.36 | 1852.32 | 1852.33 | 1852.42 |
| | 引水后 | 1852.89 | 1853.67 | 1853.66 | 1853.58 | 1853.79 | 1852.97 | 1852.68 | 1852.55 | 1852.36 | 1852.32 | 1852.33 | 1852.42 |
| | 变化值 | 0.00 | 0.00 | 0.00 | 0.00 | 0.00 | 0.00 | 0.00 | 0.00 | 0.00 | 0.00 | 0.00 | 0.00 |

表6.3-4　丰水年、优化后研究河段典型断面逐月最大水深变化

（单位：m）

| 断面 | | 5月 | 6月 | 7月 | 8月 | 9月 | 10月 | 11月 | 12月 | 1月 | 2月 | 3月 | 4月 |
|---|---|---|---|---|---|---|---|---|---|---|---|---|---|
| 坝址 | 引水前 | 1.95 | 2.78 | 2.75 | 2.73 | 2.82 | 2.01 | 1.73 | 1.60 | 1.42 | 1.40 | 1.41 | 1.47 |
| | 引水后 | 1.08 | 1.76 | 1.72 | 1.68 | 1.82 | 0.83 | 0.83 | 0.83 | 0.83 | 0.83 | 0.83 | 0.95 |
| | 变化值 | -0.87 | -1.02 | -1.03 | -1.05 | -1.00 | -1.18 | -0.90 | -0.77 | -0.59 | -0.57 | -0.58 | -0.52 |
| ZL04 | 引水前 | 1.85 | 2.79 | 2.76 | 2.73 | 2.83 | 1.89 | 1.55 | 1.39 | 1.18 | 1.15 | 1.16 | 1.24 |
| | 引水后 | 0.93 | 1.58 | 1.53 | 1.48 | 1.65 | 0.73 | 0.73 | 0.73 | 0.73 | 0.73 | 0.73 | 0.81 |
| | 变化值 | -0.92 | -1.21 | -1.23 | -1.25 | -1.18 | -1.16 | -0.81 | -0.66 | -0.44 | -0.42 | -0.43 | -0.43 |
| ZL05 | 引水前 | 1.70 | 2.42 | 2.40 | 2.37 | 2.45 | 1.76 | 1.47 | 1.34 | 1.14 | 1.12 | 1.12 | 1.20 |
| | 引水后 | 0.86 | 1.49 | 1.46 | 1.41 | 1.56 | 0.67 | 0.67 | 0.67 | 0.67 | 0.67 | 0.67 | 0.76 |
| | 变化值 | -0.85 | -0.93 | -0.94 | -0.96 | -0.89 | -1.09 | -0.80 | -0.67 | -0.47 | -0.45 | -0.45 | -0.44 |
| ZL06 | 引水前 | 2.53 | 3.42 | 3.40 | 3.37 | 3.47 | 2.58 | 2.23 | 2.05 | 1.79 | 1.75 | 1.77 | 1.86 |
| | 引水后 | 1.43 | 2.27 | 2.21 | 2.16 | 2.34 | 1.12 | 1.12 | 1.12 | 1.12 | 1.12 | 1.13 | 1.26 |
| | 变化值 | -1.10 | -1.15 | -1.19 | -1.21 | -1.13 | -1.46 | -1.11 | -0.93 | -0.67 | -0.63 | -0.64 | -0.60 |
| ZL07 | 引水前 | 2.03 | 3.64 | 3.58 | 3.51 | 3.76 | 2.08 | 1.66 | 1.47 | 1.20 | 1.17 | 1.18 | 1.28 |
| | 引水后 | 0.87 | 1.70 | 1.64 | 1.59 | 1.79 | 0.58 | 0.58 | 0.57 | 0.57 | 0.57 | 0.57 | 0.68 |
| | 变化值 | -1.16 | -1.95 | -1.94 | -1.92 | -1.98 | -1.50 | -1.08 | -0.90 | -0.63 | -0.59 | -0.61 | -0.60 |
| ZL18 | 引水前 | 3.08 | 3.64 | 3.66 | 3.68 | 3.59 | 3.14 | 2.62 | 2.35 | 1.94 | 1.88 | 1.90 | 2.06 |
| | 引水后 | 1.41 | 2.68 | 2.61 | 2.53 | 2.81 | 0.93 | 0.91 | 0.90 | 0.90 | 0.90 | 0.90 | 1.09 |
| | 变化值 | -1.67 | -0.97 | -1.05 | -1.15 | -0.79 | -2.21 | -1.71 | -1.44 | -1.04 | -0.98 | -1.00 | -0.97 |
| ZL19 | 引水前 | 2.32 | 3.34 | 3.31 | 3.27 | 3.38 | 2.39 | 1.99 | 1.81 | 1.56 | 1.53 | 1.55 | 1.64 |
| | 引水后 | 1.23 | 2.03 | 1.98 | 1.92 | 2.14 | 0.90 | 0.89 | 0.88 | 0.88 | 0.88 | 0.88 | 0.96 |
| | 变化值 | -1.09 | -1.30 | -1.33 | -1.35 | -1.24 | -1.50 | -1.11 | -0.94 | -0.69 | -0.66 | -0.68 | -0.68 |
| ZL20 | 引水前 | 3.20 | 4.26 | 4.24 | 4.21 | 4.33 | 3.27 | 2.82 | 2.61 | 2.31 | 2.26 | 2.29 | 2.40 |
| | 引水后 | 1.87 | 2.87 | 2.82 | 2.75 | 2.98 | 1.43 | 1.40 | 1.41 | 1.40 | 1.40 | 1.40 | 1.50 |
| | 变化值 | -1.33 | -1.39 | -1.42 | -1.46 | -1.35 | -1.84 | -1.41 | -1.20 | -0.91 | -0.86 | -0.89 | -0.90 |

续表

| 断面 | | 5月 | 6月 | 7月 | 8月 | 9月 | 10月 | 11月 | 12月 | 1月 | 2月 | 3月 | 4月 |
|---|---|---|---|---|---|---|---|---|---|---|---|---|---|
| ZL21 | 引水前 | 1.82 | 2.76 | 2.74 | 2.71 | 2.81 | 1.86 | 1.51 | 1.35 | 1.13 | 1.10 | 1.11 | 1.19 |
| | 引水后 | 0.89 | 1.54 | 1.51 | 1.46 | 1.63 | 0.70 | 0.69 | 0.68 | 0.68 | 0.68 | 0.68 | 0.76 |
| | 变化值 | -0.93 | -1.22 | -1.23 | -1.25 | -1.18 | -1.16 | -0.82 | -0.66 | -0.45 | -0.42 | -0.43 | -0.44 |
| ZL28 | 引水前 | 1.95 | 2.69 | 2.69 | 2.66 | 2.75 | 2.01 | 1.73 | 1.58 | 1.39 | 1.36 | 1.37 | 1.46 |
| | 引水后 | 1.14 | 1.77 | 1.73 | 1.68 | 1.84 | 0.84 | 0.82 | 0.81 | 0.80 | 0.80 | 0.80 | 0.90 |
| | 变化值 | -0.81 | -0.92 | -0.96 | -0.98 | -0.91 | -1.17 | -0.91 | -0.77 | -0.59 | -0.56 | -0.57 | -0.56 |
| ZL34 | 引水前 | 2.73 | 3.77 | 3.75 | 3.72 | 3.83 | 2.79 | 2.37 | 2.16 | 1.88 | 1.85 | 1.86 | 1.97 |
| | 引水后 | 1.51 | 2.43 | 2.38 | 2.31 | 2.52 | 1.08 | 1.07 | 1.06 | 1.05 | 1.05 | 1.05 | 1.19 |
| | 变化值 | -1.22 | -1.34 | -1.37 | -1.41 | -1.31 | -1.71 | -1.30 | -1.10 | -0.83 | -0.80 | -0.81 | -0.78 |
| ZL39 | 引水前 | 1.98 | 2.14 | 2.15 | 2.16 | 2.11 | 2.01 | 1.73 | 1.56 | 1.31 | 1.28 | 1.29 | 1.40 |
| | 引水后 | 1.03 | 1.78 | 1.76 | 1.71 | 1.87 | 0.78 | 0.75 | 0.73 | 0.72 | 0.72 | 0.72 | 0.84 |
| | 变化值 | -0.95 | -0.36 | -0.39 | -0.45 | -0.23 | -1.23 | -0.98 | -0.83 | -0.59 | -0.56 | -0.57 | -0.56 |
| ZL40 | 引水前 | 2.52 | 3.85 | 3.84 | 3.80 | 3.93 | 2.56 | 2.38 | 2.16 | 1.89 | 1.84 | 1.86 | 1.97 |
| | 引水后 | 1.56 | 2.44 | 2.41 | 2.35 | 2.57 | 1.17 | 1.11 | 1.07 | 1.06 | 1.06 | 1.06 | 1.27 |
| | 变化值 | -0.96 | -1.41 | -1.43. | -1.45 | -1.36 | -1.39 | -1.27 | -1.09 | -0.83 | -0.78 | -0.80 | -0.70 |
| ZL41 | 引水前 | 3.31 | 4.50 | 4.48 | 4.43 | 4.57 | 3.39 | 2.97 | 2.78 | 2.51 | 2.48 | 3.49 | 2.58 |
| | 引水后 | 2.19 | 3.02 | 2.97 | 2.91 | 3.13 | 1.50 | 1.47 | 1.46 | 1.45 | 1.45 | 1.45 | 1.60 |
| | 变化值 | -1.12 | -1.48 | -1.51 | -1.52 | -1.44 | -1.89 | -1.50 | -1.32 | -1.06 | -1.03 | -2.04 | -0.98 |
| ZL42 | 引水前 | 2.32 | 3.06 | 3.04 | 2.99 | 3.12 | 2.39 | 2.05 | 1.88 | 1.65 | 1.63 | 1.64 | 1.72 |
| | 引水后 | 1.39 | 2.11 | 2.07 | 2.01 | 2.23 | 1.11 | 1.09 | 1.08 | 1.07 | 1.07 | 1.07 | 1.14 |
| | 变化值 | -0.93 | -0.95 | -0.97 | -0.98 | -0.89 | -1.28 | -0.96 | -0.80 | -0.58 | -0.56 | -0.57 | -0.58 |
| 厂址 | 引水前 | 1.64 | 2.33 | 2.32 | 2.28 | 2.38 | 1.73 | 1.45 | 1.33 | 1.15 | 1.12 | 1.13 | 1.21 |
| | 引水后 | 0.92 | 1.56 | 1.54 | 1.48 | 1.69 | 0.67 | 0.65 | 0.64 | 0.63 | 0.63 | 0.63 | 0.73 |
| | 变化值 | -0.72 | -0.77 | -0.78 | -0.80 | -0.69 | -1.06 | -0.80 | -0.69 | -0.52 | -0.49 | -0.50 | -0.48 |

续表

| 断面 | | 5月 | 6月 | 7月 | 8月 | 9月 | 10月 | 11月 | 12月 | 1月 | 2月 | 3月 | 4月 |
|---|---|---|---|---|---|---|---|---|---|---|---|---|---|
| ZL47 | 引水前 | 1.87 | 2.71 | 2.69 | 2.64 | 2.83 | 1.92 | 1.61 | 1.46 | 1.26 | 1.22 | 1.23 | 1.34 |
| | 引水后 | 1.87 | 2.71 | 2.69 | 2.64 | 2.83 | 1.92 | 1.61 | 1.46 | 1.26 | 1.22 | 1.23 | 1.34 |
| | 变化值 | 0.00 | 0.00 | 0.00 | 0.00 | 0.00 | 0.00 | 0.00 | 0.00 | 0.00 | 0.00 | 0.00 | 0.00 |
| ZL47-3 | 引水前 | 2.02 | 2.85 | 2.81 | 2.78 | 2.96 | 2.08 | 1.78 | 1.64 | 1.46 | 1.47 | 1.52 | 1.58 |
| | 引水后 | 2.02 | 2.85 | 2.81 | 2.78 | 2.96 | 2.08 | 1.78 | 1.64 | 1.46 | 1.47 | 1.52 | 1.58 |
| | 变化值 | 0.00 | 0.00 | 0.00 | 0.00 | 0.00 | 0.00 | 0.00 | 0.00 | 0.00 | 0.00 | 0.00 | 0.00 |
| ZL58 | 引水前 | 3.98 | 5.18 | 5.16 | 5.11 | 5.26 | 4.00 | 3.19 | 3.02 | 2.91 | 2.87 | 2.89 | 2.94 |
| | 引水后 | 3.98 | 5.18 | 5.16 | 5.11 | 5.26 | 4.00 | 3.19 | 3.02 | 2.91 | 2.87 | 2.89 | 2.94 |
| | 变化值 | 0.00 | 0.00 | 0.00 | 0.00 | 0.00 | 0.00 | 0.00 | 0.00 | 0.00 | 0.00 | 0.00 | 0.00 |
| ZL58-3 | 引水前 | 1.72 | 2.50 | 2.49 | 2.41 | 2.62 | 1.80 | 1.51 | 1.38 | 1.19 | 1.15 | 1.16 | 1.25 |
| | 引水后 | 1.72 | 2.50 | 2.49 | 2.41 | 2.62 | 1.80 | 1.51 | 1.38 | 1.19 | 1.15 | 1.16 | 1.25 |
| | 变化值 | 0.00 | 0.00 | 0.00 | 0.00 | 0.00 | 0.00 | 0.00 | 0.00 | 0.00 | 0.00 | 0.00 | 0.00 |

**表 6.3-5　丰水年、优化后研究河段典型断面平均水深变化**

（单位：m）

| 断面 | | 5月 | 6月 | 7月 | 8月 | 9月 | 10月 | 11月 | 12月 | 1月 | 2月 | 3月 | 4月 |
|---|---|---|---|---|---|---|---|---|---|---|---|---|---|
| 坝址 | 引水前 | 1.37 | 2.07 | 2.05 | 2.08 | 2.03 | 2.03 | 1.22 | 0.96 | 0.78 | 0.75 | 0.77 | 0.83 |
| | 引水后 | 0.60 | 1.24 | 1.17 | 1.29 | 1.06 | 1.06 | 0.45 | 0.45 | 0.45 | 0.45 | 0.46 | 0.54 |
| | 变化值 | -0.77 | -0.83 | -0.88 | -0.79 | -0.97 | -0.97 | -0.77 | -0.51 | -0.32 | -0.30 | -0.31 | -0.29 |
| ZL04 | 引水前 | 1.27 | 2.10 | 2.07 | 2.14 | 2.04 | 2.04 | 1.03 | 0.91 | 0.74 | 0.72 | 0.73 | 0.79 |
| | 引水后 | 0.56 | 1.05 | 1.01 | 1.11 | 0.98 | 0.98 | 0.41 | 0.41 | 0.41 | 0.41 | 0.41 | 0.47 |
| | 变化值 | -0.71 | -1.05 | -1.06 | -1.03 | -1.06 | -1.07 | -0.61 | -0.49 | -0.33 | -0.31 | -0.32 | -0.32 |
| ZL05 | 引水前 | 1.05 | 1.47 | 1.46 | 1.48 | 1.45 | 1.45 | 0.93 | 0.82 | 0.76 | 0.74 | 0.75 | 0.79 |
| | 引水后 | 0.58 | 0.97 | 0.91 | 1.06 | 0.88 | 0.88 | 0.43 | 0.43 | 0.43 | 0.43 | 0.43 | 0.51 |
| | 变化值 | -0.47 | -0.50 | -0.55 | -0.42 | -0.57 | -0.57 | -0.50 | -0.39 | -0.33 | -0.31 | -0.32 | -0.28 |

续表

| 断面 | | 5月 | 6月 | 7月 | 8月 | 9月 | 10月 | 11月 | 12月 | 1月 | 2月 | 3月 | 4月 |
|---|---|---|---|---|---|---|---|---|---|---|---|---|---|
| ZL06 | 引水前 | 1.01 | 1.42 | 1.41 | 1.39 | 1.43 | 1.19 | 0.98 | 0.81 | 0.73 | 0.72 | 0.73 | 0.76 |
| | 引水后 | 0.56 | 1.02 | 0.92 | 0.85 | 1.08 | 0.43 | 0.43 | 0.43 | 0.43 | 0.44 | 0.43 | 0.52 |
| | 变化值 | -0.45 | -0.40 | -0.49 | -0.54 | -0.35 | -0.76 | -0.55 | -0.38 | -0.30 | -0.28 | -0.29 | -0.24 |
| ZL07 | 引水前 | 1.59 | 2.71 | 2.67 | 2.62 | 2.78 | 1.63 | 1.29 | 1.14 | 0.92 | 0.89 | 0.90 | 0.98 |
| | 引水后 | 0.65 | 1.32 | 1.28 | 1.23 | 1.40 | 0.43 | 0.42 | 0.42 | 0.42 | 0.42 | 0.42 | 0.51 |
| | 变化值 | -0.94 | -1.38 | -1.39 | -1.39 | -1.38 | -1.21 | -0.87 | -0.72 | -0.50 | -0.47 | -0.48 | -0.47 |
| ZL18 | 引水前 | 1.61 | 2.71 | 2.68 | 2.63 | 2.79 | 1.64 | 1.30 | 1.14 | 0.92 | 0.89 | 0.90 | 0.99 |
| | 引水后 | 0.66 | 1.33 | 1.29 | 1.24 | 1.41 | 0.44 | 0.43 | 0.43 | 0.42 | 0.42 | 0.42 | 0.51 |
| | 变化值 | -0.95 | -1.38 | -1.39 | -1.39 | -1.38 | -1.20 | -0.87 | -0.71 | -0.50 | -0.47 | -0.48 | -0.47 |
| ZL19 | 引水前 | 1.57 | 2.25 | 2.22 | 2.20 | 2.27 | 1.58 | 1.32 | 1.14 | 1.00 | 0.97 | 0.98 | 1.05 |
| | 引水后 | 0.77 | 1.39 | 1.28 | 1.20 | 1.46 | 0.45 | 0.45 | 0.45 | 0.45 | 0.45 | 0.45 | 0.51 |
| | 变化值 | -0.80 | -0.86 | -0.94 | -1.00 | -0.81 | -1.13 | -0.86 | -0.69 | -0.55 | -0.52 | -0.53 | -0.54 |
| ZL20 | 引水前 | 1.56 | 2.28 | 2.26 | 2.24 | 2.32 | 1.59 | 1.30 | 1.14 | 1.02 | 0.98 | 0.99 | 1.06 |
| | 引水后 | 0.73 | 1.34 | 1.24 | 1.19 | 1.42 | 0.46 | 0.45 | 0.45 | 0.45 | 0.45 | 0.45 | 0.54 |
| | 变化值 | -0.83 | -0.94 | -1.02 | -1.05 | -0.90 | -1.13 | -0.85 | -0.69 | -0.57 | -0.53 | -0.54 | -0.52 |
| ZL21 | 引水前 | 0.94 | 1.36 | 1.35 | 1.34 | 1.39 | 0.96 | 0.80 | 0.72 | 0.62 | 0.61 | 0.61 | 0.65 |
| | 引水后 | 0.51 | 0.82 | 0.80 | 0.77 | 0.86 | 0.42 | 0.41 | 0.41 | 0.41 | 0.41 | 0.41 | 0.45 |
| | 变化值 | -0.43 | -0.55 | -0.56 | -0.57 | -0.53 | -0.55 | -0.39 | -0.31 | -0.21 | -0.20 | -0.20 | -0.21 |
| ZL28 | 引水前 | 1.19 | 1.53 | 1.51 | 1.50 | 1.56 | 1.30 | 1.04 | 0.96 | 0.85 | 0.83 | 0.84 | 0.90 |
| | 引水后 | 0.70 | 1.10 | 1.01 | 0.86 | 1.19 | 0.52 | 0.51 | 0.50 | 0.50 | 0.50 | 0.50 | 0.60 |
| | 变化值 | -0.49 | -0.43 | -0.50 | -0.64 | -0.37 | -0.78 | -0.53 | -0.46 | -0.35 | -0.33 | -0.34 | -0.30 |
| ZL34 | 引水前 | 1.09 | 1.42 | 1.40 | 1.39 | 1.45 | 1.21 | 1.04 | 0.95 | 0.85 | 0.82 | 0.83 | 0.89 |
| | 引水后 | 0.70 | 1.08 | 1.00 | 0.88 | 1.16 | 0.50 | 0.49 | 0.48 | 0.48 | 0.48 | 0.48 | 0.56 |
| | 变化值 | -0.39 | -0.34 | -0.40 | -0.51 | -0.29 | -0.71 | -0.55 | -0.47 | -0.37 | -0.34 | -0.35 | -0.33 |

续表

| 断面 | | 5月 | 6月 | 7月 | 8月 | 9月 | 10月 | 11月 | 12月 | 1月 | 2月 | 3月 | 4月 |
|---|---|---|---|---|---|---|---|---|---|---|---|---|---|
| ZL39 | 引水前 | 1.31 | 1.72 | 1.71 | 1.70 | 1.73 | 1.34 | 1.12 | 1.00 | 0.83 | 0.81 | 0.82 | 0.89 |
| | 引水后 | 0.65 | 1.15 | 1.14 | 1.10 | 1.23 | 0.49 | 0.47 | 0.45 | 0.45 | 0.45 | 0.45 | 0.52 |
| | 变化值 | -0.67 | -0.56 | -0.57 | -0.60 | -0.51 | -0.86 | -0.65 | -0.55 | -0.38 | -0.36 | -0.37 | -0.36 |
| ZL40 | 引水前 | 1.08 | 1.66 | 1.65 | 1.63 | 1.69 | 1.10 | 1.02 | 0.93 | 0.81 | 0.79 | 0.80 | 0.85 |
| | 引水后 | 0.67 | 1.05 | 1.04 | 1.01 | 1.11 | 0.50 | 0.48 | 0.46 | 0.45 | 0.45 | 0.45 | 0.55 |
| | 变化值 | -0.41 | -0.61 | -0.61 | -0.62 | -0.58 | -0.60 | -0.55 | -0.47 | -0.36 | -0.34 | -0.35 | -0.30 |
| ZL41 | 引水前 | 0.93 | 1.64 | 1.60 | 1.58 | 1.67 | 1.20 | 0.93 | 0.81 | 0.73 | 0.70 | 0.71 | 0.76 |
| | 引水后 | 0.59 | 0.96 | 0.93 | 0.82 | 1.08 | 0.46 | 0.45 | 0.44 | 0.44 | 0.44 | 0.44 | 0.54 |
| | 变化值 | -0.34 | -0.68 | -0.67 | -0.76 | -0.59 | -0.74 | -0.48 | -0.37 | -0.29 | -0.26 | -0.27 | -0.22 |
| ZL42 | 引水前 | 1.45 | 2.24 | 2.21 | 2.18 | 2.26 | 1.63 | 1.24 | 1.13 | 0.99 | 0.96 | 0.97 | 1.05 |
| | 引水后 | 0.75 | 1.32 | 1.26 | 1.08 | 1.41 | 0.47 | 0.46 | 0.45 | 0.44 | 0.44 | 0.44 | 0.58 |
| | 变化值 | -0.70 | -0.92 | -0.95 | -1.10 | -0.85 | -1.16 | -0.78 | -0.68 | -0.55 | -0.52 | -0.53 | -0.47 |
| 厂址 | 引水前 | 1.01 | 1.56 | 1.54 | 1.53 | 1.59 | 1.02 | 0.89 | 0.80 | 0.69 | 0.66 | 0.67 | 0.74 |
| | 引水后 | 0.64 | 0.94 | 0.85 | 0.78 | 1.01 | 0.48 | 0.47 | 0.46 | 0.44 | 0.44 | 0.44 | 0.54 |
| | 变化值 | -0.37 | -0.62 | -0.69 | -0.75 | -0.58 | -0.54 | -0.42 | -0.34 | -0.25 | -0.22 | -0.23 | -0.20 |
| ZL47 | 引水前 | 1.38 | 2.21 | 2.17 | 2.13 | 2.24 | 1.42 | 1.17 | 1.06 | 0.91 | 0.87 | 0.88 | 0.98 |
| | 引水后 | 1.38 | 2.21 | 2.17 | 2.13 | 2.24 | 1.42 | 1.17 | 1.06 | 0.91 | 0.87 | 0.88 | 0.98 |
| | 变化值 | 0.00 | 0.00 | 0.00 | 0.00 | 0.00 | 0.00 | 0.00 | 0.00 | 0.00 | 0.00 | 0.00 | 0.00 |
| ZL47-3 | 引水前 | 1.30 | 1.78 | 1.76 | 1.74 | 1.81 | 1.34 | 1.15 | 1.04 | 0.92 | 0.88 | 0.89 | 0.99 |
| | 引水后 | 1.30 | 1.78 | 1.76 | 1.74 | 1.81 | 1.34 | 1.15 | 1.04 | 0.92 | 0.88 | 0.89 | 0.99 |
| | 变化值 | 0.00 | 0.00 | 0.00 | 0.00 | 0.00 | 0.00 | 0.00 | 0.00 | 0.00 | 0.00 | 0.00 | 0.00 |
| ZL58 | 引水前 | 1.45 | 1.84 | 1.82 | 1.80 | 1.86 | 1.48 | 1.33 | 1.24 | 1.11 | 1.07 | 1.08 | 1.18 |
| | 引水后 | 1.45 | 1.84 | 1.82 | 1.80 | 1.86 | 1.48 | 1.33 | 1.24 | 1.11 | 1.07 | 1.08 | 1.18 |
| | 变化值 | 0.00 | 0.00 | 0.00 | 0.00 | 0.00 | 0.00 | 0.00 | 0.00 | 0.00 | 0.00 | 0.00 | 0.00 |
| ZL58-3 | 引水前 | 1.14 | 1.59 | 1.56 | 1.54 | 1.62 | 1.17 | 1.02 | 0.92 | 0.79 | 0.75 | 0.76 | 0.84 |
| | 引水后 | 1.14 | 1.59 | 1.56 | 1.54 | 1.62 | 1.17 | 1.02 | 0.92 | 0.79 | 0.75 | 0.76 | 0.84 |
| | 变化值 | 0.00 | 0.00 | 0.00 | 0.00 | 0.00 | 0.00 | 0.00 | 0.00 | 0.00 | 0.00 | 0.00 | 0.00 |

表 6.3-6　丰水年、优化后研究河段典型断面流速变化

（单位：m/s）

| 断面 | | 5月 | 6月 | 7月 | 8月 | 9月 | 10月 | 11月 | 12月 | 1月 | 2月 | 3月 | 4月 |
|---|---|---|---|---|---|---|---|---|---|---|---|---|---|
| 坝址 | 引水前 | 1.96 | 2.49 | 2.47 | 2.46 | 2.50 | 1.96 | 1.75 | 1.61 | 1.50 | 1.48 | 1.49 | 1.54 |
| | 引水后 | 1.27 | 1.78 | 1.71 | 1.65 | 1.82 | 1.02 | 1.02 | 1.02 | 1.02 | 1.02 | 1.02 | 1.12 |
| | 变化值 | -0.69 | -0.71 | -0.76 | -0.81 | -0.68 | -0.94 | -0.73 | -0.59 | -0.48 | -0.46 | -0.47 | -0.43 |
| | 变化率 | -35.07 | -28.51 | -30.83 | -32.93 | -27.26 | -47.96 | -41.70 | -36.78 | -32.14 | -31.04 | -31.59 | -27.63 |
| ZL04 | 引水前 | 1.93 | 2.78 | 2.76 | 2.73 | 2.82 | 1.97 | 1.65 | 1.50 | 1.30 | 1.27 | 1.28 | 1.36 |
| | 引水后 | 1.07 | 1.67 | 1.63 | 1.59 | 1.74 | 0.88 | 0.88 | 0.88 | 0.88 | 0.88 | 0.88 | 0.95 |
| | 变化值 | -0.86 | -1.11 | -1.13 | -1.15 | -1.08 | -1.09 | -0.77 | -0.62 | -0.42 | -0.40 | -0.41 | -0.41 |
| | 变化率 | -44.75 | -39.86 | -40.89 | -41.96 | -38.27 | -55.35 | -46.63 | -41.43 | -32.40 | -31.03 | -31.56 | -30.19 |
| ZL05 | 引水前 | 1.72 | 2.15 | 2.14 | 2.13 | 2.16 | 1.72 | 1.51 | 1.41 | 1.27 | 1.25 | 1.26 | 1.31 |
| | 引水后 | 1.06 | 1.57 | 1.48 | 1.46 | 1.61 | 0.85 | 0.85 | 0.85 | 0.85 | 0.85 | 0.85 | 0.93 |
| | 变化值 | -0.66 | -0.58 | -0.66 | -0.67 | -0.55 | -0.87 | -0.66 | -0.56 | -0.41 | -0.39 | -0.40 | -0.38 |
| | 变化率 | -38.49 | -26.99 | -30.70 | -31.31 | -25.48 | -50.39 | -43.72 | -39.56 | -32.69 | -31.62 | -32.16 | -29.17 |
| ZL06 | 引水前 | 1.52 | 1.88 | 1.87 | 1.86 | 1.89 | 1.52 | 1.38 | 1.26 | 1.15 | 1.14 | 1.15 | 1.20 |
| | 引水后 | 0.99 | 1.43 | 1.35 | 1.30 | 1.46 | 0.79 | 0.79 | 0.79 | 0.79 | 0.79 | 0.80 | 0.87 |
| | 变化值 | -0.53 | -0.45 | -0.52 | -0.56 | -0.43 | -0.73 | -0.59 | -0.47 | -0.36 | -0.35 | -0.35 | -0.32 |
| | 变化率 | -35.06 | -24.04 | -27.96 | -30.14 | -22.81 | -48.10 | -42.66 | -37.38 | -31.58 | -30.41 | -30.56 | -27.01 |
| ZL07 | 引水前 | 2.27 | 2.98 | 2.91 | 2.84 | 3.10 | 2.33 | 1.87 | 1.67 | 1.39 | 1.35 | 1.37 | 1.47 |
| | 引水后 | 1.04 | 1.91 | 1.86 | 1.80 | 2.01 | 0.74 | 0.74 | 0.73 | 0.73 | 0.73 | 0.73 | 0.85 |
| | 变化值 | -1.22 | -1.07 | -1.05 | -1.04 | -1.09 | -1.58 | -1.14 | -0.94 | -0.66 | -0.62 | -0.63 | -0.62 |
| | 变化率 | -54.00 | -35.77 | -36.14 | -36.71 | -35.09 | -68.15 | -60.68 | -56.08 | -47.22 | -45.77 | -46.33 | -42.30 |
| ZL18 | 引水前 | 2.13 | 3.06 | 3.02 | 2.95 | 3.17 | 2.16 | 1.99 | 1.92 | 1.77 | 1.75 | 1.76 | 1.82 |
| | 引水后 | 1.49 | 2.00 | 1.99 | 1.97 | 2.04 | 1.13 | 1.12 | 1.11 | 1.11 | 1.11 | 1.11 | 1.27 |
| | 变化值 | -0.64 | -1.06 | -1.03 | -0.98 | -1.13 | -1.03 | -0.87 | -0.80 | -0.66 | -0.64 | -0.65 | -0.56 |
| | 变化率 | -30.18 | -34.53 | -34.20 | -33.33 | -35.73 | -47.52 | -43.59 | -41.87 | -37.29 | -36.40 | -36.75 | -30.54 |
| ZL19 | 引水前 | 1.67 | 2.05 | 2.03 | 2.01 | 2.09 | 1.67 | 1.52 | 1.41 | 1.35 | 1.31 | 1.32 | 1.38 |
| | 引水后 | 1.18 | 1.57 | 1.51 | 1.48 | 1.65 | 0.97 | 0.96 | 0.96 | 0.96 | 0.96 | 0.96 | 1.03 |
| | 变化值 | -0.49 | -0.48 | -0.52 | -0.53 | -0.44 | -0.70 | -0.56 | -0.45 | -0.39 | -0.35 | -0.36 | -0.35 |
| | 变化率 | -29.34 | -23.41 | -25.71 | -26.37 | -21.05 | -42.12 | -37.08 | -32.06 | -29.04 | -26.87 | -27.42 | -25.36 |

续表

| 断面 | | 5月 | 6月 | 7月 | 8月 | 9月 | 10月 | 11月 | 12月 | 1月 | 2月 | 3月 | 4月 |
|---|---|---|---|---|---|---|---|---|---|---|---|---|---|
| ZL20 | 引水前 | 1.97 | 2.44 | 2.42 | 2.40 | 2.48 | 1.98 | 1.73 | 1.58 | 1.43 | 1.39 | 1.40 | 1.47 |
| | 引水后 | 1.20 | 1.76 | 1.72 | 1.65 | 1.84 | 0.98 | 0.97 | 0.97 | 0.97 | 0.97 | 0.97 | 1.02 |
| | 变化值 | -0.77 | -0.68 | -0.70 | -0.75 | -0.64 | -1.00 | -0.76 | -0.61 | -0.46 | -0.42 | -0.43 | -0.45 |
| | 变化率 | -39.09 | -27.87 | -28.93 | -31.25 | -25.81 | -50.61 | -43.95 | -38.74 | -32.31 | -30.36 | -30.86 | -30.61 |
| ZL21 | 引水前 | 1.29 | 1.50 | 1.50 | 1.50 | 1.50 | 1.31 | 1.17 | 1.10 | 0.99 | 0.98 | 0.98 | 1.02 |
| | 引水后 | 0.87 | 1.18 | 1.17 | 1.15 | 1.22 | 0.76 | 0.76 | 0.76 | 0.75 | 0.75 | 0.75 | 0.80 |
| | 变化值 | -0.42 | -0.32 | -0.33 | -0.35 | -0.28 | -0.54 | -0.41 | -0.34 | -0.24 | -0.22 | -0.23 | -0.23 |
| | 变化率 | -32.78 | -21.23 | -22.29 | -23.63 | -18.92 | -41.67 | -35.03 | -30.98 | -23.87 | -22.80 | -23.22 | -22.11 |
| ZL28 | 引水前 | 2.61 | 3.15 | 3.12 | 3.10 | 3.19 | 2.61 | 2.38 | 2.16 | 2.09 | 2.01 | 2.03 | 2.14 |
| | 引水后 | 1.84 | 2.43 | 2.35 | 2.26 | 2.54 | 1.48 | 1.46 | 1.45 | 1.45 | 1.45 | 1.45 | 1.56 |
| | 变化值 | -0.77 | -0.72 | -0.77 | -0.84 | -0.65 | -1.13 | -0.92 | -0.71 | -0.64 | -0.56 | -0.58 | -0.58 |
| | 变化率 | -29.50 | -22.92 | -24.68 | -27.19 | -20.38 | -43.37 | -38.78 | -33.01 | -30.70 | -28.01 | -28.72 | -27.10 |
| ZL34 | 引水前 | 2.16 | 2.58 | 2.55 | 2.54 | 2.63 | 2.15 | 1.99 | 1.82 | 1.78 | 1.71 | 1.72 | 1.82 |
| | 引水后 | 1.56 | 2.03 | 1.96 | 1.89 | 2.15 | 1.36 | 1.34 | 1.32 | 1.31 | 1.31 | 1.31 | 1.39 |
| | 变化值 | -0.60 | -0.55 | -0.59 | -0.65 | -0.48 | -0.79 | -0.65 | -0.50 | -0.47 | -0.40 | -0.41 | -0.43 |
| | 变化率 | -27.78 | -21.32 | -23.14 | -25.53 | -18.25 | -36.82 | -32.67 | -27.62 | -26.64 | -23.55 | -24.00 | -23.63 |
| ZL39 | 引水前 | 2.20 | 2.68 | 2.68 | 2.67 | 2.70 | 2.24 | 1.94 | 1.77 | 1.53 | 1.50 | 1.51 | 1.61 |
| | 引水后 | 1.27 | 1.99 | 1.97 | 1.92 | 2.09 | 1.03 | 1.01 | 0.99 | 0.98 | 0.98 | 0.98 | 1.09 |
| | 变化值 | -0.94 | -0.70 | -0.71 | -0.76 | -0.61 | -1.21 | -0.93 | -0.78 | -0.55 | -0.52 | -0.53 | -0.52 |
| | 变化率 | -42.53 | -25.93 | -26.66 | -28.30 | -22.59 | -53.91 | -48.04 | -44.19 | -36.07 | -34.73 | -35.24 | -32.40 |
| ZL40 | 引水前 | 2.14 | 2.59 | 2.58 | 2.55 | 2.63 | 2.19 | 1.95 | 1.83 | 1.66 | 1.63 | 1.64 | 1.71 |
| | 引水后 | 1.43 | 1.98 | 1.96 | 1.93 | 2.05 | 1.18 | 1.13 | 1.10 | 1.08 | 1.08 | 1.08 | 1.26 |
| | 变化值 | -0.71 | -0.61 | -0.62 | -0.62 | -0.58 | -1.01 | -0.82 | -0.73 | -0.58 | -0.55 | -0.56 | -0.45 |
| | 变化率 | -33.18 | -23.55 | -24.03 | -24.31 | -22.05 | -46.12 | -42.22 | -40.13 | -34.89 | -33.68 | -34.03 | -26.28 |
| ZL41 | 引水前 | 1.61 | 1.98 | 1.95 | 1.93 | 2.04 | 1.71 | 1.49 | 1.34 | 1.26 | 1.21 | 1.23 | 1.29 |
| | 引水后 | 1.25 | 1.55 | 1.47 | 1.40 | 1.64 | 1.01 | 0.99 | 0.98 | 0.97 | 0.97 | 0.97 | 1.03 |
| | 变化值 | -0.36 | -0.43 | -0.48 | -0.53 | -0.40 | -0.70 | -0.50 | -0.36 | -0.29 | -0.24 | -0.26 | -0.26 |
| | 变化率 | -22.36 | -21.72 | -24.62 | -27.46 | -19.61 | -41.06 | -33.70 | -27.02 | -23.18 | -20.00 | -21.30 | -20.16 |

续表

| 断面 | | 5月 | 6月 | 7月 | 8月 | 9月 | 10月 | 11月 | 12月 | 1月 | 2月 | 3月 | 4月 |
|---|---|---|---|---|---|---|---|---|---|---|---|---|---|
| ZL42 | 引水前 | 1.63 | 2.03 | 2.01 | 1.99 | 2.07 | 1.62 | 1.45 | 1.32 | 1.19 | 1.15 | 1.16 | 1.24 |
| | 引水后 | 1.10 | 1.50 | 1.45 | 1.39 | 1.62 | 0.93 | 0.91 | 0.90 | 0.89 | 0.89 | 0.89 | 0.95 |
| | 变化值 | -0.53 | -0.53 | -0.56 | -0.60 | -0.45 | -0.70 | -0.54 | -0.42 | -0.30 | -0.26 | -0.27 | -0.29 |
| | 变化率 | -32.52 | -26.11 | -27.82 | -30.15 | -21.74 | -42.85 | -37.33 | -31.96 | -25.37 | -22.77 | -23.44 | -23.39 |
| 厂址 | 引水前 | 3.13 | 3.86 | 3.83 | 3.80 | 3.92 | 3.11 | 2.83 | 2.59 | 2.48 | 2.41 | 2.42 | 2.54 |
| | 引水后 | 2.15 | 2.95 | 2.72 | 2.64 | 3.08 | 1.49 | 1.47 | 1.45 | 1.44 | 1.44 | 1.44 | 1.55 |
| | 变化值 | -0.98 | -0.91 | -1.11 | -1.16 | -0.84 | -1.62 | -1.36 | -1.14 | -1.04 | -0.97 | -0.98 | -0.99 |
| | 变化率 | -31.31 | -23.58 | -28.98 | -30.49 | -21.43 | -52.16 | -48.09 | -44.13 | -42.01 | -40.37 | -40.62 | -38.98 |
| ZL47 | 引水前 | 2.36 | 3.11 | 3.08 | 3.04 | 3.16 | 2.41 | 2.14 | 2.02 | 1.84 | 1.78 | 1.79 | 1.92 |
| | 引水后 | 2.36 | 3.11 | 3.08 | 3.04 | 3.16 | 2.41 | 2.14 | 2.02 | 1.84 | 1.78 | 1.79 | 1.92 |
| | 变化值 | 0.00 | 0.00 | 0.00 | 0.00 | 0.00 | 0.00 | 0.00 | 0.00 | 0.00 | 0.00 | 0.00 | 0.00 |
| | 变化率 | 0.00 | 0.00 | 0.00 | 0.00 | 0.00 | 0.00 | 0.00 | 0.00 | 0.00 | 0.00 | 0.00 | 0.00 |
| ZL47-3 | 引水前 | 2.28 | 2.87 | 2.84 | 2.82 | 2.92 | 2.32 | 2.10 | 2.00 | 1.83 | 1.78 | 1.79 | 1.92 |
| | 引水后 | 2.28 | 2.87 | 2.84 | 2.82 | 2.92 | 2.32 | 2.10 | 2.00 | 1.83 | 1.78 | 1.79 | 1.92 |
| | 变化值 | 0.00 | 0.00 | 0.00 | 0.00 | 0.00 | 0.00 | 0.00 | 0.00 | 0.00 | 0.00 | 0.00 | 0.00 |
| | 变化率 | 0.00 | 0.00 | 0.00 | 0.00 | 0.00 | 0.00 | 0.00 | 0.00 | 0.00 | 0.00 | 0.00 | 0.00 |
| ZL58 | 引水前 | 1.42 | 1.94 | 1.92 | 1.89 | 1.98 | 1.47 | 1.28 | 1.20 | 1.07 | 1.01 | 1.02 | 1.13 |
| | 引水后 | 1.42 | 1.94 | 1.92 | 1.89 | 1.98 | 1.47 | 1.28 | 1.20 | 1.07 | 1.01 | 1.02 | 1.13 |
| | 变化值 | 0.00 | 0.00 | 0.00 | 0.00 | 0.00 | 0.00 | 0.00 | 0.00 | 0.00 | 0.00 | 0.00 | 0.00 |
| | 变化率 | 0.00 | 0.00 | 0.00 | 0.00 | 0.00 | 0.00 | 0.00 | 0.00 | 0.00 | 0.00 | 0.00 | 0.00 |
| ZL58-3 | 引水前 | 1.87 | 2.33 | 2.30 | 2.28 | 2.39 | 1.93 | 1.76 | 1.69 | 1.56 | 1.50 | 1.51 | 1.62 |
| | 引水后 | 1.87 | 2.33 | 2.30 | 2.28 | 2.39 | 1.93 | 1.76 | 1.69 | 1.56 | 1.50 | 1.51 | 1.62 |
| | 变化值 | 0.00 | 0.00 | 0.00 | 0.00 | 0.00 | 0.00 | 0.00 | 0.00 | 0.00 | 0.00 | 0.00 | 0.00 |
| | 变化率 | 0.00 | 0.00 | 0.00 | 0.00 | 0.00 | 0.00 | 0.00 | 0.00 | 0.00 | 0.00 | 0.00 | 0.00 |

表6.3-7　丰水年、优化后研究河段典型断面逐月水面宽变化

（单位：m）

| 断面 | 项 | 5月 | 6月 | 7月 | 8月 | 9月 | 10月 | 11月 | 12月 | 1月 | 2月 | 3月 | 4月 |
|---|---|---|---|---|---|---|---|---|---|---|---|---|---|
| 坝址 | 引水前 | 29.74 | 34.09 | 33.18 | 32.65 | 35.14 | 29.35 | 25.25 | 24.12 | 23.93 | 23.81 | 23.87 | 24.62 |
| | 引水后 | 21.06 | 25.41 | 24.89 | 24.35 | 26.27 | 17.40 | 17.40 | 17.40 | 17.40 | 17.40 | 17.40 | 19.00 |
| | 变化值 | -8.68 | -8.68 | -8.29 | -8.30 | -8.87 | -11.95 | -7.85 | -6.72 | -6.53 | -6.41 | -6.47 | -5.62 |
| | 变化率 | -29.18 | -25.46 | -24.98 | -25.42 | -25.24 | -40.70 | -31.07 | -27.85 | -27.27 | -26.91 | -27.09 | -22.83 |
| ZL04 | 引水前 | 31.74 | 34.96 | 34.88 | 34.79 | 35.09 | 31.91 | 30.36 | 29.51 | 28.11 | 27.90 | 27.98 | 28.54 |
| | 引水后 | 25.81 | 30.50 | 30.27 | 30.02 | 30.85 | 22.61 | 22.61 | 22.61 | 22.61 | 22.61 | 22.61 | 24.03 |
| | 变化值 | -5.93 | -4.46 | -4.61 | -4.77 | -4.24 | -9.30 | -7.75 | -6.90 | -5.50 | -5.29 | -5.37 | -4.51 |
| | 变化率 | -18.69 | -12.76 | -13.22 | -13.71 | -12.08 | -29.14 | -25.51 | -23.38 | -19.55 | -18.95 | -19.19 | -15.79 |
| ZL05 | 引水前 | 36.36 | 41.88 | 41.72 | 41.59 | 41.99 | 35.94 | 32.46 | 29.21 | 28.52 | 28.22 | 28.37 | 29.14 |
| | 引水后 | 25.85 | 33.90 | 30.46 | 29.07 | 35.35 | 21.07 | 21.07 | 21.07 | 21.07 | 21.07 | 21.07 | 23.11 |
| | 变化值 | -10.51 | -7.98 | -11.26 | -12.52 | -6.64 | -14.87 | -11.39 | -8.15 | -7.45 | -7.16 | -7.30 | -6.03 |
| | 变化率 | -28.91 | -19.05 | -26.99 | -30.10 | -15.81 | -41.37 | -35.10 | -27.88 | -26.13 | -25.35 | -25.74 | -20.69 |
| ZL06 | 引水前 | 26.00 | 30.04 | 29.98 | 29.93 | 30.07 | 25.67 | 22.56 | 20.20 | 19.16 | 18.95 | 19.07 | 20.60 |
| | 引水后 | 17.80 | 23.50 | 22.80 | 22.40 | 24.50 | 14.92 | 14.92 | 14.92 | 14.92 | 14.92 | 14.92 | 16.20 |
| | 变化值 | -8.20 | -6.54 | -7.18 | -7.53 | -5.57 | -10.75 | -7.64 | -5.28 | -4.24 | -4.04 | -4.15 | -4.40 |
| | 变化率 | -31.54 | -21.76 | -23.96 | -25.16 | -18.51 | -41.88 | -33.88 | -26.13 | -22.15 | -21.29 | -21.76 | -21.36 |
| ZL07 | 引水前 | 27.27 | 29.50 | 29.45 | 29.39 | 29.60 | 27.39 | 26.31 | 25.72 | 24.75 | 24.61 | 24.66 | 25.05 |
| | 引水后 | 23.18 | 26.42 | 26.27 | 26.10 | 26.68 | 21.03 | 20.99 | 20.97 | 20.96 | 20.96 | 20.96 | 21.95 |
| | 变化值 | -4.09 | -3.08 | -3.18 | -3.29 | -2.92 | -6.37 | -5.32 | -4.76 | -3.79 | -3.65 | -3.70 | -3.10 |
| | 变化率 | -15.00 | -10.44 | -10.80 | -11.20 | -9.87 | -23.24 | -20.23 | -18.49 | -15.32 | -14.82 | -15.02 | -12.39 |
| ZL18 | 引水前 | 31.64 | 53.64 | 52.82 | 51.89 | 55.43 | 32.54 | 25.28 | 22.00 | 17.67 | 17.14 | 17.34 | 18.91 |
| | 引水后 | 17.12 | 26.02 | 25.18 | 24.18 | 27.75 | 15.81 | 15.16 | 14.94 | 14.93 | 14.93 | 14.93 | 16.14 |
| | 变化值 | -14.52 | -27.62 | -27.64 | -27.72 | -27.68 | -16.73 | -10.12 | -7.06 | -2.74 | -2.21 | -2.41 | -2.77 |
| | 变化率 | -45.88 | -51.49 | -52.33 | -53.41 | -49.94 | -51.42 | -40.04 | -32.09 | -15.52 | -12.89 | -13.92 | -14.66 |
| ZL19 | 引水前 | 30.09 | 35.18 | 35.08 | 34.94 | 35.34 | 29.87 | 27.59 | 26.21 | 25.11 | 24.88 | 24.97 | 25.65 |
| | 引水后 | 22.53 | 28.16 | 27.48 | 27.18 | 28.74 | 17.93 | 17.91 | 17.91 | 17.91 | 17.91 | 17.91 | 19.64 |
| | 变化值 | -7.56 | -7.02 | -7.60 | -7.76 | -6.60 | -11.94 | -9.68 | -8.30 | -7.20 | -6.97 | -7.06 | -6.01 |
| | 变化率 | -25.13 | -19.95 | -21.66 | -22.21 | -18.67 | -39.98 | -35.07 | -31.66 | -28.69 | -28.03 | -28.28 | -23.42 |

续表

| 断面 | | 5月 | 6月 | 7月 | 8月 | 9月 | 10月 | 11月 | 12月 | 1月 | 2月 | 3月 | 4月 |
|---|---|---|---|---|---|---|---|---|---|---|---|---|---|
| ZL20 | 引水前 | 20.61 | 33.99 | 33.73 | 33.50 | 34.11 | 20.16 | 18.59 | 17.35 | 17.02 | 16.81 | 16.88 | 17.36 |
| | 引水后 | 15.73 | 19.28 | 18.27 | 17.64 | 19.59 | 14.67 | 14.65 | 14.63 | 14.63 | 14.63 | 14.63 | 15.08 |
| | 变化值 | -4.89 | -14.71 | -15.46 | -15.86 | -14.52 | -5.50 | -3.94 | -2.72 | -2.39 | -2.18 | -2.25 | -2.28 |
| | 变化率 | -23.71 | -43.28 | -45.83 | -47.35 | -42.56 | -27.27 | -21.19 | -15.68 | -14.02 | -12.97 | -13.33 | -13.13 |
| ZL21 | 引水前 | 44.70 | 67.32 | 66.80 | 66.15 | 68.46 | 45.80 | 37.17 | 33.24 | 27.98 | 27.31 | 27.57 | 29.52 |
| | 引水后 | 22.16 | 38.07 | 37.12 | 35.92 | 40.18 | 17.51 | 17.35 | 17.25 | 17.20 | 17.20 | 17.20 | 19.01 |
| | 变化值 | -22.55 | -29.25 | -29.69 | -30.23 | -28.28 | -28.29 | -19.82 | -16.00 | -10.78 | -10.11 | -10.37 | -10.51 |
| | 变化率 | -50.44 | -43.45 | -44.44 | -45.70 | -41.31 | -61.76 | -53.32 | -48.12 | -38.53 | -37.03 | -37.62 | -35.61 |
| ZL28 | 引水前 | 17.60 | 22.70 | 22.48 | 22.30 | 22.86 | 17.00 | 15.01 | 13.78 | 12.98 | 12.72 | 12.84 | 13.63 |
| | 引水后 | 11.85 | 16.54 | 14.96 | 14.37 | 16.95 | 9.79 | 9.72 | 9.63 | 9.61 | 9.61 | 9.61 | 10.62 |
| | 变化值 | -5.75 | -6.16 | -7.52 | -7.93 | -5.91 | -7.21 | -5.29 | -4.15 | -3.37 | -3.11 | -3.23 | -3.01 |
| | 变化率 | -32.67 | -27.14 | -33.45 | -35.56 | -25.85 | -42.41 | -35.24 | -30.12 | -25.96 | -24.46 | -25.16 | -22.08 |
| ZL34 | 引水前 | 35.01 | 44.88 | 44.41 | 44.09 | 45.15 | 33.86 | 30.09 | 27.04 | 25.26 | 24.90 | 25.06 | 27.57 |
| | 引水后 | 21.18 | 31.79 | 29.45 | 28.92 | 33.11 | 19.40 | 19.19 | 19.02 | 18.90 | 18.90 | 18.90 | 20.25 |
| | 变化值 | -13.83 | -13.09 | -14.96 | -15.17 | -12.04 | -14.46 | -10.90 | -8.02 | -6.36 | -6.00 | -6.16 | -7.32 |
| | 变化率 | -39.50 | -29.17 | -33.69 | -34.40 | -26.67 | -42.70 | -36.22 | -29.65 | -25.18 | -24.09 | -24.57 | -26.55 |
| ZL39 | 引水前 | 28.98 | 32.68 | 32.67 | 32.64 | 32.72 | 29.36 | 26.19 | 24.34 | 21.55 | 21.17 | 21.32 | 22.49 |
| | 引水后 | 18.28 | 26.74 | 26.51 | 25.97 | 27.80 | 15.32 | 14.96 | 14.73 | 14.62 | 14.62 | 14.63 | 16.03 |
| | 变化值 | -10.69 | -5.94 | -6.16 | -6.67 | -4.92 | -14.04 | -11.23 | -9.62 | -6.93 | -6.55 | -6.70 | -6.46 |
| | 变化率 | -36.90 | -18.17 | -18.86 | -20.44 | -15.04 | -47.82 | -42.89 | -39.51 | -32.17 | -30.96 | -31.42 | -28.71 |
| ZL40 | 引水前 | 20.40 | 31.80 | 31.53 | 30.74 | 32.87 | 20.62 | 18.96 | 18.18 | 17.07 | 16.93 | 16.99 | 17.43 |
| | 引水后 | 15.82 | 19.24 | 19.12 | 18.88 | 19.76 | 14.62 | 14.47 | 14.35 | 14.28 | 14.28 | 14.28 | 14.90 |
| | 变化值 | -4.58 | -12.56 | -12.41 | -11.86 | -13.11 | -6.00 | -4.50 | -3.83 | -2.78 | -2.65 | -2.70 | -2.53 |
| | 变化率 | -22.44 | -39.49 | -39.35 | -38.57 | -39.89 | -29.11 | -23.71 | -21.06 | -16.31 | -15.63 | -15.91 | -14.51 |
| ZL41 | 引水前 | 29.61 | 39.06 | 38.62 | 38.26 | 39.24 | 28.60 | 25.04 | 23.49 | 21.41 | 21.08 | 21.17 | 22.33 |
| | 引水后 | 19.43 | 25.99 | 25.31 | 24.34 | 26.83 | 15.36 | 15.11 | 14.98 | 14.75 | 14.75 | 14.75 | 16.92 |
| | 变化值 | -10.18 | -13.07 | -13.31 | -13.92 | -12.42 | -13.24 | -9.94 | -8.51 | -6.66 | -6.33 | -6.42 | -5.41 |
| | 变化率 | -34.38 | -33.45 | -34.46 | -36.39 | -31.64 | -46.30 | -39.68 | -36.23 | -31.11 | -30.04 | -30.33 | -24.22 |

续表

| 断面 | | 5月 | 6月 | 7月 | 8月 | 9月 | 10月 | 11月 | 12月 | 1月 | 2月 | 3月 | 4月 |
|---|---|---|---|---|---|---|---|---|---|---|---|---|---|
| ZL42 | 引水前 | 40.73 | 42.09 | 41.85 | 41.68 | 42.34 | 40.21 | 36.89 | 34.05 | 32.52 | 31.71 | 31.89 | 33.38 |
| | 引水后 | 30.45 | 38.35 | 36.42 | 35.79 | 39.46 | 27.06 | 26.58 | 26.31 | 26.06 | 26.06 | 26.06 | 27.89 |
| | 变化值 | -10.28 | -3.74 | -5.43 | -5.89 | -2.88 | -13.15 | -10.31 | -7.74 | -6.46 | -5.65 | -5.83 | -5.49 |
| | 变化率 | -25.24 | -8.89 | -12.97 | -14.13 | -6.80 | -32.70 | -27.94 | -22.73 | -19.88 | -17.83 | -18.29 | -16.45 |
| 厂址 | 引水前 | 25.86 | 27.28 | 27.19 | 27.12 | 27.55 | 25.35 | 22.64 | 20.46 | 19.64 | 18.74 | 18.90 | 20.03 |
| | 引水后 | 17.15 | 24.02 | 22.03 | 21.42 | 24.98 | 13.96 | 13.69 | 13.38 | 13.09 | 13.09 | 13.09 | 14.81 |
| | 变化值 | -8.71 | -3.26 | -5.16 | -5.70 | -2.57 | -11.39 | -8.95 | -7.08 | -6.55 | -5.65 | -5.81 | -5.22 |
| | 变化率 | -33.68 | -11.95 | -18.98 | -21.02 | -9.33 | -44.94 | -39.53 | -34.60 | -33.34 | -30.14 | -30.72 | -26.06 |
| ZL47 | 引水前 | 27.48 | 28.15 | 28.02 | 27.87 | 28.46 | 27.33 | 26.36 | 25.95 | 25.37 | 24.92 | 25.11 | 25.88 |
| | 引水后 | 27.48 | 28.15 | 28.02 | 27.87 | 28.46 | 27.33 | 26.36 | 25.95 | 25.37 | 24.92 | 25.11 | 25.88 |
| | 变化值 | 0.00 | 0.00 | 0.00 | 0.00 | 0.00 | 0.00 | 0.00 | 0.00 | 0.00 | 0.00 | 0.00 | 0.00 |
| | 变化率 | 0.00 | 0.00 | 0.00 | 0.00 | 0.00 | 0.00 | 0.00 | 0.00 | 0.00 | 0.00 | 0.00 | 0.00 |
| ZL47-3 | 引水前 | 20.88 | 26.20 | 25.97 | 25.78 | 26.69 | 21.03 | 19.17 | 18.33 | 17.20 | 16.68 | 16.84 | 18.02 |
| | 引水后 | 20.88 | 26.20 | 25.97 | 25.78 | 26.69 | 21.03 | 19.17 | 18.33 | 17.20 | 16.68 | 16.84 | 18.02 |
| | 变化值 | 0.00 | 0.00 | 0.00 | 0.00 | 0.00 | 0.00 | 0.00 | 0.00 | 0.00 | 0.00 | 0.00 | 0.00 |
| | 变化率 | 0.00 | 0.00 | 0.00 | 0.00 | 0.00 | 0.00 | 0.00 | 0.00 | 0.00 | 0.00 | 0.00 | 0.00 |
| ZL58 | 引水前 | 33.23 | 41.94 | 41.57 | 41.26 | 42.18 | 33.41 | 30.19 | 28.72 | 26.91 | 26.48 | 26.64 | 28.14 |
| | 引水后 | 33.23 | 41.94 | 41.57 | 41.26 | 42.18 | 33.41 | 30.19 | 28.72 | 26.91 | 26.48 | 26.64 | 28.14 |
| | 变化值 | 0.00 | 0.00 | 0.00 | 0.00 | 0.00 | 0.00 | 0.00 | 0.00 | 0.00 | 0.00 | 0.00 | 0.00 |
| | 变化率 | 0.00 | 0.00 | 0.00 | 0.00 | 0.00 | 0.00 | 0.00 | 0.00 | 0.00 | 0.00 | 0.00 | 0.00 |
| ZL58-3 | 引水前 | 29.29 | 37.34 | 37.15 | 37.01 | 37.85 | 29.75 | 26.64 | 25.33 | 24.18 | 23.77 | 23.93 | 24.96 |
| | 引水后 | 29.29 | 37.34 | 37.15 | 37.01 | 37.85 | 29.75 | 26.64 | 25.33 | 24.18 | 23.77 | 23.93 | 24.96 |
| | 变化值 | 0.00 | 0.00 | 0.00 | 0.00 | 0.00 | 0.00 | 0.00 | 0.00 | 0.00 | 0.00 | 0.00 | 0.00 |
| | 变化率 | 0.00 | 0.00 | 0.00 | 0.00 | 0.00 | 0.00 | 0.00 | 0.00 | 0.00 | 0.00 | 0.00 | 0.00 |

### 6.3.3　平水年

平水年、优化后坝址下游 14 个断面的流量、水位、最大水深、平均水深、流速变化、水面宽变化见表 6.3-8 至表 6.3-13。选择典型断面进行分析，由表 6.3-8 至表 6.3-13 可知：

（1）坝址

工程实施后，各月流量在 15.9～101.40m³/s，月均流量最大减少值为 170.6m³/s，最大减少比例为 87.38％；月均水位在 2760.20～2761.17m，月均水位最大降低值为 1.27m；断面平均水深在 0.45～1.23m，断面平均水深最大减少值为 1.15m；各月平均流速在 1.02～1.78m/s，最大减少值为 0.98m/s，最大减少比例为 46.99％。

（2）断面 ZL04

工程实施后，各月流量在 15.9～101.40m³/s，月均流量最大减少值为 170.6m³/s，最大减少比例为 87.38％；月均水位在 2721.99～2722.88m，月均水位最大降低值为 1.44m；断面平均水深在 0.41～1.09m，断面平均水深最大减少值为 1.16m；各月平均流速在 0.88～1.71m/s，最大减少值为 1.34m/s，最大减少比例为 55.73％。

（3）断面 ZL05

工程实施后，各月流量在 15.9～101.40m³/s，月均流量最大减少值为 170.6m³/s，最大减少比例为 87.38％；月均水位在 2697.20～2698.00m，月均水位最大降低值为 1.12m；断面平均水深在 0.43～0.95m，断面平均水深最大减少值为 0.69m；各月平均流速在 0.85～1.54m/s，最大减少值为 0.91m/s，最大减少比例为 49.37％。

（4）断面 ZL19

工程实施后，各月流量在 16.28～102.91m³/s，月均流量最大减少值为 170.6m³/s，最大减少比例为 86.79％；月均水位在 2497.80～2499.00m，月均水位最大降低值为 1.66m；断面平均水深在 0.45～1.24m，断面平均水深最大减少值为 1.18m；各月平均流速在 0.96～1.57m/s，最大减少值为 0.70m/s，最大减少比例为 42.17％。

（5）断面 ZL21

工程实施后，各月流量在 16.37～103.26m³/s，月均流量最大减少值为 169.26m³/s，最大减少比例为 86.59％；月均水位在 2492.50～2493.41m，月均水位最大降低值为 1.43m；断面平均水深在 0.41～0.84m，断面平均水深最大减少值为 0.66m；各月平均流速在 0.75～1.20m/s，最大减少值为 0.57m/s，最大减少比例为 40.82％。

表6.3-8　平水年、优化后研究河段典型断面逐月流量变化

（单位：流量，m³/s；变化率，%）

| 断面 | | 5月 | 6月 | 7月 | 8月 | 9月 | 10月 | 11月 | 12月 | 1月 | 2月 | 3月 | 4月 |
|---|---|---|---|---|---|---|---|---|---|---|---|---|---|
| 坝址 | 引水前 | 93.50 | 152.00 | 214.00 | 198.00 | 272.00 | 126.00 | 80.20 | 50.10 | 36.90 | 37.30 | 38.60 | 61.60 |
| | 引水后 | 33.00 | 33.00 | 43.40 | 33.00 | 101.40 | 15.90 | 15.90 | 15.90 | 15.90 | 15.90 | 15.90 | 22.00 |
| | 变化值 | -60.50 | -119.00 | -170.60 | -165.00 | -170.60 | -110.10 | -64.30 | -34.20 | -21.00 | -21.40 | -22.70 | -39.60 |
| | 变化率 | -64.71 | -78.29 | -79.72 | -83.33 | -62.72 | -87.38 | -80.17 | -68.26 | -56.91 | -57.37 | -58.81 | -64.29 |
| ZL04 | 引水前 | 93.50 | 152.00 | 214.00 | 198.00 | 272.00 | 126.00 | 80.20 | 50.10 | 36.90 | 37.30 | 38.60 | 61.60 |
| | 引水后 | 33.00 | 33.00 | 43.40 | 33.00 | 101.40 | 15.90 | 15.90 | 15.90 | 15.90 | 15.90 | 15.90 | 22.00 |
| | 变化值 | -60.50 | -119.00 | -170.60 | -165.00 | -170.60 | -110.10 | -64.30 | -34.20 | -21.00 | -21.40 | -22.70 | -39.60 |
| | 变化率 | -64.71 | -78.29 | -79.72 | -83.33 | -62.72 | -87.38 | -80.17 | -68.26 | -56.91 | -57.37 | -58.81 | -64.29 |
| ZL05 | 引水前 | 93.50 | 152.00 | 214.00 | 198.00 | 272.00 | 126.00 | 80.20 | 50.10 | 36.90 | 37.30 | 38.60 | 61.60 |
| | 引水后 | 33.00 | 33.00 | 43.40 | 33.00 | 101.40 | 15.90 | 15.90 | 15.90 | 15.90 | 15.90 | 15.90 | 22.00 |
| | 变化值 | -60.50 | -119.00 | -170.60 | -165.00 | -170.60 | -110.10 | -64.30 | -34.20 | -21.00 | -21.40 | -22.70 | -39.60 |
| | 变化率 | -64.71 | -78.29 | -79.72 | -83.33 | -62.72 | -87.38 | -80.17 | -68.26 | -56.91 | -57.37 | -58.81 | -64.29 |
| ZL06 | 引水前 | 93.60 | 152.10 | 214.32 | 198.43 | 272.29 | 126.16 | 80.31 | 50.19 | 36.97 | 37.37 | 38.68 | 61.68 |
| | 引水后 | 33.10 | 33.10 | 43.72 | 33.43 | 101.69 | 16.06 | 16.01 | 15.99 | 15.97 | 15.97 | 15.98 | 22.08 |
| | 变化值 | -60.50 | -119.00 | -170.60 | -165.00 | -170.60 | -110.10 | -64.30 | -34.20 | -21.00 | -21.40 | -22.70 | -39.60 |
| | 变化率 | -64.64 | -78.24 | -79.60 | -83.15 | -62.65 | -87.27 | -80.06 | -68.14 | -56.80 | -57.27 | -58.69 | -64.20 |
| ZL07 | 引水前 | 93.70 | 152.35 | 214.24 | 198.18 | 272.16 | 126.15 | 80.37 | 50.27 | 37.10 | 37.52 | 39.28 | 62.50 |
| | 引水后 | 33.20 | 33.22 | 44.08 | 33.90 | 102.00 | 16.25 | 16.14 | 16.08 | 16.06 | 16.05 | 16.07 | 22.17 |
| | 变化值 | -60.50 | -119.13 | -170.16 | -164.28 | -170.15 | -109.91 | -64.23 | -34.19 | -21.05 | -21.46 | -23.21 | -40.33 |
| | 变化率 | -64.57 | -78.20 | -79.43 | -82.89 | -62.52 | -87.12 | -79.92 | -68.01 | -56.73 | -57.21 | -59.09 | -64.52 |
| ZL18 | 引水前 | 94.02 | 152.86 | 214.60 | 198.46 | 272.38 | 126.38 | 80.63 | 50.53 | 37.42 | 37.83 | 40.29 | 63.86 |
| | 引水后 | 33.52 | 33.53 | 45.09 | 35.26 | 102.91 | 16.76 | 16.50 | 16.36 | 16.28 | 16.28 | 16.33 | 22.43 |
| | 变化值 | -60.50 | -119.33 | -169.51 | -163.20 | -169.47 | -109.62 | -64.13 | -34.17 | -21.14 | -21.55 | -23.96 | -41.43 |
| | 变化率 | -64.35 | -78.06 | -78.99 | -82.23 | -62.22 | -86.74 | -79.54 | -67.62 | -56.49 | -56.97 | -59.47 | -64.88 |

续表

| 断面 | | 5月 | 6月 | 7月 | 8月 | 9月 | 10月 | 11月 | 12月 | 1月 | 2月 | 3月 | 4月 |
|---|---|---|---|---|---|---|---|---|---|---|---|---|---|
| ZL19 | 引水前 | 94.02 | 152.53 | 215.69 | 200.26 | 273.51 | 126.86 | 80.80 | 50.56 | 37.28 | 37.68 | 39.03 | 62.03 |
| | 引水后 | 33.52 | 33.53 | 45.09 | 35.26 | 102.91 | 16.76 | 16.50 | 16.36 | 16.28 | 16.28 | 16.33 | 22.43 |
| | 变化值 | -60.50 | -119.00 | -170.60 | -165.00 | -170.60 | -110.10 | -64.30 | -34.20 | -21.00 | -21.40 | -22.70 | -39.60 |
| | 变化率 | -64.35 | -78.02 | -79.09 | -82.39 | -62.37 | -86.79 | -79.58 | -67.64 | -56.33 | -56.79 | -58.16 | -63.84 |
| ZL20 | 引水前 | 94.14 | 152.66 | 216.08 | 200.78 | 273.86 | 127.06 | 80.94 | 50.67 | 37.37 | 37.77 | 39.13 | 62.13 |
| | 引水后 | 33.64 | 33.66 | 45.48 | 35.78 | 103.26 | 16.96 | 16.64 | 16.47 | 16.37 | 16.37 | 16.43 | 22.53 |
| | 变化值 | -60.50 | -119.00 | -170.60 | -165.00 | -170.60 | -110.10 | -64.30 | -34.20 | -21.00 | -21.40 | -22.70 | -39.60 |
| | 变化率 | -64.27 | -77.95 | -78.95 | -82.18 | -62.29 | -86.65 | -79.44 | -67.50 | -56.19 | -56.66 | -58.01 | -63.74 |
| ZL21 | 引水前 | 94.14 | 153.06 | 214.74 | 198.57 | 272.47 | 126.47 | 80.73 | 50.63 | 37.54 | 37.96 | 40.68 | 64.38 |
| | 引水后 | 33.64 | 33.66 | 45.48 | 35.78 | 103.26 | 16.96 | 16.64 | 16.47 | 16.37 | 16.37 | 16.43 | 22.53 |
| | 变化值 | -60.50 | -119.40 | -169.26 | -162.79 | -169.21 | -109.51 | -64.09 | -34.16 | -21.17 | -21.59 | -24.25 | -41.85 |
| | 变化率 | -64.27 | -78.01 | -78.82 | -81.98 | -62.10 | -86.59 | -79.39 | -67.47 | -56.39 | -56.88 | -59.61 | -65.00 |
| ZL28 | 引水前 | 94.51 | 153.05 | 217.31 | 202.42 | 274.96 | 127.69 | 81.37 | 51.00 | 37.65 | 38.05 | 39.44 | 62.44 |
| | 引水后 | 34.01 | 34.05 | 46.71 | 37.42 | 104.36 | 17.59 | 17.07 | 16.80 | 16.65 | 16.65 | 16.74 | 22.84 |
| | 变化值 | -60.50 | -119.00 | -170.60 | -165.00 | -170.60 | -110.10 | -64.30 | -34.20 | -21.00 | -21.40 | -22.70 | -39.60 |
| | 变化率 | -64.01 | -77.75 | -78.51 | -81.51 | -62.05 | -86.22 | -79.02 | -67.06 | -55.78 | -56.24 | -57.56 | -63.42 |
| ZL34 | 引水前 | 95.39 | 153.97 | 220.22 | 206.29 | 277.56 | 129.18 | 82.40 | 51.79 | 38.31 | 38.71 | 40.17 | 63.18 |
| | 引水后 | 34.89 | 34.97 | 49.62 | 41.29 | 106.96 | 19.08 | 18.10 | 17.59 | 17.31 | 17.31 | 17.47 | 23.58 |
| | 变化值 | -60.50 | -119.00 | -170.60 | -165.00 | -170.60 | -110.10 | -64.30 | -34.20 | -21.00 | -21.40 | -22.70 | -39.60 |
| | 变化率 | -63.42 | -77.29 | -77.47 | -79.98 | -61.46 | -85.23 | -78.03 | -66.04 | -54.82 | -55.28 | -56.51 | -62.68 |
| ZL39 | 引水前 | 95.46 | 155.30 | 216.28 | 199.75 | 273.46 | 127.46 | 81.83 | 51.74 | 38.86 | 39.35 | 45.06 | 70.20 |
| | 引水后 | 34.96 | 35.05 | 49.86 | 41.60 | 107.17 | 19.20 | 18.18 | 17.65 | 17.36 | 17.36 | 17.53 | 23.64 |
| | 变化值 | -60.50 | -120.25 | -166.42 | -158.15 | -166.29 | -108.26 | -63.65 | -34.09 | -21.50 | -21.99 | -27.53 | -46.56 |
| | 变化率 | -63.38 | -77.43 | -76.95 | -79.17 | -60.81 | -84.94 | -77.78 | -65.89 | -55.33 | -55.88 | -61.10 | -66.32 |

续表

| 断面 | | 5月 | 6月 | 7月 | 8月 | 9月 | 10月 | 11月 | 12月 | 1月 | 2月 | 3月 | 4月 |
|---|---|---|---|---|---|---|---|---|---|---|---|---|---|
| ZL40 | 引水前 | 95.46 | 155.30 | 216.28 | 199.75 | 273.46 | 127.46 | 81.83 | 51.74 | 38.86 | 39.35 | 45.06 | 70.20 |
| | 引水后 | 34.96 | 35.05 | 49.86 | 41.60 | 107.17 | 19.20 | 18.18 | 17.65 | 17.36 | 17.36 | 17.53 | 23.64 |
| | 变化值 | -60.50 | -120.25 | -166.42 | -158.15 | -166.29 | -108.26 | -63.65 | -34.09 | -21.50 | -21.99 | -27.53 | -46.56 |
| | 变化率 | -63.38 | -77.43 | -76.95 | -79.17 | -60.81 | -84.94 | -77.78 | -65.89 | -55.33 | -55.88 | -61.10 | -66.32 |
| ZL41 | 引水前 | 95.46 | 154.05 | 220.46 | 206.60 | 277.77 | 129.30 | 82.48 | 51.85 | 38.36 | 38.76 | 40.23 | 63.24 |
| | 引水后 | 34.96 | 35.05 | 49.86 | 41.60 | 107.17 | 19.20 | 18.18 | 17.65 | 17.36 | 17.36 | 17.53 | 23.64 |
| | 变化值 | -60.50 | -119.00 | -170.60 | -165.00 | -170.60 | -110.10 | -64.30 | -34.20 | -21.00 | -21.40 | -22.70 | -39.60 |
| | 变化率 | -63.38 | -77.25 | -77.38 | -79.86 | -61.42 | -85.15 | -77.96 | -65.96 | -54.74 | -55.21 | -56.43 | -62.62 |
| ZL42 | 引水前 | 95.46 | 154.05 | 220.46 | 206.60 | 277.77 | 129.30 | 82.48 | 51.85 | 38.36 | 38.76 | 40.23 | 63.24 |
| | 引水后 | 34.96 | 35.05 | 49.86 | 41.60 | 107.17 | 19.20 | 18.18 | 17.65 | 17.36 | 17.36 | 17.53 | 23.64 |
| | 变化值 | -60.50 | -119.00 | -170.60 | -165.00 | -170.60 | -110.10 | -64.30 | -34.20 | -21.00 | -21.40 | -22.70 | -39.60 |
| | 变化率 | -63.38 | -77.25 | -77.38 | -79.86 | -61.42 | -85.15 | -77.96 | -65.96 | -54.74 | -55.21 | -56.43 | -62.62 |
| 厂址 | 引水前 | 95.67 | 154.28 | 221.18 | 207.56 | 278.41 | 129.67 | 82.73 | 52.05 | 38.53 | 38.93 | 40.41 | 63.42 |
| | 引水后 | 35.17 | 35.28 | 50.58 | 42.56 | 107.81 | 19.57 | 18.43 | 17.85 | 17.53 | 17.53 | 17.71 | 23.82 |
| | 变化值 | -60.50 | -119.00 | -170.60 | -165.00 | -170.60 | -110.10 | -64.30 | -34.20 | -21.00 | -21.40 | -22.70 | -39.60 |
| | 变化率 | -63.24 | -77.13 | -77.13 | -79.50 | -61.28 | -84.91 | -77.72 | -65.71 | -54.50 | -54.97 | -56.17 | -62.44 |
| ZL47 | 引水前 | 96.74 | 155.41 | 224.74 | 212.29 | 281.58 | 131.48 | 83.98 | 53.02 | 39.35 | 39.74 | 41.30 | 64.33 |
| | 引水后 | 96.74 | 155.41 | 224.74 | 212.29 | 281.58 | 131.48 | 83.98 | 53.02 | 39.35 | 39.74 | 41.30 | 64.33 |
| | 变化值 | 0.00 | 0.00 | 0.00 | 0.00 | 0.00 | 0.00 | 0.00 | 0.00 | 0.00 | 0.00 | 0.00 | 0.00 |
| | 变化率 | 0.00 | 0.00 | 0.00 | 0.00 | 0.00 | 0.00 | 0.00 | 0.00 | 0.00 | 0.00 | 0.00 | 0.00 |
| ZL47-3 | 引水前 | 96.74 | 155.41 | 224.74 | 212.29 | 281.58 | 131.48 | 83.98 | 53.02 | 39.35 | 39.74 | 41.30 | 64.33 |
| | 引水后 | 96.74 | 155.41 | 224.74 | 212.29 | 281.58 | 131.48 | 83.98 | 53.02 | 39.35 | 39.74 | 41.30 | 64.33 |
| | 变化值 | 0.00 | 0.00 | 0.00 | 0.00 | 0.00 | 0.00 | 0.00 | 0.00 | 0.00 | 0.00 | 0.00 | 0.00 |
| | 变化率 | 0.00 | 0.00 | 0.00 | 0.00 | 0.00 | 0.00 | 0.00 | 0.00 | 0.00 | 0.00 | 0.00 | 0.00 |

续表

| 断面 | | 5月 | 6月 | 7月 | 8月 | 9月 | 10月 | 11月 | 12月 | 1月 | 2月 | 3月 | 4月 |
|---|---|---|---|---|---|---|---|---|---|---|---|---|---|
| ZL58 | 引水前 | 96.74 | 155.41 | 224.74 | 212.29 | 281.58 | 131.48 | 83.98 | 53.02 | 39.35 | 39.74 | 41.30 | 64.33 |
| | 引水后 | 96.74 | 155.41 | 224.74 | 212.29 | 281.58 | 131.48 | 83.98 | 53.02 | 39.35 | 39.74 | 41.30 | 64.33 |
| | 变化值 | 0.00 | 0.00 | 0.00 | 0.00 | 0.00 | 0.00 | 0.00 | 0.00 | 0.00 | 0.00 | 0.00 | 0.00 |
| | 变化率 | 0.00 | 0.00 | 0.00 | 0.00 | 0.00 | 0.00 | 0.00 | 0.00 | 0.00 | 0.00 | 0.00 | 0.00 |
| ZL58-3 | 引水前 | 96.74 | 155.41 | 224.74 | 212.29 | 281.58 | 131.48 | 83.98 | 53.02 | 39.35 | 39.74 | 41.30 | 64.33 |
| | 引水后 | 96.74 | 155.41 | 224.74 | 212.29 | 281.58 | 131.48 | 83.98 | 53.02 | 39.35 | 39.74 | 41.30 | 64.33 |
| | 变化值 | 0.00 | 0.00 | 0.00 | 0.00 | 0.00 | 0.00 | 0.00 | 0.00 | 0.00 | 0.00 | 0.00 | 0.00 |
| | 变化率 | 0.00 | 0.00 | 0.00 | 0.00 | 0.00 | 0.00 | 0.00 | 0.00 | 0.00 | 0.00 | 0.00 | 0.00 |

表 6.3-9　平水年、优化后研究河段典型断面逐月水位变化

（单位：m）

| 断面 | | 5月 | 6月 | 7月 | 8月 | 9月 | 10月 | 11月 | 12月 | 1月 | 2月 | 3月 | 4月 |
|---|---|---|---|---|---|---|---|---|---|---|---|---|---|
| 坝址 | 引水前 | 2761.18 | 2761.52 | 2761.88 | 2761.79 | 2762.18 | 2761.35 | 2761.01 | 2760.75 | 2760.59 | 2760.59 | 2760.61 | 2760.85 |
| | 引水后 | 2760.52 | 2760.52 | 2760.68 | 2760.52 | 2761.17 | 2760.20 | 2760.20 | 2760.20 | 2760.20 | 2760.20 | 2760.20 | 2760.33 |
| | 变化值 | -0.66 | -1.00 | -1.20 | -1.27 | -1.01 | -1.15 | -0.81 | -0.55 | -0.39 | -0.39 | -0.41 | -0.52 |
| ZL04 | 引水前 | 2722.81 | 2723.30 | 2723.74 | 2723.63 | 2724.07 | 2723.10 | 2722.68 | 2722.38 | 2722.24 | 2722.24 | 2722.25 | 2722.50 |
| | 引水后 | 2722.19 | 2722.19 | 2722.31 | 2722.19 | 2722.88 | 2721.99 | 2721.99 | 2721.99 | 2721.99 | 2721.99 | 2721.99 | 2722.07 |
| | 变化值 | -0.62 | -1.11 | -1.43 | -1.44 | -1.19 | -1.10 | -0.69 | -0.38 | -0.24 | -0.25 | -0.26 | -0.43 |
| ZL05 | 引水前 | 2697.88 | 2698.33 | 2698.60 | 2698.54 | 2698.83 | 2698.17 | 2697.84 | 2697.59 | 2697.46 | 2697.46 | 2697.47 | 2697.69 |
| | 引水后 | 2697.42 | 2697.42 | 2697.52 | 2697.42 | 2698.00 | 2697.20 | 2697.20 | 2697.20 | 2697.20 | 2697.20 | 2697.20 | 2697.29 |
| | 变化值 | -0.46 | -0.91 | -1.08 | -1.12 | -0.83 | -0.97 | -0.64 | -0.39 | -0.26 | -0.26 | -0.27 | -0.40 |
| ZL06 | 引水前 | 2680.15 | 2680.65 | 2681.05 | 2680.96 | 2681.37 | 2680.44 | 2680.01 | 2679.63 | 2679.43 | 2679.46 | 2679.46 | 2679.78 |
| | 引水后 | 2679.35 | 2679.35 | 2679.53 | 2679.38 | 2680.23 | 2679.03 | 2679.03 | 2679.03 | 2679.03 | 2679.03 | 2679.03 | 2679.17 |
| | 变化值 | -0.80 | -1.30 | -1.52 | -1.58 | -1.14 | -1.41 | -0.98 | -0.60 | -0.40 | -0.41 | -0.43 | -0.61 |

续表

| 断面 | | 5月 | 6月 | 7月 | 8月 | 9月 | 10月 | 11月 | 12月 | 1月 | 2月 | 3月 | 4月 |
|---|---|---|---|---|---|---|---|---|---|---|---|---|---|
| ZL07 | 引水前 | 2660.61 | 2661.22 | 2661.90 | 2661.72 | 2662.65 | 2660.95 | 2660.45 | 2660.07 | 2659.88 | 2659.88 | 2659.91 | 2660.23 |
| | 引水后 | 2659.81 | 2659.81 | 2659.98 | 2659.83 | 2660.70 | 2659.52 | 2659.52 | 2659.52 | 2659.52 | 2659.52 | 2659.52 | 2659.63 |
| | 变化值 | -0.79 | -1.41 | -1.92 | -1.89 | -1.96 | -1.43 | -0.93 | -0.55 | -0.36 | -0.36 | -0.39 | -0.60 |
| ZL18 | 引水前 | 2507.57 | 2508.27 | 2508.63 | 2508.57 | 2508.56 | 2508.00 | 2507.36 | 2506.77 | 2506.46 | 2506.47 | 2506.53 | 2507.05 |
| | 引水后 | 2506.36 | 2506.36 | 2506.65 | 2506.40 | 2507.70 | 2505.87 | 2505.87 | 2505.86 | 2505.86 | 2505.86 | 2505.86 | 2506.05 |
| | 变化值 | -1.21 | -1.91 | -1.99 | -2.17 | -0.86 | -2.12 | -1.49 | -0.91 | -0.60 | -0.61 | -0.67 | -1.00 |
| ZL19 | 引水前 | 2498.87 | 2499.47 | 2499.94 | 2499.83 | 2500.30 | 2499.26 | 2498.77 | 2498.42 | 2498.22 | 2498.22 | 2498.24 | 2498.55 |
| | 引水后 | 2498.15 | 2498.15 | 2498.33 | 2498.17 | 2499.00 | 2497.80 | 2497.80 | 2497.80 | 2497.80 | 2497.80 | 2497.80 | 2497.92 |
| | 变化值 | -0.72 | -1.32 | -1.61 | -1.66 | -1.30 | -1.46 | -0.97 | -0.62 | -0.42 | -0.42 | -0.44 | -0.63 |
| ZL20 | 引水前 | 2496.78 | 2497.46 | 2497.98 | 2497.86 | 2498.35 | 2497.25 | 2496.70 | 2496.25 | 2495.99 | 2496.00 | 2496.01 | 2496.41 |
| | 引水后 | 2495.91 | 2495.91 | 2496.14 | 2495.93 | 2496.98 | 2495.47 | 2495.46 | 2495.46 | 2495.46 | 2495.46 | 2495.46 | 2495.63 |
| | 变化值 | -0.87 | -1.55 | -1.84 | -1.93 | -1.37 | -1.78 | -1.24 | -0.79 | -0.53 | -0.54 | -0.55 | -0.78 |
| ZL21 | 引水前 | 2493.32 | 2493.83 | 2494.26 | 2494.16 | 2494.60 | 2493.61 | 2493.20 | 2492.89 | 2492.75 | 2492.75 | 2492.78 | 2493.03 |
| | 引水后 | 2492.70 | 2492.70 | 2492.83 | 2492.73 | 2493.41 | 2492.51 | 2492.50 | 2492.50 | 2492.50 | 2492.50 | 2492.50 | 2492.57 |
| | 变化值 | -0.62 | -1.12 | -1.43 | -1.43 | -1.19 | -1.10 | -0.69 | -0.39 | -0.24 | -0.25 | -0.28 | -0.46 |
| ZL28 | 引水前 | 2402.00 | 2402.32 | 2402.67 | 2402.59 | 2402.92 | 2402.16 | 2401.81 | 2401.52 | 2401.36 | 2401.36 | 2401.38 | 2401.63 |
| | 引水后 | 2401.32 | 2401.32 | 2401.44 | 2401.35 | 2401.99 | 2401.04 | 2401.03 | 2401.02 | 2401.01 | 2401.01 | 2401.01 | 2401.09 |
| | 变化值 | -0.68 | -1.00 | -1.23 | -1.24 | -0.93 | -1.12 | -0.78 | -0.50 | -0.35 | -0.35 | -0.37 | -0.54 |
| ZL34 | 引水前 | 2291.92 | 2292.66 | 2293.12 | 2293.01 | 2293.51 | 2292.41 | 2291.91 | 2291.49 | 2291.25 | 2291.25 | 2291.27 | 2291.69 |
| | 引水后 | 2291.19 | 2291.19 | 2291.37 | 2291.21 | 2292.16 | 2290.77 | 2290.76 | 2290.76 | 2290.75 | 2290.75 | 2290.75 | 2290.90 |
| | 变化值 | -0.73 | -1.47 | -1.75 | -1.80 | -1.35 | -1.64 | -1.15 | -0.73 | -0.50 | -0.50 | -0.52 | -0.79 |
| ZL39 | 引水前 | 2231.12 | 2231.49 | 2231.61 | 2231.60 | 2231.54 | 2231.36 | 2230.99 | 2230.65 | 2230.47 | 2230.47 | 2230.55 | 2230.87 |
| | 引水后 | 2230.41 | 2230.41 | 2230.62 | 2230.51 | 2231.22 | 2230.15 | 2230.14 | 2230.13 | 2230.12 | 2230.12 | 2230.12 | 2230.23 |
| | 变化值 | -0.71 | -1.09 | -0.99 | -1.10 | -0.32 | -1.20 | -0.86 | -0.52 | -0.34 | -0.35 | -0.43 | -0.64 |

续表

| 断面 | | 5月 | 6月 | 7月 | 8月 | 9月 | 10月 | 11月 | 12月 | 1月 | 2月 | 3月 | 4月 |
|---|---|---|---|---|---|---|---|---|---|---|---|---|---|
| ZL40 | 引水前 | 2225.67 | 2226.26 | 2226.75 | 2226.62 | 2227.15 | 2226.03 | 2225.48 | 2225.09 | 2224.86 | 2224.89 | 2225.01 | 2225.36 |
| | 引水后 | 2224.83 | 2224.83 | 2225.08 | 2224.95 | 2225.79 | 2224.42 | 2224.38 | 2224.37 | 2224.36 | 2224.36 | 2224.36 | 2224.55 |
| | 变化值 | -0.84 | -1.43 | -1.67 | -1.67 | -1.36 | -1.61 | -1.10 | -0.72 | -0.50 | -0.53 | -0.65 | -0.81 |
| ZL41 | 引水前 | 2219.50 | 2220.01 | 2220.55 | 2220.41 | 2221.03 | 2219.77 | 2219.28 | 2218.90 | 2218.72 | 2218.73 | 2218.74 | 2219.05 |
| | 引水后 | 2218.66 | 2218.66 | 2218.82 | 2218.68 | 2219.52 | 2217.93 | 2217.91 | 2217.90 | 2217.89 | 2217.89 | 2217.89 | 2218.14 |
| | 变化值 | -0.84 | -1.35 | -1.73 | -1.73 | -1.51 | -1.84 | -1.37 | -1.00 | -0.83 | -0.84 | -0.85 | -0.91 |
| ZL42 | 引水前 | 2208.19 | 2208.57 | 2208.92 | 2208.83 | 2209.21 | 2208.43 | 2208.01 | 2207.67 | 2207.50 | 2207.51 | 2207.53 | 2207.81 |
| | 引水后 | 2207.46 | 2207.46 | 2207.59 | 2207.48 | 2208.21 | 2207.19 | 2207.17 | 2207.16 | 2207.15 | 2207.15 | 2207.16 | 2207.32 |
| | 变化值 | -0.73 | -1.11 | -1.33 | -1.35 | -1.00 | -1.24 | -0.84 | -0.51 | -0.35 | -0.36 | -0.37 | -0.49 |
| 厂址 | 引水前 | 2117.01 | 2117.41 | 2117.70 | 2117.63 | 2117.96 | 2117.27 | 2116.96 | 2116.71 | 2116.59 | 2116.59 | 2116.61 | 2116.82 |
| | 引水后 | 2116.53 | 2116.51 | 2116.69 | 2116.48 | 2117.17 | 2116.24 | 2116.24 | 2116.24 | 2116.25 | 2116.25 | 2116.35 | 2116.48 |
| | 变化值 | -0.48 | -0.90 | -1.01 | -1.15 | -0.79 | -1.03 | -0.72 | -0.47 | -0.34 | -0.34 | -0.26 | -0.34 |
| ZL47 | 引水前 | 2095.81 | 2096.28 | 2096.66 | 2096.56 | 2097.01 | 2096.10 | 2095.74 | 2095.45 | 2095.31 | 2095.32 | 2095.34 | 2095.61 |
| | 引水后 | 2095.81 | 2096.28 | 2096.66 | 2096.56 | 2097.01 | 2096.10 | 2095.74 | 2095.45 | 2095.31 | 2095.32 | 2095.34 | 2095.61 |
| | 变化值 | 0.00 | 0.00 | 0.00 | 0.00 | 0.00 | 0.00 | 0.00 | 0.00 | 0.00 | 0.00 | 0.00 | 0.00 |
| ZL47-3 | 引水前 | 2084.02 | 2084.53 | 2084.87 | 2084.79 | 2085.16 | 2084.33 | 2083.95 | 2083.65 | 2083.49 | 2083.49 | 2083.51 | 2083.82 |
| | 引水后 | 2084.02 | 2084.53 | 2084.87 | 2084.79 | 2085.16 | 2084.33 | 2083.95 | 2083.65 | 2083.49 | 2083.49 | 2083.51 | 2083.82 |
| | 变化值 | 0.00 | 0.00 | 0.00 | 0.00 | 0.00 | 0.00 | 0.00 | 0.00 | 0.00 | 0.00 | 0.00 | 0.00 |
| ZL58 | 引水前 | 1871.07 | 1872.11 | 1872.66 | 1872.52 | 1873.09 | 1871.81 | 1870.99 | 1870.68 | 1870.39 | 1870.41 | 1870.43 | 1870.99 |
| | 引水后 | 1871.07 | 1872.11 | 1872.66 | 1872.52 | 1873.09 | 1871.81 | 1870.99 | 1870.68 | 1870.39 | 1870.41 | 1870.43 | 1870.99 |
| | 变化值 | 0.00 | 0.00 | 0.00 | 0.00 | 0.00 | 0.00 | 0.00 | 0.00 | 0.00 | 0.00 | 0.00 | 0.00 |
| ZL58-3 | 引水前 | 1852.62 | 1853.08 | 1853.42 | 1853.33 | 1853.68 | 1852.89 | 1852.57 | 1852.30 | 1852.15 | 1852.16 | 1852.18 | 1852.45 |
| | 引水后 | 1852.62 | 1853.08 | 1853.42 | 1853.33 | 1853.68 | 1852.89 | 1852.57 | 1852.30 | 1852.15 | 1852.16 | 1852.18 | 1852.45 |
| | 变化值 | 0.00 | 0.00 | 0.00 | 0.00 | 0.00 | 0.00 | 0.00 | 0.00 | 0.00 | 0.00 | 0.00 | 0.00 |

表6.3-10　　平水年、优化后研究河段典型断面逐月最大水深变化

（单位：m）

| 断面 | | 5月 | 6月 | 7月 | 8月 | 9月 | 10月 | 11月 | 12月 | 1月 | 2月 | 3月 | 4月 |
|---|---|---|---|---|---|---|---|---|---|---|---|---|---|
| 坝址 | 引水前 | 1.80 | 2.14 | 2.50 | 2.41 | 2.80 | 1.97 | 1.63 | 1.37 | 1.21 | 1.21 | 1.23 | 1.47 |
| | 引水后 | 1.14 | 1.14 | 1.30 | 1.14 | 1.79 | 0.82 | 0.82 | 0.82 | 0.82 | 0.82 | 0.82 | 0.95 |
| | 变化值 | -0.66 | -1.00 | -1.20 | -1.27 | -1.01 | -1.15 | -0.81 | -0.55 | -0.39 | -0.39 | -0.41 | -0.52 |
| ZL04 | 引水前 | 1.55 | 2.04 | 2.48 | 2.37 | 2.81 | 1.84 | 1.42 | 1.12 | 0.98 | 0.98 | 0.99 | 1.24 |
| | 引水后 | 0.93 | 0.93 | 1.05 | 0.93 | 1.62 | 0.73 | 0.73 | 0.73 | 0.73 | 0.73 | 0.73 | 0.81 |
| | 变化值 | -0.62 | -1.11 | -1.43 | -1.44 | -1.19 | -1.10 | -0.69 | -0.38 | -0.24 | -0.25 | -0.26 | -0.43 |
| ZL05 | 引水前 | 1.41 | 1.90 | 2.19 | 2.13 | 2.44 | 1.72 | 1.36 | 1.09 | 0.95 | 0.95 | 0.96 | 1.20 |
| | 引水后 | 0.86 | 0.86 | 1.01 | 0.86 | 1.53 | 0.67 | 0.67 | 0.67 | 0.67 | 0.67 | 0.67 | 0.76 |
| | 变化值 | -0.55 | -1.04 | -1.18 | -1.26 | -0.91 | -1.06 | -0.70 | -0.42 | -0.28 | -0.28 | -0.29 | -0.44 |
| ZL06 | 引水前 | 2.21 | 2.73 | 3.15 | 3.06 | 3.47 | 2.54 | 2.09 | 1.71 | 1.51 | 1.52 | 1.54 | 1.81 |
| | 引水后 | 1.43 | 1.43 | 1.61 | 1.45 | 2.31 | 1.11 | 1.11 | 1.11 | 1.11 | 1.11 | 1.11 | 1.25 |
| | 变化值 | -0.78 | -1.30 | -1.54 | -1.61 | -1.16 | -1.43 | -0.98 | -0.60 | -0.40 | -0.41 | -0.43 | -0.56 |
| ZL07 | 引水前 | 1.66 | 2.28 | 2.96 | 2.77 | 3.71 | 2.01 | 1.50 | 1.12 | 0.93 | 0.94 | 0.96 | 1.29 |
| | 引水后 | 0.87 | 0.87 | 1.03 | 0.88 | 1.75 | 0.58 | 0.57 | 0.57 | 0.57 | 0.57 | 0.57 | 0.68 |
| | 变化值 | -0.79 | -1.41 | -1.92 | -1.89 | -1.96 | -1.43 | -0.93 | -0.55 | -0.36 | -0.36 | -0.39 | -0.60 |
| ZL18 | 引水前 | 2.62 | 3.32 | 3.69 | 3.63 | 3.63 | 3.05 | 2.40 | 1.81 | 1.50 | 1.51 | 1.57 | 2.09 |
| | 引水后 | 1.40 | 1.40 | 1.69 | 1.44 | 2.75 | 0.91 | 0.91 | 0.90 | 0.90 | 0.90 | 0.90 | 1.09 |
| | 变化值 | -1.22 | -1.92 | -2.00 | -2.19 | -0.88 | -2.14 | -1.50 | -0.91 | -0.60 | -0.61 | -0.67 | -1.01 |
| ZL19 | 引水前 | 1.94 | 2.54 | 3.01 | 2.90 | 3.38 | 2.33 | 1.84 | 1.49 | 1.29 | 1.29 | 1.31 | 1.60 |
| | 引水后 | 1.23 | 1.23 | 1.40 | 1.24 | 2.07 | 0.88 | 0.88 | 0.88 | 0.88 | 0.88 | 0.88 | 0.96 |
| | 变化值 | -0.71 | -1.31 | -1.61 | -1.66 | -1.31 | -1.45 | -0.96 | -0.61 | -0.41 | -0.41 | -0.43 | -0.64 |
| ZL20 | 引水前 | 2.71 | 3.41 | 3.94 | 3.82 | 4.31 | 3.20 | 2.65 | 2.20 | 1.94 | 1.95 | 1.97 | 2.35 |
| | 引水后 | 1.87 | 1.87 | 2.08 | 1.89 | 2.91 | 1.42 | 1.41 | 1.40 | 1.40 | 1.40 | 1.40 | 1.50 |
| | 变化值 | -0.84 | -1.54 | -1.86 | -1.93 | -1.40 | -1.78 | -1.24 | -0.80 | -0.54 | -0.55 | -0.57 | -0.85 |

续表

| 断面 | | 5月 | 6月 | 7月 | 8月 | 9月 | 10月 | 11月 | 12月 | 1月 | 2月 | 3月 | 4月 |
|---|---|---|---|---|---|---|---|---|---|---|---|---|---|
| ZL21 | 引水前 | 1.51 | 2.01 | 2.44 | 2.34 | 2.78 | 1.79 | 1.38 | 1.07 | 0.93 | 0.93 | 0.96 | 1.21 |
| | 引水后 | 0.88 | 0.88 | 1.01 | 0.91 | 1.59 | 0.69 | 0.69 | 0.68 | 0.68 | 0.68 | 0.68 | 0.75 |
| | 变化值 | -0.62 | -1.12 | -1.43 | -1.43 | -1.19 | -1.10 | -0.69 | -0.39 | -0.24 | -0.25 | -0.28 | -0.46 |
| ZL28 | 引水前 | 1.79 | 2.12 | 2.47 | 2.39 | 2.74 | 1.95 | 1.61 | 1.32 | 1.16 | 1.16 | 1.19 | 1.43 |
| | 引水后 | 1.12 | 1.12 | 1.24 | 1.14 | 1.78 | 0.83 | 0.82 | 0.81 | 0.80 | 0.80 | 0.80 | 0.90 |
| | 变化值 | -0.67 | -1.00 | -1.23 | -1.25 | -0.96 | -1.12 | -0.79 | -0.51 | -0.36 | -0.36 | -0.39 | -0.53 |
| ZL34 | 引水前 | 2.22 | 2.96 | 3.42 | 3.31 | 3.80 | 2.70 | 2.20 | 1.79 | 1.55 | 1.55 | 1.57 | 1.92 |
| | 引水后 | 1.50 | 1.49 | 1.67 | 1.51 | 2.45 | 1.07 | 1.06 | 1.06 | 1.05 | 1.05 | 1.05 | 1.19 |
| | 变化值 | -0.72 | -1.47 | -1.75 | -1.80 | -1.35 | -1.63 | -1.14 | -0.73 | -0.50 | -0.50 | -0.52 | -0.73 |
| ZL39 | 引水前 | 1.72 | 2.09 | 2.21 | 2.20 | 2.14 | 1.95 | 1.59 | 1.24 | 1.06 | 1.07 | 1.15 | 1.47 |
| | 引水后 | 1.00 | 1.01 | 1.22 | 1.10 | 1.82 | 0.75 | 0.73 | 0.72 | 0.72 | 0.72 | 0.72 | 0.83 |
| | 变化值 | -0.71 | -1.09 | -0.99 | -1.10 | -0.32 | -1.20 | -0.86 | -0.52 | -0.34 | -0.35 | -0.43 | -0.64 |
| ZL40 | 引水前 | 2.37 | 2.96 | 3.45 | 3.32 | 3.85 | 2.73 | 2.18 | 1.79 | 1.56 | 1.59 | 1.71 | 2.06 |
| | 引水后 | 1.53 | 1.53 | 1.78 | 1.65 | 2.49 | 1.12 | 1.08 | 1.07 | 1.06 | 1.06 | 1.06 | 1.25 |
| | 变化值 | -0.84 | -1.43 | -1.67 | -1.67 | -1.36 | -1.61 | -1.10 | -0.72 | -0.50 | -0.53 | -0.65 | -0.81 |
| ZL41 | 引水前 | 3.04 | 3.55 | 4.09 | 3.95 | 4.55 | 3.30 | 2.81 | 2.44 | 2.26 | 2.28 | 2.30 | 2.61 |
| | 引水后 | 2.18 | 2.18 | 2.36 | 2.20 | 3.04 | 1.49 | 1.47 | 1.46 | 1.45 | 1.45 | 1.45 | 1.59 |
| | 变化值 | -0.86 | -1.37 | -1.73 | -1.75 | -1.51 | -1.81 | -1.34 | -0.98 | -0.81 | -0.83 | -0.85 | -1.02 |
| ZL42 | 引水前 | 2.10 | 2.49 | 2.83 | 2.74 | 3.13 | 2.33 | 1.91 | 1.58 | 1.41 | 1.42 | 1.44 | 1.69 |
| | 引水后 | 1.38 | 1.38 | 1.50 | 1.40 | 2.11 | 1.10 | 1.08 | 1.07 | 1.06 | 1.06 | 1.07 | 1.13 |
| | 变化值 | -0.72 | -1.11 | -1.33 | -1.34 | -1.02 | -1.23 | -0.83 | -0.51 | -0.35 | -0.36 | -0.37 | -0.56 |
| 厂址 | 引水前 | 1.41 | 1.81 | 2.10 | 2.03 | 2.36 | 1.66 | 1.36 | 1.11 | 0.99 | 0.99 | 1.01 | 1.22 |
| | 引水后 | 0.91 | 0.91 | 1.09 | 0.93 | 1.57 | 0.67 | 0.65 | 0.64 | 0.63 | 0.63 | 0.64 | 0.72 |
| | 变化值 | -0.50 | -0.90 | -1.01 | -1.10 | -0.79 | -0.99 | -0.71 | -0.47 | -0.36 | -0.36 | -0.37 | -0.50 |

续表

| 断面 | | 5月 | 6月 | 7月 | 8月 | 9月 | 10月 | 11月 | 12月 | 1月 | 2月 | 3月 | 4月 |
|---|---|---|---|---|---|---|---|---|---|---|---|---|---|
| ZL47 | 引水前 | 1.54 | 2.04 | 2.43 | 2.33 | 2.81 | 1.85 | 1.49 | 1.20 | 1.06 | 1.07 | 1.09 | 1.30 |
| | 引水后 | 1.54 | 2.04 | 2.43 | 2.33 | 2.81 | 1.85 | 1.49 | 1.20 | 1.06 | 1.07 | 1.09 | 1.30 |
| | 变化值 | 0.00 | 0.00 | 0.00 | 0.00 | 0.00 | 0.00 | 0.00 | 0.00 | 0.00 | 0.00 | 0.00 | 0.00 |
| ZL47-3 | 引水前 | 1.71 | 2.25 | 2.60 | 2.52 | 2.91 | 2.04 | 1.66 | 1.36 | 1.20 | 1.20 | 1.22 | 1.46 |
| | 引水后 | 1.71 | 2.25 | 2.60 | 2.52 | 2.91 | 2.04 | 1.66 | 1.36 | 1.20 | 1.20 | 1.22 | 1.46 |
| | 变化值 | 0.00 | 0.00 | 0.00 | 0.00 | 0.00 | 0.00 | 0.00 | 0.00 | 0.00 | 0.00 | 0.00 | 0.00 |
| ZL58 | 引水前 | 3.35 | 4.22 | 4.78 | 4.64 | 5.23 | 3.91 | 3.09 | 2.78 | 2.49 | 2.51 | 2.53 | 2.99 |
| | 引水后 | 3.35 | 4.22 | 4.78 | 4.64 | 5.23 | 3.91 | 3.09 | 2.78 | 2.49 | 2.51 | 2.53 | 2.99 |
| | 变化值 | 0.00 | 0.00 | 0.00 | 0.00 | 0.00 | 0.00 | 0.00 | 0.00 | 0.00 | 0.00 | 0.00 | 0.00 |
| ZL58-3 | 引水前 | 1.43 | 1.92 | 2.27 | 2.18 | 2.58 | 1.72 | 1.40 | 1.13 | 0.98 | 0.99 | 1.01 | 1.21 |
| | 引水后 | 1.43 | 1.92 | 2.27 | 2.18 | 2.58 | 1.72 | 1.40 | 1.13 | 0.98 | 0.99 | 1.01 | 1.21 |
| | 变化值 | 0.00 | 0.00 | 0.00 | 0.00 | 0.00 | 0.00 | 0.00 | 0.00 | 0.00 | 0.00 | 0.00 | 0.00 |

表6.3-11　平水年、优化后研究河段典型断面平均水深变化

（单位：m）

| 断面 | | 5月 | 6月 | 7月 | 8月 | 9月 | 10月 | 11月 | 12月 | 1月 | 2月 | 3月 | 4月 |
|---|---|---|---|---|---|---|---|---|---|---|---|---|---|
| 坝址 | 引水前 | 1.11 | 1.50 | 1.82 | 1.75 | 2.07 | 1.31 | 0.98 | 0.76 | 0.62 | 0.62 | 0.63 | 0.83 |
| | 引水后 | 0.60 | 0.59 | 0.70 | 0.60 | 1.23 | 0.45 | 0.45 | 0.45 | 0.45 | 0.45 | 0.46 | 0.54 |
| | 变化值 | -0.51 | -0.91 | -1.12 | -1.15 | -0.85 | -0.86 | -0.53 | -0.31 | -0.16 | -0.17 | -0.17 | -0.29 |
| ZL04 | 引水前 | 1.03 | 1.43 | 1.81 | 1.71 | 2.12 | 1.26 | 0.93 | 0.70 | 0.59 | 0.59 | 0.61 | 0.79 |
| | 引水后 | 0.56 | 0.56 | 0.64 | 0.56 | 1.09 | 0.41 | 0.41 | 0.41 | 0.41 | 0.41 | 0.41 | 0.47 |
| | 变化值 | -0.47 | -0.87 | -1.16 | -1.15 | -1.04 | -0.84 | -0.52 | -0.28 | -0.18 | -0.18 | -0.19 | -0.32 |
| ZL05 | 引水前 | 0.94 | 1.10 | 1.31 | 1.27 | 1.47 | 1.03 | 0.88 | 0.72 | 0.63 | 0.63 | 0.65 | 0.79 |
| | 引水后 | 0.58 | 0.58 | 0.68 | 0.58 | 0.95 | 0.43 | 0.43 | 0.43 | 0.43 | 0.43 | 0.43 | 0.51 |
| | 变化值 | -0.36 | -0.52 | -0.64 | -0.69 | -0.52 | -0.69 | -0.44 | -0.29 | -0.20 | -0.20 | -0.21 | -0.28 |

续表

| 断面 | | 5月 | 6月 | 7月 | 8月 | 9月 | 10月 | 11月 | 12月 | 1月 | 2月 | 3月 | 4月 |
|---|---|---|---|---|---|---|---|---|---|---|---|---|---|
| ZL06 | 引水前 | 0.90 | 1.06 | 1.24 | 1.20 | 1.42 | 1.19 | 0.84 | 0.69 | 0.61 | 0.61 | 0.63 | 0.77 |
| | 引水后 | 0.56 | 0.56 | 0.65 | 0.57 | 1.06 | 0.43 | 0.43 | 0.43 | 0.43 | 0.44 | 0.44 | 0.52 |
| | 变化值 | −0.34 | −0.50 | −0.59 | −0.63 | −0.36 | −0.76 | −0.41 | −0.26 | −0.17 | −0.17 | −0.19 | −0.25 |
| ZL07 | 引水前 | 1.29 | 1.78 | 2.27 | 2.14 | 2.74 | 1.57 | 1.17 | 0.85 | 0.70 | 0.70 | 0.73 | 0.99 |
| | 引水后 | 0.65 | 0.65 | 0.78 | 0.66 | 1.37 | 0.42 | 0.42 | 0.42 | 0.42 | 0.42 | 0.42 | 0.51 |
| | 变化值 | −0.64 | −1.13 | −1.49 | −1.48 | −1.38 | −1.15 | −0.75 | −0.43 | −0.28 | −0.28 | −0.30 | −0.48 |
| ZL18 | 引水前 | 1.30 | 1.79 | 2.27 | 2.15 | 2.75 | 1.58 | 1.17 | 0.86 | 0.70 | 0.71 | 0.74 | 1.00 |
| | 引水后 | 0.64 | 0.65 | 0.79 | 0.68 | 1.38 | 0.43 | 0.43 | 0.42 | 0.42 | 0.42 | 0.42 | 0.51 |
| | 变化值 | −0.66 | −1.13 | −1.48 | −1.47 | −1.37 | −1.14 | −0.74 | −0.43 | −0.28 | −0.28 | −0.31 | −0.49 |
| ZL19 | 引水前 | 1.33 | 1.70 | 2.02 | 1.96 | 2.25 | 1.54 | 1.21 | 0.92 | 0.81 | 0.81 | 0.83 | 1.02 |
| | 引水后 | 0.77 | 0.77 | 0.86 | 0.78 | 1.24 | 0.45 | 0.45 | 0.45 | 0.45 | 0.45 | 0.45 | 0.51 |
| | 变化值 | −0.56 | −0.93 | −1.16 | −1.18 | −1.01 | −1.09 | −0.76 | −0.47 | −0.35 | −0.35 | −0.38 | −0.51 |
| ZL20 | 引水前 | 1.40 | 1.62 | 1.98 | 1.86 | 2.14 | 1.54 | 1.30 | 1.05 | 0.77 | 0.77 | 0.78 | 1.12 |
| | 引水后 | 0.73 | 0.73 | 0.83 | 0.74 | 1.35 | 0.45 | 0.45 | 0.45 | 0.45 | 0.45 | 0.45 | 0.54 |
| | 变化值 | −0.67 | −0.89 | −1.15 | −1.12 | −0.79 | −1.09 | −0.85 | −0.60 | −0.32 | −0.32 | −0.33 | −0.58 |
| ZL21 | 引水前 | 0.80 | 1.03 | 1.23 | 1.18 | 1.37 | 0.93 | 0.74 | 0.59 | 0.53 | 0.53 | 0.54 | 0.66 |
| | 引水后 | 0.50 | 0.50 | 0.57 | 0.52 | 0.84 | 0.41 | 0.41 | 0.41 | 0.41 | 0.41 | 0.41 | 0.44 |
| | 变化值 | −0.29 | −0.53 | −0.66 | −0.66 | −0.54 | −0.52 | −0.33 | −0.18 | −0.12 | −0.12 | −0.13 | −0.22 |
| ZL28 | 引水前 | 1.06 | 1.25 | 1.39 | 1.35 | 1.51 | 1.16 | 0.98 | 0.81 | 0.73 | 0.73 | 0.74 | 0.91 |
| | 引水后 | 0.69 | 0.69 | 0.81 | 0.70 | 1.07 | 0.50 | 0.49 | 0.48 | 0.48 | 0.48 | 0.48 | 0.61 |
| | 变化值 | −0.37 | −0.56 | −0.58 | −0.65 | −0.44 | −0.66 | −0.49 | −0.33 | −0.25 | −0.25 | −0.27 | −0.30 |

续表

| 断面 | | 5月 | 6月 | 7月 | 8月 | 9月 | 10月 | 11月 | 12月 | 1月 | 2月 | 3月 | 4月 |
|---|---|---|---|---|---|---|---|---|---|---|---|---|---|
| ZL34 | 引水前 | 0.96 | 1.16 | 1.30 | 1.27 | 1.40 | 1.16 | 0.97 | 0.84 | 0.74 | 0.74 | 0.75 | 0.88 |
| | 引水后 | 0.69 | 0.69 | 0.80 | 0.70 | 1.01 | 0.50 | 0.49 | 0.49 | 0.48 | 0.48 | 0.48 | 0.55 |
| | 变化值 | −0.27 | −0.47 | −0.50 | −0.57 | −0.40 | −0.67 | −0.48 | −0.35 | −0.26 | −0.26 | −0.27 | −0.33 |
| ZL39 | 引水前 | 1.11 | 1.42 | 1.61 | 1.57 | 1.72 | 1.29 | 1.02 | 0.79 | 0.67 | 0.67 | 0.73 | 0.94 |
| | 引水后 | 0.63 | 0.63 | 0.77 | 0.69 | 1.18 | 0.47 | 0.46 | 0.45 | 0.45 | 0.45 | 0.45 | 0.52 |
| | 变化值 | −0.48 | −0.79 | −0.84 | −0.87 | −0.53 | −0.82 | −0.56 | −0.33 | −0.22 | −0.22 | −0.28 | −0.42 |
| ZL40 | 引水前 | 1.02 | 1.27 | 1.48 | 1.43 | 1.66 | 1.17 | 0.94 | 0.77 | 0.67 | 0.68 | 0.74 | 0.89 |
| | 引水后 | 0.66 | 0.66 | 0.76 | 0.71 | 1.07 | 0.48 | 0.47 | 0.46 | 0.45 | 0.45 | 0.46 | 0.54 |
| | 变化值 | −0.36 | −0.61 | −0.72 | −0.72 | −0.58 | −0.69 | −0.47 | −0.31 | −0.22 | −0.23 | −0.28 | −0.35 |
| ZL41 | 引水前 | 0.89 | 1.05 | 1.51 | 1.48 | 1.64 | 0.92 | 0.82 | 0.71 | 0.54 | 0.55 | 0.56 | 0.75 |
| | 引水后 | 0.58 | 0.58 | 0.69 | 0.62 | 0.89 | 0.45 | 0.44 | 0.44 | 0.44 | 0.44 | 0.44 | 0.53 |
| | 变化值 | −0.31 | −0.47 | −0.82 | −0.86 | −0.75 | −0.47 | −0.38 | −0.27 | −0.10 | −0.11 | −0.12 | −0.22 |
| ZL42 | 引水前 | 1.25 | 1.57 | 1.92 | 1.85 | 2.21 | 1.36 | 1.15 | 0.95 | 0.83 | 0.84 | 0.85 | 1.06 |
| | 引水后 | 0.75 | 0.75 | 0.91 | 0.76 | 1.22 | 0.46 | 0.45 | 0.45 | 0.44 | 0.44 | 0.45 | 0.52 |
| | 变化值 | −0.50 | −0.82 | −1.01 | −1.09 | −0.99 | −0.90 | −0.70 | −0.50 | −0.39 | −0.40 | −0.40 | −0.54 |
| 厂址 | 引水前 | 0.90 | 1.11 | 1.35 | 1.29 | 1.54 | 1.18 | 0.82 | 0.73 | 0.62 | 0.63 | 0.65 | 0.77 |
| | 引水后 | 0.56 | 0.56 | 0.69 | 0.57 | 0.96 | 0.44 | 0.43 | 0.43 | 0.43 | 0.43 | 0.44 | 0.54 |
| | 变化值 | −0.34 | −0.55 | −0.66 | −0.72 | −0.58 | −0.74 | −0.38 | −0.30 | −0.19 | −0.20 | −0.21 | −0.23 |
| ZL47 | 引水前 | 1.12 | 1.55 | 1.88 | 1.81 | 2.16 | 1.36 | 1.06 | 0.83 | 0.71 | 0.72 | 0.74 | 0.97 |
| | 引水后 | 1.12 | 1.55 | 1.88 | 1.81 | 2.16 | 1.36 | 1.06 | 0.83 | 0.71 | 0.72 | 0.74 | 0.97 |
| | 变化值 | 0.00 | 0.00 | 0.00 | 0.00 | 0.00 | 0.00 | 0.00 | 0.00 | 0.00 | 0.00 | 0.00 | 0.00 |
| ZL47−3 | 引水前 | 1.15 | 1.42 | 1.62 | 1.57 | 1.77 | 1.29 | 1.07 | 0.87 | 0.76 | 0.77 | 0.79 | 0.98 |
| | 引水后 | 1.15 | 1.42 | 1.62 | 1.57 | 1.77 | 1.29 | 1.07 | 0.87 | 0.76 | 0.77 | 0.79 | 0.98 |
| | 变化值 | 0.00 | 0.00 | 0.00 | 0.00 | 0.00 | 0.00 | 0.00 | 0.00 | 0.00 | 0.00 | 0.00 | 0.00 |

续表

| 断面 | | 5月 | 6月 | 7月 | 8月 | 9月 | 10月 | 11月 | 12月 | 1月 | 2月 | 3月 | 4月 |
|---|---|---|---|---|---|---|---|---|---|---|---|---|---|
| ZL58 | 引水前 | 1.30 | 1.54 | 1.69 | 1.66 | 1.81 | 1.43 | 1.25 | 1.06 | 0.96 | 0.97 | 0.99 | 1.18 |
| | 引水后 | 1.30 | 1.54 | 1.69 | 1.66 | 1.81 | 1.43 | 1.25 | 1.06 | 0.96 | 0.97 | 0.99 | 1.18 |
| | 变化值 | 0.00 | 0.00 | 0.00 | 0.00 | 0.00 | 0.00 | 0.00 | 0.00 | 0.00 | 0.00 | 0.00 | 0.00 |
| ZL58-3 | 引水前 | 1.01 | 1.24 | 1.40 | 1.37 | 1.57 | 1.13 | 0.93 | 0.74 | 0.65 | 0.66 | 0.68 | 0.85 |
| | 引水后 | 1.01 | 1.24 | 1.40 | 1.37 | 1.57 | 1.13 | 0.93 | 0.74 | 0.65 | 0.66 | 0.68 | 0.85 |
| | 变化值 | 0.00 | 0.00 | 0.00 | 0.00 | 0.00 | 0.00 | 0.00 | 0.00 | 0.00 | 0.00 | 0.00 | 0.00 |

表 6.3-12　平水年、优化后研究河段典型断面流速变化

（单位：流速，m/s；变化率，%）

| 断面 | | 5月 | 6月 | 7月 | 8月 | 9月 | 10月 | 11月 | 12月 | 1月 | 2月 | 3月 | 4月 |
|---|---|---|---|---|---|---|---|---|---|---|---|---|---|
| 坝址 | 引水前 | 1.76 | 2.06 | 2.30 | 2.25 | 2.42 | 1.92 | 1.66 | 1.45 | 1.33 | 1.33 | 1.35 | 1.54 |
| | 引水后 | 1.27 | 1.27 | 1.39 | 1.27 | 1.78 | 1.02 | 1.02 | 1.02 | 1.02 | 1.02 | 1.02 | 1.12 |
| | 变化值 | -0.49 | -0.79 | -0.91 | -0.98 | -0.64 | -0.90 | -0.64 | -0.43 | -0.31 | -0.31 | -0.33 | -0.43 |
| | 变化率 | -27.65 | -38.29 | -39.58 | -43.56 | -26.61 | -46.99 | -38.76 | -29.90 | -23.24 | -23.24 | -24.60 | -27.63 |
| ZL04 | 引水前 | 1.65 | 2.11 | 2.50 | 2.41 | 2.80 | 1.91 | 1.53 | 1.24 | 1.11 | 1.11 | 1.12 | 1.36 |
| | 引水后 | 1.07 | 1.07 | 1.17 | 1.07 | 1.71 | 0.88 | 0.88 | 0.88 | 0.88 | 0.88 | 0.88 | 0.95 |
| | 变化值 | -0.58 | -1.04 | -1.33 | -1.34 | -1.09 | -1.04 | -0.65 | -0.36 | -0.23 | -0.23 | -0.25 | -0.41 |
| | 变化率 | -35.31 | -49.40 | -53.05 | -55.73 | -38.86 | -54.10 | -42.58 | -29.31 | -20.65 | -20.95 | -21.91 | -30.19 |
| ZL05 | 引水前 | 1.53 | 1.82 | 2.01 | 1.97 | 2.15 | 1.68 | 1.43 | 1.22 | 1.10 | 1.11 | 1.13 | 1.31 |
| | 引水后 | 1.06 | 1.06 | 1.16 | 1.06 | 1.54 | 0.85 | 0.85 | 0.85 | 0.85 | 0.85 | 0.85 | 0.93 |
| | 变化值 | -0.47 | -0.76 | -0.84 | -0.91 | -0.61 | -0.83 | -0.58 | -0.36 | -0.25 | -0.26 | -0.27 | -0.38 |
| | 变化率 | -30.52 | -41.69 | -42.08 | -46.24 | -28.18 | -49.37 | -40.40 | -29.94 | -22.68 | -23.03 | -24.39 | -28.79 |

续表

| 断面 | | 5月 | 6月 | 7月 | 8月 | 9月 | 10月 | 11月 | 12月 | 1月 | 2月 | 3月 | 4月 |
|---|---|---|---|---|---|---|---|---|---|---|---|---|---|
| ZL06 | 引水前 | 1.39 | 1.59 | 1.76 | 1.72 | 1.88 | 1.49 | 1.30 | 1.11 | 1.01 | 1.01 | 1.03 | 1.20 |
| | 引水后 | 0.98 | 0.98 | 1.07 | 0.97 | 1.42 | 0.79 | 0.79 | 0.79 | 0.79 | 0.79 | 0.79 | 0.86 |
| | 变化值 | -0.41 | -0.61 | -0.68 | -0.75 | -0.47 | -0.71 | -0.51 | -0.32 | -0.23 | -0.23 | -0.24 | -0.34 |
| | 变化率 | -29.45 | -38.53 | -38.95 | -43.64 | -24.78 | -47.23 | -39.43 | -28.94 | -22.20 | -22.20 | -23.10 | -28.14 |
| ZL07 | 引水前 | 1.88 | 2.53 | 2.75 | 2.68 | 2.99 | 2.24 | 1.71 | 1.31 | 1.10 | 1.11 | 1.14 | 1.48 |
| | 引水后 | 1.04 | 1.04 | 1.21 | 1.05 | 1.97 | 0.74 | 0.74 | 0.73 | 0.73 | 0.73 | 0.73 | 0.85 |
| | 变化值 | -0.83 | -1.49 | -1.54 | -1.63 | -1.02 | -1.51 | -0.98 | -0.57 | -0.37 | -0.38 | -0.41 | -0.63 |
| | 变化率 | -44.52 | -58.92 | -55.83 | -60.74 | -34.04 | -67.14 | -57.09 | -43.86 | -33.57 | -33.97 | -35.58 | -42.74 |
| ZL18 | 引水前 | 1.99 | 2.29 | 2.49 | 2.37 | 3.07 | 2.12 | 1.93 | 1.71 | 1.54 | 1.55 | 1.59 | 1.83 |
| | 引水后 | 1.48 | 1.48 | 1.65 | 1.51 | 2.02 | 1.12 | 1.12 | 1.11 | 1.11 | 1.11 | 1.11 | 1.26 |
| | 变化值 | -0.51 | -0.81 | -0.84 | -0.86 | -1.05 | -1.00 | -0.82 | -0.60 | -0.43 | -0.44 | -0.48 | -0.57 |
| | 变化率 | -25.53 | -35.39 | -33.67 | -36.28 | -34.15 | -46.99 | -42.23 | -35.11 | -28.09 | -28.38 | -29.94 | -31.24 |
| ZL19 | 引水前 | 1.53 | 1.72 | 1.93 | 1.88 | 2.05 | 1.66 | 1.47 | 1.31 | 1.22 | 1.22 | 1.24 | 1.37 |
| | 引水后 | 1.17 | 1.17 | 1.29 | 1.19 | 1.57 | 0.96 | 0.96 | 0.96 | 0.96 | 0.96 | 0.96 | 1.03 |
| | 变化值 | -0.36 | -0.55 | -0.64 | -0.69 | -0.48 | -0.70 | -0.51 | -0.35 | -0.26 | -0.26 | -0.28 | -0.34 |
| | 变化率 | -23.53 | -31.98 | -33.28 | -36.70 | -23.51 | -42.17 | -34.69 | -26.86 | -21.15 | -21.64 | -22.90 | -24.82 |
| ZL20 | 引水前 | 1.73 | 2.08 | 2.32 | 2.28 | 2.44 | 1.95 | 1.62 | 1.36 | 1.23 | 1.24 | 1.26 | 1.45 |
| | 引水后 | 1.18 | 1.18 | 1.32 | 1.20 | 1.78 | 0.96 | 0.96 | 0.96 | 0.96 | 0.96 | 0.97 | 1.02 |
| | 变化值 | -0.55 | -0.90 | -1.00 | -1.08 | -0.66 | -0.99 | -0.65 | -0.40 | -0.27 | -0.28 | -0.29 | -0.43 |
| | 变化率 | -31.79 | -43.27 | -43.01 | -47.37 | -27.15 | -50.54 | -40.35 | -29.28 | -21.71 | -22.40 | -23.18 | -29.66 |
| ZL21 | 引水前 | 1.17 | 1.36 | 1.47 | 1.44 | 1.50 | 1.28 | 1.11 | 0.96 | 0.89 | 0.89 | 0.91 | 1.03 |
| | 引水后 | 0.86 | 0.86 | 0.93 | 0.88 | 1.20 | 0.76 | 0.76 | 0.76 | 0.75 | 0.75 | 0.76 | 0.80 |
| | 变化值 | -0.30 | -0.49 | -0.53 | -0.57 | -0.30 | -0.52 | -0.35 | -0.21 | -0.13 | -0.14 | -0.15 | -0.24 |
| | 变化率 | -25.91 | -36.27 | -36.34 | -39.29 | -20.00 | -40.82 | -31.82 | -21.42 | -14.95 | -15.18 | -16.62 | -23.01 |

续表

| 断面 | | 5月 | 6月 | 7月 | 8月 | 9月 | 10月 | 11月 | 12月 | 1月 | 2月 | 3月 | 4月 |
|---|---|---|---|---|---|---|---|---|---|---|---|---|---|
| ZL28 | 引水前 | 2.41 | 2.72 | 2.99 | 2.94 | 3.17 | 2.57 | 2.28 | 2.00 | 1.84 | 1.85 | 1.87 | 2.14 |
| | 引水后 | 1.80 | 1.80 | 1.95 | 1.83 | 2.45 | 1.46 | 1.46 | 1.45 | 1.45 | 1.45 | 1.45 | 1.56 |
| | 变化值 | -0.61 | -0.92 | -1.04 | -1.11 | -0.72 | -1.11 | -0.82 | -0.55 | -0.40 | -0.40 | -0.42 | -0.58 |
| | 变化率 | -25.31 | -33.92 | -34.87 | -37.76 | -22.77 | -43.10 | -36.10 | -27.65 | -21.53 | -21.70 | -22.62 | -27.10 |
| ZL34 | 引水前 | 1.99 | 2.24 | 2.43 | 2.40 | 2.59 | 2.12 | 1.91 | 1.72 | 1.60 | 1.60 | 1.62 | 1.81 |
| | 引水后 | 1.55 | 1.55 | 1.68 | 1.57 | 2.04 | 1.33 | 1.31 | 1.31 | 1.30 | 1.30 | 1.30 | 1.38 |
| | 变化值 | -0.44 | -0.69 | -0.75 | -0.83 | -0.55 | -0.79 | -0.61 | -0.41 | -0.30 | -0.30 | -0.32 | -0.43 |
| | 变化率 | -22.11 | -30.74 | -30.67 | -34.58 | -21.38 | -37.34 | -31.70 | -24.08 | -18.72 | -19.02 | -19.92 | -23.76 |
| ZL39 | 引水前 | 1.93 | 2.34 | 2.58 | 2.53 | 2.68 | 2.18 | 1.80 | 1.47 | 1.30 | 1.30 | 1.38 | 1.68 |
| | 引水后 | 1.24 | 1.25 | 1.44 | 1.34 | 2.03 | 1.01 | 0.99 | 0.99 | 0.98 | 0.98 | 0.98 | 1.08 |
| | 变化值 | -0.68 | -1.10 | -1.13 | -1.19 | -0.66 | -1.17 | -0.81 | -0.48 | -0.32 | -0.32 | -0.40 | -0.60 |
| | 变化率 | -35.50 | -46.85 | -44.03 | -47.20 | -24.46 | -53.63 | -44.83 | -32.80 | -24.46 | -24.85 | -28.80 | -35.84 |
| ZL40 | 引水前 | 1.93 | 2.25 | 2.47 | 2.41 | 2.61 | 2.08 | 1.86 | 1.60 | 1.46 | 1.47 | 1.53 | 1.77 |
| | 引水后 | 1.41 | 1.41 | 1.59 | 1.50 | 2.02 | 1.13 | 1.10 | 1.09 | 1.08 | 1.08 | 1.09 | 1.24 |
| | 变化值 | -0.52 | -0.84 | -0.88 | -0.91 | -0.59 | -0.95 | -0.76 | -0.51 | -0.38 | -0.39 | -0.44 | -0.53 |
| | 变化率 | -26.94 | -37.33 | -35.63 | -37.76 | -22.61 | -45.57 | -40.62 | -31.89 | -25.92 | -26.42 | -28.99 | -29.75 |
| ZL41 | 引水前 | 1.49 | 1.69 | 1.86 | 1.82 | 2.01 | 1.59 | 1.45 | 1.34 | 1.29 | 1.29 | 1.31 | 1.39 |
| | 引水后 | 1.24 | 1.24 | 1.33 | 1.27 | 1.53 | 0.97 | 0.96 | 0.95 | 0.95 | 0.95 | 0.95 | 1.02 |
| | 变化值 | -0.25 | -0.45 | -0.53 | -0.55 | -0.48 | -0.62 | -0.49 | -0.39 | -0.34 | -0.34 | -0.36 | -0.37 |
| | 变化率 | -16.78 | -26.63 | -28.59 | -30.22 | -24.12 | -38.93 | -33.70 | -29.25 | -26.22 | -26.51 | -27.63 | -26.62 |
| ZL42 | 引水前 | 1.46 | 1.71 | 1.90 | 1.86 | 2.06 | 1.60 | 1.37 | 1.19 | 1.09 | 1.10 | 1.12 | 1.27 |
| | 引水后 | 1.09 | 1.09 | 1.16 | 1.11 | 1.49 | 0.92 | 0.90 | 0.89 | 0.88 | 0.88 | 0.89 | 0.94 |
| | 变化值 | -0.37 | -0.62 | -0.74 | -0.75 | -0.57 | -0.68 | -0.47 | -0.30 | -0.21 | -0.22 | -0.23 | -0.33 |
| | 变化率 | -25.34 | -36.26 | -38.97 | -40.32 | -27.58 | -42.42 | -34.54 | -25.37 | -19.58 | -20.09 | -20.70 | -25.98 |

续表

| 断面 | | 5月 | 6月 | 7月 | 8月 | 9月 | 10月 | 11月 | 12月 | 1月 | 2月 | 3月 | 4月 |
|---|---|---|---|---|---|---|---|---|---|---|---|---|---|
| 厂址 | 引水前 | 2.86 | 3.27 | 3.61 | 3.54 | 3.79 | 3.06 | 2.71 | 2.38 | 2.20 | 2.20 | 2.22 | 2.47 |
| | 引水后 | 2.14 | 2.14 | 2.29 | 2.16 | 2.89 | 1.47 | 1.45 | 1.44 | 1.43 | 1.43 | 1.44 | 1.54 |
| | 变化值 | -0.72 | -1.13 | -1.32 | -1.38 | -0.90 | -1.59 | -1.27 | -0.94 | -0.77 | -0.77 | -0.78 | -0.93 |
| | 变化率 | -25.17 | -34.56 | -36.57 | -38.98 | -23.75 | -52.06 | -46.65 | -39.52 | -35.02 | -35.19 | -35.27 | -37.65 |
| ZL47 | 引水前 | 2.11 | 2.57 | 2.87 | 2.81 | 3.13 | 2.36 | 2.03 | 1.74 | 1.58 | 1.59 | 1.61 | 1.83 |
| | 引水后 | 2.11 | 2.57 | 2.87 | 2.81 | 3.13 | 2.36 | 2.03 | 1.74 | 1.58 | 1.59 | 1.61 | 1.83 |
| | 变化值 | 0.00 | 0.00 | 0.00 | 0.00 | 0.00 | 0.00 | 0.00 | 0.00 | 0.00 | 0.00 | 0.00 | 0.00 |
| | 变化率 | 0.00 | 0.00 | 0.00 | 0.00 | 0.00 | 0.00 | 0.00 | 0.00 | 0.00 | 0.00 | 0.00 | 0.00 |
| ZL47-3 | 引水前 | 2.08 | 2.44 | 2.68 | 2.62 | 2.85 | 2.28 | 2.01 | 1.76 | 1.63 | 1.64 | 1.66 | 1.92 |
| | 引水后 | 2.08 | 2.44 | 2.68 | 2.62 | 2.85 | 2.28 | 2.01 | 1.76 | 1.63 | 1.64 | 1.66 | 1.92 |
| | 变化值 | 0.00 | 0.00 | 0.00 | 0.00 | 0.00 | 0.00 | 0.00 | 0.00 | 0.00 | 0.00 | 0.00 | 0.00 |
| | 变化率 | 0.00 | 0.00 | 0.00 | 0.00 | 0.00 | 0.00 | 0.00 | 0.00 | 0.00 | 0.00 | 0.00 | 0.00 |
| ZL58 | 引水前 | 1.24 | 1.57 | 1.76 | 1.72 | 1.92 | 1.44 | 1.21 | 1.01 | 0.90 | 0.91 | 0.93 | 1.11 |
| | 引水后 | 1.24 | 1.57 | 1.76 | 1.72 | 1.92 | 1.44 | 1.21 | 1.01 | 0.90 | 0.91 | 0.93 | 1.11 |
| | 变化值 | 0.00 | 0.00 | 0.00 | 0.00 | 0.00 | 0.00 | 0.00 | 0.00 | 0.00 | 0.00 | 0.00 | 0.00 |
| | 变化率 | 0.00 | 0.00 | 0.00 | 0.00 | 0.00 | 0.00 | 0.00 | 0.00 | 0.00 | 0.00 | 0.00 | 0.00 |
| ZL58-3 | 引水前 | 1.79 | 2.02 | 2.18 | 2.15 | 2.31 | 1.90 | 1.70 | 1.49 | 1.38 | 1.39 | 1.41 | 1.62 |
| | 引水后 | 1.79 | 2.02 | 2.18 | 2.15 | 2.31 | 1.90 | 1.70 | 1.49 | 1.38 | 1.39 | 1.41 | 1.62 |
| | 变化值 | 0.00 | 0.00 | 0.00 | 0.00 | 0.00 | 0.00 | 0.00 | 0.00 | 0.00 | 0.00 | 0.00 | 0.00 |
| | 变化率 | 0.00 | 0.00 | 0.00 | 0.00 | 0.00 | 0.00 | 0.00 | 0.00 | 0.00 | 0.00 | 0.00 | 0.00 |

表6.3-13 平水年、优化后研究河段典型断面逐月水面宽变化

（单位：水面宽，m；变化率，%）

| 断面 | | 5月 | 6月 | 7月 | 8月 | 9月 | 10月 | 11月 | 12月 | 1月 | 2月 | 3月 | 4月 |
|---|---|---|---|---|---|---|---|---|---|---|---|---|---|
| 坝址 | 引水前 | 25.26 | 29.23 | 30.59 | 30.14 | 34.27 | 29.01 | 24.26 | 23.23 | 21.85 | 21.87 | 21.94 | 22.35 |
| | 引水后 | 21.06 | 21.06 | 22.87 | 21.06 | 26.11 | 17.40 | 17.40 | 17.40 | 17.40 | 17.40 | 17.46 | 19.00 |
| | 变化值 | -4.20 | -8.17 | -7.72 | -9.08 | -8.16 | -11.61 | -6.86 | -5.83 | -4.45 | -4.47 | -4.48 | -3.35 |
| | 变化率 | -16.63 | -27.95 | -25.23 | -30.13 | -23.81 | -40.01 | -28.26 | -25.08 | -20.35 | -20.42 | -20.40 | -14.99 |
| ZL04 | 引水前 | 30.37 | 32.50 | 33.99 | 33.65 | 35.04 | 31.67 | 29.70 | 27.64 | 26.30 | 26.35 | 26.50 | 28.54 |
| | 引水后 | 25.81 | 25.81 | 27.01 | 25.81 | 30.72 | 22.61 | 22.61 | 22.61 | 22.61 | 22.61 | 22.61 | 24.03 |
| | 变化值 | -4.56 | -6.69 | -6.98 | -7.84 | -4.32 | -9.06 | -7.08 | -5.02 | -3.69 | -3.73 | -3.88 | -4.51 |
| | 变化率 | -15.01 | -20.57 | -20.55 | -23.31 | -12.33 | -28.61 | -23.85 | -18.18 | -14.01 | -14.17 | -14.65 | -15.79 |
| ZL05 | 引水前 | 33.04 | 38.12 | 40.15 | 39.70 | 41.89 | 35.69 | 31.42 | 28.08 | 26.41 | 26.47 | 26.74 | 29.50 |
| | 引水后 | 25.85 | 25.85 | 27.58 | 25.85 | 30.10 | 20.86 | 20.86 | 20.86 | 20.86 | 20.86 | 20.89 | 23.11 |
| | 变化值 | -7.19 | -12.27 | -12.57 | -13.85 | -11.79 | -14.83 | -10.56 | -7.22 | -5.55 | -5.61 | -5.85 | -6.39 |
| | 变化率 | -21.76 | -32.19 | -31.31 | -34.89 | -28.15 | -41.56 | -33.61 | -25.72 | -21.02 | -21.20 | -21.89 | -21.66 |
| ZL06 | 引水前 | 23.68 | 28.42 | 30.33 | 30.18 | 30.94 | 26.13 | 22.47 | 20.00 | 18.20 | 18.30 | 18.40 | 20.60 |
| | 引水后 | 17.80 | 17.80 | 18.60 | 17.80 | 24.20 | 14.77 | 14.77 | 14.77 | 14.77 | 14.77 | 14.77 | 16.20 |
| | 变化值 | -5.88 | -10.62 | -11.73 | -12.38 | -6.74 | -11.36 | -7.70 | -5.23 | -3.43 | -3.53 | -3.63 | -4.40 |
| | 变化率 | -24.82 | -37.37 | -38.67 | -41.02 | -21.78 | -43.48 | -34.28 | -26.15 | -18.85 | -19.29 | -19.73 | -21.36 |
| ZL07 | 引水前 | 26.32 | 27.79 | 28.83 | 28.59 | 29.55 | 27.22 | 25.85 | 24.42 | 23.50 | 23.54 | 23.68 | 25.09 |
| | 引水后 | 23.17 | 23.17 | 24.03 | 23.23 | 26.57 | 20.99 | 20.97 | 20.96 | 20.96 | 20.96 | 20.96 | 21.94 |
| | 变化值 | -3.15 | -4.63 | -4.80 | -5.36 | -2.98 | -6.22 | -4.88 | -3.46 | -2.54 | -2.58 | -2.71 | -3.15 |
| | 变化率 | -11.97 | -16.64 | -16.66 | -18.76 | -10.08 | -22.87 | -18.86 | -14.17 | -10.82 | -10.95 | -11.46 | -12.55 |
| ZL18 | 引水前 | 28.26 | 35.58 | 44.80 | 42.43 | 54.37 | 31.19 | 24.63 | 20.53 | 18.82 | 19.21 | 20.18 | 22.24 |
| | 引水后 | 16.93 | 16.96 | 20.41 | 19.35 | 26.96 | 15.18 | 14.97 | 14.94 | 14.93 | 14.93 | 14.94 | 16.05 |
| | 变化值 | -11.33 | -18.62 | -24.39 | -23.08 | -27.41 | -16.01 | -9.66 | -5.59 | -3.89 | -4.28 | -5.24 | -6.19 |
| | 变化率 | -40.09 | -52.33 | -54.44 | -54.39 | -50.42 | -51.34 | -39.22 | -27.23 | -20.67 | -22.28 | -25.97 | -27.83 |
| ZL19 | 引水前 | 28.85 | 31.98 | 34.58 | 33.74 | 36.37 | 30.67 | 27.77 | 25.58 | 23.67 | 23.78 | 24.22 | 26.28 |
| | 引水后 | 22.49 | 22.49 | 24.49 | 22.71 | 28.41 | 17.79 | 17.73 | 17.72 | 17.72 | 17.72 | 17.72 | 19.46 |
| | 变化值 | -6.36 | -9.50 | -10.09 | -11.03 | -7.96 | -12.88 | -10.04 | -7.86 | -5.95 | -6.06 | -6.50 | -6.82 |
| | 变化率 | -22.05 | -29.69 | -29.17 | -32.69 | -21.89 | -42.00 | -36.15 | -30.74 | -25.15 | -25.49 | -26.85 | -25.97 |

续表

| 断面 | | 5月 | 6月 | 7月 | 8月 | 9月 | 10月 | 11月 | 12月 | 1月 | 2月 | 3月 | 4月 |
|---|---|---|---|---|---|---|---|---|---|---|---|---|---|
| ZL20 | 引水前 | 20.61 | 33.99 | 33.73 | 33.50 | 34.11 | 20.37 | 18.78 | 17.53 | 17.19 | 16.98 | 17.05 | 17.36 |
| | 引水后 | 15.70 | 15.70 | 16.21 | 15.88 | 19.25 | 14.54 | 14.51 | 14.48 | 14.48 | 14.48 | 14.48 | 14.98 |
| | 变化值 | -4.91 | -18.29 | -17.52 | -17.63 | -14.85 | -5.83 | -4.27 | -3.04 | -2.71 | -2.50 | -2.57 | -2.39 |
| | 变化率 | -23.82 | -53.80 | -51.94 | -52.62 | -43.55 | -28.61 | -22.74 | -17.37 | -15.75 | -14.71 | -15.07 | -13.75 |
| ZL21 | 引水前 | 37.13 | 49.41 | 59.91 | 57.38 | 67.75 | 44.15 | 34.01 | 26.53 | 23.07 | 23.18 | 23.91 | 30.03 |
| | 引水后 | 22.01 | 22.02 | 25.18 | 22.59 | 39.18 | 17.37 | 17.28 | 17.23 | 17.20 | 17.20 | 17.22 | 18.94 |
| | 变化值 | -15.12 | -27.39 | -34.73 | -34.78 | -28.57 | -26.78 | -16.73 | -9.30 | -5.87 | -5.98 | -6.69 | -11.08 |
| | 变化率 | -40.71 | -55.43 | -57.97 | -60.62 | -42.17 | -60.66 | -49.20 | -35.06 | -25.45 | -25.81 | -28.00 | -36.91 |
| ZL28 | 引水前 | 15.91 | 18.79 | 21.35 | 20.82 | 22.17 | 17.26 | 14.81 | 12.85 | 11.81 | 11.86 | 12.08 | 13.62 |
| | 引水后 | 11.26 | 11.26 | 12.06 | 11.44 | 15.49 | 9.79 | 9.75 | 9.72 | 9.63 | 9.63 | 9.66 | 10.64 |
| | 变化值 | -4.65 | -7.53 | -9.29 | -9.38 | -6.68 | -7.48 | -5.06 | -3.13 | -2.18 | -2.23 | -2.42 | -2.98 |
| | 变化率 | -29.21 | -40.08 | -43.52 | -45.06 | -30.13 | -43.31 | -34.16 | -24.35 | -18.48 | -18.83 | -20.01 | -21.87 |
| ZL34 | 引水前 | 31.91 | 37.16 | 41.97 | 40.88 | 45.83 | 34.39 | 29.33 | 24.86 | 22.21 | 22.32 | 22.54 | 26.76 |
| | 引水后 | 22.05 | 22.05 | 25.35 | 22.42 | 30.71 | 18.90 | 18.42 | 18.23 | 18.10 | 18.10 | 18.12 | 19.85 |
| | 变化值 | -9.86 | -15.11 | -16.62 | -18.46 | -15.12 | -15.49 | -10.91 | -6.63 | -4.11 | -4.22 | -4.42 | -6.91 |
| | 变化率 | -30.91 | -40.66 | -39.60 | -45.15 | -32.99 | -45.04 | -37.20 | -26.66 | -18.51 | -18.90 | -19.61 | -25.82 |
| ZL39 | 引水前 | 26.10 | 30.28 | 32.13 | 31.79 | 32.68 | 28.71 | 24.68 | 20.74 | 18.67 | 18.75 | 19.70 | 23.30 |
| | 引水后 | 17.99 | 18.01 | 20.45 | 19.13 | 27.17 | 15.00 | 14.79 | 14.68 | 14.62 | 14.62 | 14.66 | 15.89 |
| | 变化值 | -8.11 | -12.27 | -11.67 | -12.66 | -5.51 | -13.70 | -9.89 | -6.06 | -4.05 | -4.13 | -5.04 | -7.41 |
| | 变化率 | -31.07 | -40.52 | -36.34 | -39.83 | -16.87 | -47.74 | -40.07 | -29.21 | -21.68 | -22.03 | -25.59 | -31.81 |
| ZL40 | 引水前 | 18.94 | 21.25 | 23.16 | 22.66 | 31.84 | 20.25 | 18.31 | 16.77 | 15.97 | 16.02 | 16.36 | 17.77 |
| | 引水后 | 15.71 | 15.72 | 16.65 | 16.15 | 19.44 | 14.47 | 14.39 | 14.35 | 14.28 | 14.28 | 14.34 | 14.86 |
| | 变化值 | -3.23 | -5.53 | -6.51 | -6.51 | -12.41 | -5.78 | -3.92 | -2.42 | -1.69 | -1.74 | -2.02 | -2.91 |
| | 变化率 | -17.06 | -26.03 | -28.10 | -28.73 | -38.97 | -28.56 | -21.42 | -14.40 | -10.58 | -10.84 | -12.37 | -16.38 |
| ZL41 | 引水前 | 29.61 | 39.06 | 38.62 | 38.26 | 39.24 | 28.84 | 25.25 | 23.68 | 21.58 | 21.25 | 21.33 | 22.33 |
| | 引水后 | 19.36 | 19.36 | 20.66 | 19.59 | 27.03 | 15.12 | 14.98 | 14.77 | 14.66 | 14.66 | 14.67 | 16.71 |
| | 变化值 | -10.25 | -19.70 | -17.97 | -18.67 | -12.22 | -13.72 | -10.28 | -8.90 | -6.92 | -6.59 | -6.67 | -5.62 |
| | 变化率 | -34.63 | -50.43 | -46.51 | -48.81 | -31.13 | -47.57 | -40.69 | -37.61 | -32.07 | -31.01 | -31.25 | -25.16 |

续表

| 断面 | | 5月 | 6月 | 7月 | 8月 | 9月 | 10月 | 11月 | 12月 | 1月 | 2月 | 3月 | 4月 |
|---|---|---|---|---|---|---|---|---|---|---|---|---|---|
| ZL42 | 引水前 | 39.02 | 41.98 | 42.64 | 42.49 | 43.48 | 41.60 | 36.61 | 32.55 | 30.56 | 30.73 | 30.98 | 34.24 |
| | 引水后 | 29.49 | 29.50 | 31.93 | 29.75 | 38.11 | 26.30 | 26.07 | 25.83 | 25.42 | 25.42 | 25.44 | 28.01 |
| | 变化值 | −9.53 | −12.48 | −10.71 | −12.74 | −5.37 | −15.30 | −10.55 | −6.72 | −5.14 | −5.31 | −5.55 | −6.23 |
| | 变化率 | −24.43 | −29.73 | −25.11 | −29.99 | −12.35 | −36.79 | −28.81 | −20.65 | −16.82 | −17.28 | −17.91 | −18.19 |
| 厂址 | 引水前 | 23.99 | 26.70 | 27.38 | 27.22 | 28.66 | 25.78 | 22.40 | 19.47 | 18.00 | 18.16 | 18.27 | 20.21 |
| | 引水后 | 16.81 | 16.82 | 18.51 | 17.18 | 24.11 | 13.70 | 13.54 | 13.23 | 12.98 | 12.98 | 13.01 | 14.55 |
| | 变化值 | −7.18 | −9.88 | −8.87 | −10.04 | −4.55 | −12.08 | −8.86 | −6.23 | −5.02 | −5.18 | −5.26 | −5.66 |
| | 变化率 | −29.92 | −36.99 | −32.40 | −36.88 | −15.87 | −46.86 | −39.54 | −32.02 | −27.87 | −28.51 | −28.78 | −27.99 |
| ZL47 | 引水前 | 27.62 | 28.63 | 28.79 | 28.75 | 29.33 | 28.21 | 27.00 | 26.03 | 25.57 | 25.70 | 25.94 | 26.01 |
| | 引水后 | 27.62 | 28.63 | 28.79 | 28.75 | 29.33 | 28.21 | 27.00 | 26.03 | 25.57 | 25.70 | 25.94 | 26.01 |
| | 变化值 | 0.00 | 0.00 | 0.00 | 0.00 | 0.00 | 0.00 | 0.00 | 0.00 | 0.00 | 0.00 | 0.00 | 0.00 |
| | 变化率 | 0.00 | 0.00 | 0.00 | 0.00 | 0.00 | 0.00 | 0.00 | 0.00 | 0.00 | 0.00 | 0.00 | 0.00 |
| ZL47−3 | 引水前 | 20.43 | 22.85 | 25.01 | 24.51 | 26.71 | 21.44 | 19.08 | 17.12 | 16.13 | 16.27 | 16.42 | 18.32 |
| | 引水后 | 20.43 | 22.85 | 25.01 | 24.51 | 26.71 | 21.44 | 19.08 | 17.12 | 16.13 | 16.27 | 16.42 | 18.32 |
| | 变化值 | 0.00 | 0.00 | 0.00 | 0.00 | 0.00 | 0.00 | 0.00 | 0.00 | 0.00 | 0.00 | 0.00 | 0.00 |
| | 变化率 | 0.00 | 0.00 | 0.00 | 0.00 | 0.00 | 0.00 | 0.00 | 0.00 | 0.00 | 0.00 | 0.00 | 0.00 |
| ZL58 | 引水前 | 31.08 | 36.35 | 39.96 | 39.13 | 42.72 | 33.99 | 29.90 | 26.94 | 25.55 | 25.72 | 26.06 | 28.22 |
| | 引水后 | 31.08 | 36.35 | 39.96 | 39.13 | 42.72 | 33.99 | 29.90 | 26.94 | 25.55 | 25.72 | 26.06 | 28.22 |
| | 变化值 | 0.00 | 0.00 | 0.00 | 0.00 | 0.00 | 0.00 | 0.00 | 0.00 | 0.00 | 0.00 | 0.00 | 0.00 |
| | 变化率 | 0.00 | 0.00 | 0.00 | 0.00 | 0.00 | 0.00 | 0.00 | 0.00 | 0.00 | 0.00 | 0.00 | 0.00 |
| ZL58−3 | 引水前 | 27.49 | 32.64 | 36.45 | 35.51 | 38.37 | 30.50 | 26.57 | 24.31 | 22.94 | 22.30 | 22.71 | 25.15 |
| | 引水后 | 27.49 | 32.64 | 36.45 | 35.51 | 38.37 | 30.50 | 26.57 | 24.31 | 22.94 | 22.30 | 22.71 | 25.15 |
| | 变化值 | 0.00 | 0.00 | 0.00 | 0.00 | 0.00 | 0.00 | 0.00 | 0.00 | 0.00 | 0.00 | 0.00 | 0.00 |
| | 变化率 | 0.00 | 0.00 | 0.00 | 0.00 | 0.00 | 0.00 | 0.00 | 0.00 | 0.00 | 0.00 | 0.00 | 0.00 |

（6）断面 ZL28

工程实施后，各月流量在 $16.65 \sim 104.36 \mathrm{m^3/s}$，月均流量最大减少值为 $170.6 \mathrm{m^3/s}$，最大减少比例为 86.22%；月均水位在 $2401.01 \sim 2401.99 \mathrm{m}$，月均水位最大降低值为 $1.24 \mathrm{m}$；断面平均水深在 $0.48 \sim 1.07 \mathrm{m}$，断面平均水深最大减少值为 $0.66 \mathrm{m}$；各月平均流速在 $1.45 \sim 2.45 \mathrm{m/s}$，最大减少值为 $1.11 \mathrm{m/s}$，最大减少比例为 43.10%。

（7）断面 ZL40

工程实施后，各月流量在 $17.36 \sim 107.17 \mathrm{m^3/s}$，月均流量最大减少值为 $166.42 \mathrm{m^3/s}$，最大减少比例为 84.94%；月均水位在 $2224.36 \sim 2225.79 \mathrm{m}$，月均水位最大降低值为 $1.67 \mathrm{m}$；断面平均水深在 $0.45 \sim 1.07 \mathrm{m}$，断面平均水深最大减少值为 $0.72 \mathrm{m}$；各月平均流速在 $1.08 \sim 2.02 \mathrm{m/s}$，最大减少值为 $0.95 \mathrm{m/s}$，最大减少比例为 45.57%。

（8）厂址

工程实施后，各月流量在 $17.53 \sim 107.81 \mathrm{m^3/s}$，月均流量最大减少值为 $170.6 \mathrm{m^3/s}$，最大减少比例为 84.91%；月均水位在 $2116.24 \sim 2117.17 \mathrm{m}$，月均水位最大降低值为 $1.15 \mathrm{m}$；断面平均水深在 $0.43 \sim 0.96 \mathrm{m}$，断面平均水深最大减少值为 $0.74 \mathrm{m}$；各月平均流速在 $1.43 \sim 2.89 \mathrm{m/s}$，最大减少值为 $1.59 \mathrm{m/s}$，最大减少比例为 52.06%。

（9）断面 ZL47、ZL47－3、ZL58、ZL58－3

扎拉水电站引水发电前后，厂址下游各月流量、水位、流速及水面宽不变。

## 6.3.4　枯水年

枯水年、优化后坝址下游 14 个断面的流量、水位、最大水深、平均水深、流速变化、水面宽度变化见表 6.3-14 至表 6.3-19。选择典型断面进行分析，由表 6.3-14 至表 6.3-19 可知：

（1）坝址

工程实施后，各月流量在 $15.9 \sim 33.0 \mathrm{m^3/s}$，月均流量最大减少值为 $161.0 \mathrm{m^3/s}$，最大减少比例为 84.93%；月均水位在 $2760.20 \sim 2760.52 \mathrm{m}$，月均水位最大降低值为 $1.25 \mathrm{m}$；断面平均水深在 $0.45 \sim 0.60 \mathrm{m}$，断面平均水深最大减少值为 $1.19 \mathrm{m}$；各月平均流速在 $1.02 \sim 1.27 \mathrm{m/s}$，最大减少值为 $0.95 \mathrm{m/s}$，最大减少比例为 44.44%。

（2）断面 ZL04

工程实施后，各月流量在 $15.9 \sim 33.0 \mathrm{m^3/s}$，月均流量最大减少值为 $161.0 \mathrm{m^3/s}$，最大减少比例为 84.93%；月均水位在 $2721.99 \sim 2722.19 \mathrm{m}$，月均水位最大降低值为 $1.41 \mathrm{m}$；断面平均水深在 $0.41 \sim 0.56 \mathrm{m}$，断面平均水深最大减少值为 $1.13 \mathrm{m}$；各月平均流速在 $0.88 \sim 1.07 \mathrm{m/s}$，最大减少值为 $1.32 \mathrm{m/s}$，最大减少比例为 55.28%。

（3）断面 ZL05

工程实施后，各月流量在 $15.9 \sim 33.0 \mathrm{m^3/s}$，月均流量最大减少值为 $161.0 \mathrm{m^3/s}$，最

181

大减少比例为 84.93%；月均水位在 2697.20～2697.42m，月均水位最大降低值为 1.10m；断面平均水深在 0.43～0.58m，断面平均水深最大减少值为 0.67m；各月平均流速在 0.85～1.06m/s，最大减少值为 0.89m/s，最大减少比例为 47.77%。

（4）断面 ZL19

工程实施后，各月流量在 16.26～34.76m³/s，月均流量最大减少值为 161.0m³/s，最大减少比例为 84.21%；月均水位在 2497.80～2498.17m，月均水位最大降低值为 1.63m；断面平均水深在 0.45～0.78m，断面平均水深最大减少值为 1.15m；各月平均流速在 0.96～1.20m/s，最大减少值为 0.68m/s，最大减少比例为 39.47%。

（5）断面 ZL21

工程实施后，各月流量在 16.34～35.17m³/s，月均流量最大减少值为 161.0m³/s，最大减少比例为 84.05%；月均水位在 2492.50～2492.72m，月均水位最大降低值为 1.42m；断面平均水深在 0.41～0.51m，断面平均水深最大减少值为 0.66m；各月平均流速在 0.57～0.87m/s，最大减少值为 0.57m/s，最大减少比例为 40.28%。

（6）断面 ZL28

工程实施后，各月流量在 16.60～36.45m³/s，月均流量最大减少值为 161.0m³/s，最大减少比例为 83.53%；月均水位在 2401.01～2401.34m，月均水位最大降低值为 1.23m；断面平均水深在 0.49～0.71m，断面平均水深最大减少值为 0.65m；各月平均流速在 1.43～1.83m/s，最大减少值为 1.10m/s，最大减少比例为 41.02%。

（7）断面 ZL40

工程实施后，各月流量在 16.69～37.47m³/s，月均流量最大减少值为 161.0m³/s，最大减少比例为 83.36%；月均水位在 2224.33～2224.88m，月均水位最大降低值为 1.75m；断面平均水深在 0.44～0.68m，断面平均水深最大减少值为 0.75m；各月平均流速在 1.06～1.45m/s，最大减少值为 0.94m/s，最大减少比例为 44.17%。

（8）厂址

工程实施后，各月流量在 16.85～38.22m³/s，月均流量最大减少值为 161.0m³/s，最大减少比例为 83.06%；月均水位在 2116.24～2116.59m，月均水位最大降低值为 1.00m；断面平均水深在 0.44～0.59m，断面平均水深最大减少值为 0.72m；各月平均流速在 1.43～2.18m/s，最大减少值为 1.62m/s，最大减少比例为 50.81%。

（9）断面 ZL47、ZL47－3、ZL58、ZL58－3

扎拉水电站引水发电前后，厂址下游各月流量、水位、流速及水面宽不变。

选取典型断面对扎拉水电站引水前后枯水年水位、最大水深、平均水深、平均流速、水面宽等水文要素的逐日变化过程进行对比分析。坝址断面、ZL05（鮡科鱼类产卵场断面）、ZL41（裂腹鱼产卵场断面）枯水年引水发电前、后水文情势的逐日变化过程见图 6.3-1 至图 6.3-3。

表6.3-14  枯水年、优化后研究河段典型断面逐月流量变化

（单位：流量，m³/s；变化率，%）

| 断面 | | | 5月 | 6月 | 7月 | 8月 | 9月 | 10月 | 11月 | 12月 | 1月 | 2月 | 3月 | 4月 |
|---|---|---|---|---|---|---|---|---|---|---|---|---|---|---|
| 坝址 | 引水前 | | 54.20 | 86.50 | 156.00 | 194.00 | 146.00 | 94.90 | 55.30 | 41.70 | 31.90 | 31.90 | 32.90 | 36.80 |
| | 引水后 | | 33.00 | 33.00 | 33.00 | 33.00 | 22.00 | 15.90 | 15.90 | 15.90 | 15.90 | 15.90 | 15.90 | 22.00 |
| | 变化值 | | −21.20 | −53.50 | −123.00 | −161.00 | −124.00 | −79.00 | −39.40 | −25.80 | −16.00 | −16.00 | −17.00 | −14.80 |
| | 变化率 | | −39.11 | −61.85 | −78.85 | −82.99 | −84.93 | −83.25 | −71.25 | −61.87 | −50.16 | −50.16 | −51.67 | −40.22 |
| ZL04 | 引水前 | | 54.20 | 86.50 | 156.00 | 194.00 | 146.00 | 94.90 | 55.30 | 41.70 | 31.90 | 31.90 | 32.90 | 36.80 |
| | 引水后 | | 33.00 | 33.00 | 33.00 | 33.00 | 22.00 | 15.90 | 15.90 | 15.90 | 15.90 | 15.90 | 15.90 | 22.00 |
| | 变化值 | | −21.20 | −53.50 | −123.00 | −161.00 | −124.00 | −79.00 | −39.40 | −25.80 | −16.00 | −16.00 | −17.00 | −14.80 |
| | 变化率 | | −39.11 | −61.85 | −78.85 | −82.99 | −84.93 | −83.25 | −71.25 | −61.87 | −50.16 | −50.16 | −51.67 | −40.22 |
| ZL05 | 引水前 | | 54.20 | 86.50 | 156.00 | 194.00 | 146.00 | 94.90 | 55.30 | 41.70 | 31.90 | 31.90 | 32.90 | 36.80 |
| | 引水后 | | 33.00 | 33.00 | 33.00 | 33.00 | 22.00 | 15.90 | 15.90 | 15.90 | 15.90 | 15.90 | 15.90 | 22.00 |
| | 变化值 | | −21.20 | −53.50 | −123.00 | −161.00 | −124.00 | −79.00 | −39.40 | −25.80 | −16.00 | −16.00 | −17.00 | −14.80 |
| | 变化率 | | −39.11 | −61.85 | −78.85 | −82.99 | −84.93 | −83.25 | −71.25 | −61.87 | −50.16 | −50.16 | −51.67 | −40.22 |
| ZL06 | 引水前 | | 54.31 | 86.71 | 156.33 | 194.25 | 146.24 | 95.05 | 55.40 | 41.78 | 31.97 | 31.97 | 32.97 | 36.87 |
| | 引水后 | | 33.11 | 33.21 | 33.33 | 33.25 | 22.24 | 16.05 | 16.00 | 15.98 | 15.97 | 15.97 | 15.97 | 22.07 |
| | 变化值 | | −21.20 | −53.50 | −123.00 | −161.00 | −124.00 | −79.00 | −39.40 | −25.80 | −16.00 | −16.00 | −17.00 | −14.80 |
| | 变化率 | | −39.04 | −61.70 | −78.68 | −82.88 | −84.79 | −83.11 | −71.12 | −61.75 | −50.05 | −50.05 | −51.56 | −40.14 |
| ZL07 | 引水前 | | 54.43 | 86.95 | 156.70 | 194.52 | 146.50 | 95.21 | 55.52 | 41.87 | 32.04 | 32.04 | 33.05 | 36.95 |
| | 引水后 | | 33.23 | 33.45 | 33.70 | 33.52 | 22.50 | 16.21 | 16.12 | 16.07 | 16.04 | 16.04 | 16.05 | 22.15 |
| | 变化值 | | −21.20 | −53.50 | −123.00 | −161.00 | −124.00 | −79.00 | −39.40 | −25.80 | −16.00 | −16.00 | −17.00 | −14.80 |
| | 变化率 | | −38.95 | −61.53 | −78.49 | −82.77 | −84.64 | −82.97 | −70.97 | −61.62 | −49.93 | −49.93 | −51.44 | −40.05 |
| ZL18 | 引水前 | | 54.79 | 87.63 | 157.76 | 195.30 | 147.25 | 95.67 | 55.83 | 42.12 | 32.26 | 32.26 | 33.26 | 37.18 |
| | 引水后 | | 33.59 | 34.13 | 34.76 | 34.30 | 23.25 | 16.67 | 16.43 | 16.32 | 16.26 | 16.26 | 16.26 | 22.38 |
| | 变化值 | | −21.20 | −53.50 | −123.00 | −161.00 | −124.00 | −79.00 | −39.40 | −25.80 | −16.00 | −16.00 | −17.00 | −14.80 |
| | 变化率 | | −38.69 | −61.05 | −77.97 | −82.44 | −84.21 | −82.58 | −70.57 | −61.25 | −49.60 | −49.60 | −51.11 | −39.81 |

续表

| 断面 | | 5月 | 6月 | 7月 | 8月 | 9月 | 10月 | 11月 | 12月 | 1月 | 2月 | 3月 | 4月 |
|---|---|---|---|---|---|---|---|---|---|---|---|---|---|
| ZL19 | 引水前 | 54.79 | 87.63 | 157.76 | 195.30 | 147.25 | 95.67 | 55.83 | 42.12 | 32.26 | 32.26 | 33.26 | 37.18 |
| | 引水后 | 33.59 | 34.13 | 34.76 | 34.30 | 23.25 | 16.67 | 16.43 | 16.32 | 16.26 | 16.26 | 16.26 | 22.38 |
| | 变化值 | −21.20 | −53.50 | −123.00 | −161.00 | −124.00 | −79.00 | −39.40 | −25.80 | −16.00 | −16.00 | −17.00 | −14.80 |
| | 变化率 | −38.69 | −61.05 | −77.97 | −82.44 | −84.21 | −82.58 | −70.57 | −61.25 | −49.60 | −49.60 | −51.11 | −39.81 |
| ZL20 | 引水前 | 54.93 | 87.89 | 158.17 | 195.60 | 147.54 | 95.85 | 55.96 | 42.22 | 32.34 | 32.34 | 33.35 | 37.27 |
| | 引水后 | 33.73 | 34.39 | 35.17 | 34.60 | 23.54 | 16.85 | 16.56 | 16.42 | 16.34 | 16.34 | 16.35 | 22.47 |
| | 变化值 | −21.20 | −53.50 | −123.00 | −161.00 | −124.00 | −79.00 | −39.40 | −25.80 | −16.00 | −16.00 | −17.00 | −14.80 |
| | 变化率 | −38.59 | −60.87 | −77.76 | −82.31 | −84.05 | −82.42 | −70.41 | −61.11 | −49.47 | −49.47 | −50.97 | −39.71 |
| ZL21 | 引水前 | 54.93 | 87.89 | 158.17 | 195.60 | 147.54 | 95.85 | 55.96 | 42.22 | 32.34 | 32.34 | 33.35 | 37.27 |
| | 引水后 | 33.73 | 34.39 | 35.17 | 34.60 | 23.54 | 16.85 | 16.56 | 16.42 | 16.34 | 16.34 | 16.35 | 22.47 |
| | 变化值 | −21.20 | −53.50 | −123.00 | −161.00 | −124.00 | −79.00 | −39.40 | −25.80 | −16.00 | −16.00 | −17.00 | −14.80 |
| | 变化率 | −38.59 | −60.87 | −77.76 | −82.31 | −84.05 | −82.42 | −70.41 | −61.11 | −49.47 | −49.47 | −50.97 | −39.71 |
| ZL28 | 引水前 | 55.35 | 88.70 | 159.45 | 196.54 | 148.45 | 96.41 | 56.35 | 42.52 | 32.60 | 32.60 | 33.62 | 37.55 |
| | 引水后 | 34.15 | 35.20 | 36.45 | 35.54 | 24.45 | 17.41 | 16.95 | 16.72 | 16.60 | 16.60 | 16.62 | 22.75 |
| | 变化值 | −21.20 | −53.50 | −123.00 | −161.00 | −124.00 | −79.00 | −39.40 | −25.80 | −16.00 | −16.00 | −17.00 | −14.80 |
| | 变化率 | −37.80 | −59.84 | −76.76 | −81.61 | −83.45 | −81.87 | −69.85 | −59.74 | −49.02 | −46.19 | −48.71 | −38.48 |
| ZL34 | 引水前 | 56.09 | 89.41 | 160.23 | 197.28 | 148.59 | 96.50 | 56.41 | 43.19 | 32.64 | 34.64 | 34.90 | 38.46 |
| | 引水后 | 34.89 | 35.91 | 37.23 | 36.28 | 24.59 | 17.50 | 17.01 | 17.39 | 16.64 | 18.64 | 17.90 | 23.66 |
| | 变化值 | −21.20 | −53.50 | −123.00 | −161.00 | −124.00 | −79.00 | −39.40 | −25.80 | −16.00 | −16.00 | −17.00 | −14.80 |
| | 变化率 | −37.74 | −59.73 | −76.65 | −81.54 | −83.36 | −81.77 | −69.75 | −50.96 | −48.94 | −46.12 | −48.64 | −38.43 |
| ZL39 | 引水前 | 56.17 | 89.57 | 160.47 | 197.46 | 148.76 | 96.61 | 56.49 | 50.63 | 32.69 | 34.69 | 34.95 | 38.51 |
| | 引水后 | 34.97 | 36.07 | 37.47 | 36.46 | 24.76 | 17.61 | 17.09 | 24.83 | 16.69 | 18.69 | 17.95 | 23.71 |
| | 变化值 | −21.20 | −53.50 | −123.00 | −161.00 | −124.00 | −79.00 | −39.40 | −25.80 | −16.00 | −16.00 | −17.00 | −14.80 |
| | 变化率 | −37.74 | −59.73 | −76.65 | −81.54 | −83.36 | −81.77 | −69.75 | −50.96 | −48.94 | −46.12 | −48.64 | −38.43 |

续表

| 断面 | | 5月 | 6月 | 7月 | 8月 | 9月 | 10月 | 11月 | 12月 | 1月 | 2月 | 3月 | 4月 |
|---|---|---|---|---|---|---|---|---|---|---|---|---|---|
| ZL40 | 引水前 | 56.17 | 89.57 | 160.47 | 197.46 | 148.76 | 96.61 | 56.49 | 50.63 | 32.69 | 34.69 | 34.95 | 38.51 |
| | 引水后 | 34.97 | 36.07 | 37.47 | 36.46 | 24.76 | 17.61 | 17.09 | 24.83 | 16.69 | 18.69 | 17.95 | 23.71 |
| | 变化值 | -21.20 | -53.50 | -123.00 | -161.00 | -124.00 | -79.00 | -39.40 | -25.80 | -16.00 | -16.00 | -17.00 | -14.80 |
| | 变化率 | -37.74 | -59.73 | -76.65 | -81.54 | -83.36 | -81.77 | -69.75 | -50.96 | -48.94 | -46.12 | -48.64 | -38.43 |
| ZL41 | 引水前 | 56.17 | 89.57 | 160.47 | 197.46 | 148.76 | 96.61 | 56.49 | 43.30 | 32.69 | 34.69 | 34.95 | 38.51 |
| | 引水后 | 34.97 | 36.07 | 37.47 | 36.46 | 24.76 | 17.61 | 17.09 | 17.50 | 16.69 | 18.69 | 17.95 | 23.71 |
| | 变化值 | -21.20 | -53.50 | -123.00 | -161.00 | -124.00 | -79.00 | -39.40 | -25.80 | -16.00 | -16.00 | -17.00 | -14.80 |
| | 变化率 | -37.74 | -59.73 | -76.65 | -81.54 | -83.36 | -81.77 | -69.75 | -59.58 | -48.94 | -46.12 | -48.64 | -38.43 |
| ZL42 | 引水前 | 56.17 | 89.57 | 160.47 | 197.46 | 148.76 | 96.61 | 56.49 | 43.30 | 32.69 | 34.69 | 34.95 | 38.51 |
| | 引水后 | 34.97 | 36.07 | 37.47 | 36.46 | 24.76 | 17.61 | 17.09 | 17.50 | 16.69 | 18.69 | 17.95 | 23.71 |
| | 变化值 | -21.20 | -53.50 | -123.00 | -161.00 | -124.00 | -79.00 | -39.40 | -25.80 | -16.00 | -16.00 | -17.00 | -14.80 |
| | 变化率 | -37.74 | -59.73 | -76.65 | -81.54 | -83.36 | -81.77 | -69.75 | -59.58 | -48.94 | -46.12 | -48.64 | -38.43 |
| 厂址 | 引水前 | 56.41 | 90.05 | 161.22 | 198.01 | 149.29 | 96.94 | 56.72 | 50.80 | 32.85 | 34.85 | 35.11 | 38.68 |
| | 引水后 | 35.21 | 36.55 | 38.22 | 37.01 | 25.29 | 17.94 | 17.32 | 25.00 | 16.85 | 18.85 | 18.11 | 23.88 |
| | 变化值 | -21.20 | -53.50 | -123.00 | -161.00 | -124.00 | -79.00 | -39.40 | -25.80 | -16.00 | -16.00 | -17.00 | -14.80 |
| | 变化率 | -37.58 | -59.41 | -76.29 | -81.31 | -83.06 | -81.49 | -69.46 | -50.79 | -48.71 | -45.91 | -48.42 | -38.26 |
| ZL47 | 引水前 | 57.63 | 92.39 | 164.90 | 200.74 | 151.91 | 98.56 | 57.86 | 44.29 | 33.60 | 35.60 | 35.88 | 39.49 |
| | 引水后 | 57.63 | 92.39 | 164.90 | 200.74 | 151.91 | 98.56 | 57.86 | 44.29 | 33.60 | 35.60 | 35.88 | 39.49 |
| | 变化值 | 0.00 | 0.00 | 0.00 | 0.00 | 0.00 | 0.00 | 0.00 | 0.00 | 0.00 | 0.00 | 0.00 | 0.00 |
| | 变化率 | 0.00 | 0.00 | 0.00 | 0.00 | 0.00 | 0.00 | 0.00 | 0.00 | 0.00 | 0.00 | 0.00 | 0.00 |
| ZL47-3 | 引水前 | 57.63 | 92.39 | 164.90 | 200.74 | 151.91 | 98.56 | 57.86 | 44.29 | 33.60 | 35.60 | 35.88 | 39.49 |
| | 引水后 | 57.63 | 92.39 | 164.90 | 200.74 | 151.91 | 98.56 | 57.86 | 44.29 | 33.60 | 35.60 | 35.88 | 39.49 |
| | 变化值 | 0.00 | 0.00 | 0.00 | 0.00 | 0.00 | 0.00 | 0.00 | 0.00 | 0.00 | 0.00 | 0.00 | 0.00 |
| | 变化率 | 0.00 | 0.00 | 0.00 | 0.00 | 0.00 | 0.00 | 0.00 | 0.00 | 0.00 | 0.00 | 0.00 | 0.00 |

续表

| 断面 | | 5月 | 6月 | 7月 | 8月 | 9月 | 10月 | 11月 | 12月 | 1月 | 2月 | 3月 | 4月 |
|---|---|---|---|---|---|---|---|---|---|---|---|---|---|
| ZL58 | 引水前 | 57.63 | 92.39 | 164.90 | 200.74 | 151.91 | 98.56 | 57.86 | 44.29 | 33.60 | 35.60 | 35.88 | 39.49 |
| | 引水后 | 57.63 | 92.39 | 164.90 | 200.74 | 151.91 | 98.56 | 57.86 | 44.29 | 33.60 | 35.60 | 35.88 | 39.49 |
| | 变化值 | 0.00 | 0.00 | 0.00 | 0.00 | 0.00 | 0.00 | 0.00 | 0.00 | 0.00 | 0.00 | 0.00 | 0.00 |
| | 变化率 | 0.00 | 0.00 | 0.00 | 0.00 | 0.00 | 0.00 | 0.00 | 0.00 | 0.00 | 0.00 | 0.00 | 0.00 |
| ZL58-3 | 引水前 | 57.63 | 92.39 | 164.90 | 200.74 | 151.91 | 98.56 | 57.86 | 44.29 | 33.60 | 35.60 | 35.88 | 39.49 |
| | 引水后 | 57.63 | 92.39 | 164.90 | 200.74 | 151.91 | 98.56 | 57.86 | 44.29 | 33.60 | 35.60 | 35.88 | 39.49 |
| | 变化值 | 0.00 | 0.00 | 0.00 | 0.00 | 0.00 | 0.00 | 0.00 | 0.00 | 0.00 | 0.00 | 0.00 | 0.00 |
| | 变化率 | 0.00 | 0.00 | 0.00 | 0.00 | 0.00 | 0.00 | 0.00 | 0.00 | 0.00 | 0.00 | 0.00 | 0.00 |

表 6.3-15　枯水年、优化后研究河段典型断面逐月水位变化

（单位：m）

| 断面 | | 5月 | 6月 | 7月 | 8月 | 9月 | 10月 | 11月 | 12月 | 1月 | 2月 | 3月 | 4月 |
|---|---|---|---|---|---|---|---|---|---|---|---|---|---|
| 坝址 | 引水前 | 2760.76 | 2761.06 | 2761.54 | 2761.77 | 2761.48 | 2761.13 | 2760.80 | 2760.66 | 2760.50 | 2760.50 | 2760.52 | 2760.58 |
| | 引水后 | 2760.52 | 2760.52 | 2760.52 | 2760.52 | 2760.33 | 2760.20 | 2760.20 | 2760.20 | 2760.20 | 2760.20 | 2760.20 | 2760.33 |
| | 变化值 | −0.24 | −0.54 | −1.02 | −1.25 | −1.15 | −0.93 | −0.60 | −0.46 | −0.30 | −0.30 | −0.32 | −0.25 |
| ZL04 | 引水前 | 2722.42 | 2722.74 | 2723.33 | 2723.61 | 2723.26 | 2722.82 | 2722.43 | 2722.29 | 2722.18 | 2722.18 | 2722.19 | 2722.23 |
| | 引水后 | 2722.19 | 2722.19 | 2722.19 | 2722.19 | 2722.07 | 2721.99 | 2721.99 | 2721.99 | 2721.99 | 2721.99 | 2721.99 | 2722.07 |
| | 变化值 | −0.23 | −0.55 | −1.14 | −1.41 | −1.19 | −0.83 | −0.44 | −0.29 | −0.19 | −0.19 | −0.20 | −0.17 |
| ZL05 | 引水前 | 2697.86 | 2698.13 | 2698.35 | 2698.52 | 2698.29 | 2697.95 | 2697.63 | 2697.51 | 2697.40 | 2697.40 | 2697.41 | 2697.46 |
| | 引水后 | 2697.42 | 2697.42 | 2697.42 | 2697.42 | 2697.29 | 2697.20 | 2697.20 | 2697.20 | 2697.20 | 2697.20 | 2697.20 | 2697.29 |
| | 变化值 | −0.44 | −0.71 | −0.93 | −1.10 | −1.00 | −0.75 | −0.43 | −0.31 | −0.20 | −0.20 | −0.21 | −0.17 |
| ZL06 | 引水前 | 2680.11 | 2680.35 | 2680.68 | 2680.93 | 2680.60 | 2680.17 | 2679.70 | 2679.51 | 2679.35 | 2679.35 | 2679.37 | 2679.43 |
| | 引水后 | 2679.35 | 2679.35 | 2679.35 | 2679.35 | 2679.18 | 2679.03 | 2679.03 | 2679.03 | 2679.03 | 2679.03 | 2679.03 | 2679.18 |
| | 变化值 | −0.76 | −1.00 | −1.33 | −1.58 | −1.42 | −1.14 | −0.67 | −0.48 | −0.32 | −0.32 | −0.34 | −0.25 |
| ZL07 | 引水前 | 2660.13 | 2660.53 | 2661.27 | 2661.68 | 2661.16 | 2660.62 | 2660.14 | 2659.95 | 2659.80 | 2659.80 | 2659.81 | 2659.87 |
| | 引水后 | 2659.81 | 2659.82 | 2659.82 | 2659.82 | 2659.64 | 2659.52 | 2659.52 | 2659.52 | 2659.52 | 2659.52 | 2659.52 | 2659.63 |
| | 变化值 | −0.31 | −0.71 | −1.45 | −1.86 | −1.53 | −1.10 | −0.62 | −0.43 | −0.28 | −0.28 | −0.29 | −0.24 |

续表

| 断面 | | 5月 | 6月 | 7月 | 8月 | 9月 | 10月 | 11月 | 12月 | 1月 | 2月 | 3月 | 4月 |
|---|---|---|---|---|---|---|---|---|---|---|---|---|---|
| ZL18 | 引水前 | 2506.86 | 2507.47 | 2508.31 | 2508.56 | 2508.22 | 2507.60 | 2506.89 | 2506.57 | 2506.32 | 2506.32 | 2506.35 | 2506.45 |
| | 引水后 | 2506.36 | 2506.37 | 2506.39 | 2506.38 | 2506.07 | 2505.87 | 2505.86 | 2505.86 | 2505.86 | 2505.86 | 2505.86 | 2506.05 |
| | 变化值 | -0.50 | -1.10 | -1.92 | -2.18 | -2.15 | -1.72 | -1.02 | -0.71 | -0.46 | -0.46 | -0.49 | -0.41 |
| ZL19 | 引水前 | 2498.83 | 2499.26 | 2499.51 | 2499.79 | 2499.43 | 2498.93 | 2498.48 | 2498.30 | 2498.13 | 2498.13 | 2498.15 | 2498.20 |
| | 引水后 | 2498.15 | 2498.16 | 2498.17 | 2498.16 | 2497.93 | 2497.80 | 2497.80 | 2497.80 | 2497.80 | 2497.80 | 2497.80 | 2497.92 |
| | 变化值 | -0.68 | -1.10 | -1.34 | -1.63 | -1.50 | -1.13 | -0.68 | -0.50 | -0.33 | -0.33 | -0.35 | -0.28 |
| ZL20 | 引水前 | 2496.80 | 2496.99 | 2497.52 | 2497.83 | 2497.44 | 2496.88 | 2496.33 | 2496.09 | 2495.87 | 2495.87 | 2495.90 | 2495.97 |
| | 引水后 | 2495.91 | 2495.92 | 2495.93 | 2495.92 | 2495.62 | 2495.46 | 2495.46 | 2495.46 | 2495.46 | 2495.46 | 2495.46 | 2495.63 |
| | 变化值 | -0.89 | -1.07 | -1.59 | -1.91 | -1.82 | -1.42 | -0.87 | -0.63 | -0.41 | -0.41 | -0.44 | -0.34 |
| ZL21 | 引水前 | 2492.93 | 2493.27 | 2493.87 | 2494.13 | 2493.78 | 2493.34 | 2492.95 | 2492.80 | 2492.69 | 2492.69 | 2492.70 | 2492.74 |
| | 引水后 | 2492.70 | 2492.71 | 2492.72 | 2492.71 | 2492.59 | 2492.51 | 2492.50 | 2492.50 | 2492.50 | 2492.50 | 2492.50 | 2492.57 |
| | 变化值 | -0.23 | -0.56 | -1.15 | -1.42 | -1.20 | -0.83 | -0.44 | -0.30 | -0.19 | -0.19 | -0.20 | -0.17 |
| ZL28 | 引水前 | 2401.84 | 2402.01 | 2402.35 | 2402.56 | 2402.27 | 2401.93 | 2401.57 | 2401.41 | 2401.30 | 2401.30 | 2401.32 | 2401.37 |
| | 引水后 | 2401.32 | 2401.33 | 2401.34 | 2401.33 | 2401.12 | 2401.02 | 2401.01 | 2401.01 | 2401.01 | 2401.01 | 2401.01 | 2401.09 |
| | 变化值 | -0.52 | -0.68 | -1.01 | -1.23 | -1.15 | -0.91 | -0.56 | -0.40 | -0.29 | -0.29 | -0.31 | -0.28 |
| ZL34 | 引水前 | 2292.01 | 2292.24 | 2292.69 | 2292.97 | 2292.59 | 2292.08 | 2291.56 | 2291.33 | 2291.15 | 2291.17 | 2291.18 | 2291.25 |
| | 引水后 | 2291.19 | 2291.20 | 2291.22 | 2291.20 | 2290.92 | 2290.76 | 2290.75 | 2290.76 | 2290.74 | 2290.77 | 2290.76 | 2290.90 |
| | 变化值 | -0.82 | -1.04 | -1.47 | -1.77 | -1.67 | -1.32 | -0.81 | -0.57 | -0.41 | -0.40 | -0.42 | -0.35 |
| ZL39 | 引水前 | 2230.70 | 2231.07 | 2231.51 | 2231.60 | 2231.47 | 2231.13 | 2230.71 | 2230.63 | 2230.37 | 2230.40 | 2230.41 | 2230.46 |
| | 引水后 | 2230.41 | 2230.42 | 2230.44 | 2230.43 | 2230.25 | 2230.13 | 2230.12 | 2230.25 | 2230.11 | 2230.14 | 2230.13 | 2230.23 |
| | 变化值 | -0.30 | -0.64 | -1.07 | -1.17 | -1.22 | -1.01 | -0.59 | -0.38 | -0.26 | -0.26 | -0.28 | -0.23 |
| ZL40 | 引水前 | 2225.17 | 2225.59 | 2226.29 | 2226.61 | 2226.19 | 2225.68 | 2225.17 | 2225.09 | 2224.78 | 2224.82 | 2224.83 | 2224.90 |
| | 引水后 | 2224.83 | 2224.85 | 2224.88 | 2224.86 | 2224.58 | 2224.36 | 2224.35 | 2224.59 | 2224.33 | 2224.40 | 2224.38 | 2224.55 |
| | 变化值 | -0.34 | -0.74 | -1.41 | -1.75 | -1.61 | -1.32 | -0.82 | -0.50 | -0.45 | -0.42 | -0.45 | -0.34 |
| ZL41 | 引水前 | 2219.38 | 2219.54 | 2220.04 | 2220.36 | 2219.94 | 2219.43 | 2218.97 | 2218.79 | 2218.58 | 2218.60 | 2218.61 | 2218.71 |
| | 引水后 | 2218.66 | 2218.68 | 2218.69 | 2218.67 | 2218.17 | 2217.89 | 2217.88 | 2217.89 | 2217.87 | 2217.90 | 2217.89 | 2218.14 |
| | 变化值 | -0.72 | -0.86 | -1.35 | -1.69 | -1.77 | -1.54 | -1.09 | -0.90 | -0.71 | -0.70 | -0.72 | -0.57 |

续表

| 断面 | | 5月 | 6月 | 7月 | 8月 | 9月 | 10月 | 11月 | 12月 | 1月 | 2月 | 3月 | 4月 |
|---|---|---|---|---|---|---|---|---|---|---|---|---|---|
| ZL42 | 引水前 | 2208.06 | 2208.37 | 2208.59 | 2208.79 | 2208.53 | 2208.14 | 2207.73 | 2207.56 | 2207.43 | 2207.46 | 2207.46 | 2207.52 |
| | 引水后 | 2207.46 | 2207.48 | 2207.50 | 2207.49 | 2207.28 | 2207.14 | 2207.13 | 2207.14 | 2207.13 | 2207.16 | 2207.15 | 2207.24 |
| | 变化值 | -0.60 | -0.89 | -1.09 | -1.30 | -1.25 | -1.00 | -0.60 | -0.42 | -0.30 | -0.30 | -0.31 | -0.28 |
| 厂址 | 引水前 | 2117.01 | 2117.24 | 2117.41 | 2117.59 | 2117.36 | 2117.06 | 2116.76 | 2116.63 | 2116.54 | 2116.56 | 2116.57 | 2116.60 |
| | 引水后 | 2116.55 | 2116.57 | 2116.59 | 2116.58 | 2116.34 | 2116.26 | 2116.25 | 2116.27 | 2116.24 | 2116.27 | 2116.26 | 2116.30 |
| | 变化值 | -0.46 | -0.69 | -0.84 | -1.00 | -0.78 | -0.72 | -0.51 | -0.36 | -0.30 | -0.29 | -0.31 | -0.30 |
| ZL47 | 引水前 | 2095.54 | 2095.76 | 2096.29 | 2096.52 | 2096.22 | 2095.85 | 2095.55 | 2095.36 | 2095.26 | 2095.28 | 2095.28 | 2095.32 |
| | 引水后 | 2095.54 | 2095.76 | 2096.29 | 2096.52 | 2096.22 | 2095.85 | 2095.55 | 2095.36 | 2095.26 | 2095.28 | 2095.28 | 2095.32 |
| | 变化值 | 0.00 | 0.00 | 0.00 | 0.00 | 0.00 | 0.00 | 0.00 | 0.00 | 0.00 | 0.00 | 0.00 | 0.00 |
| ZL47-3 | 引水前 | 2083.73 | 2083.98 | 2084.52 | 2084.74 | 2084.45 | 2084.08 | 2083.70 | 2083.62 | 2083.42 | 2083.44 | 2083.44 | 2083.49 |
| | 引水后 | 2083.73 | 2083.98 | 2084.52 | 2084.74 | 2084.45 | 2084.08 | 2083.70 | 2083.62 | 2083.42 | 2083.44 | 2083.44 | 2083.49 |
| | 变化值 | 0.00 | 0.00 | 0.00 | 0.00 | 0.00 | 0.00 | 0.00 | 0.00 | 0.00 | 0.00 | 0.00 | 0.00 |
| ZL58 | 引水前 | 1870.75 | 1871.01 | 1872.11 | 1872.46 | 1872.01 | 1871.09 | 1870.77 | 1870.64 | 1870.34 | 1870.37 | 1870.37 | 1870.41 |
| | 引水后 | 1870.75 | 1871.01 | 1872.11 | 1872.46 | 1872.01 | 1871.09 | 1870.77 | 1870.64 | 1870.34 | 1870.37 | 1870.37 | 1870.41 |
| | 变化值 | 0.00 | 0.00 | 0.00 | 0.00 | 0.00 | 0.00 | 0.00 | 0.00 | 0.00 | 0.00 | 0.00 | 0.00 |
| ZL58-3 | 引水前 | 1852.34 | 1852.58 | 1853.08 | 1853.29 | 1853.02 | 1852.67 | 1852.39 | 1852.34 | 1852.10 | 1852.13 | 1852.13 | 1852.18 |
| | 引水后 | 1852.34 | 1852.58 | 1853.08 | 1853.29 | 1853.02 | 1852.67 | 1852.39 | 1852.34 | 1852.10 | 1852.13 | 1852.13 | 1852.18 |
| | 变化值 | 0.00 | 0.00 | 0.00 | 0.00 | 0.00 | 0.00 | 0.00 | 0.00 | 0.00 | 0.00 | 0.00 | 0.00 |

表 6.3-16　枯水年、优化后研究河段典型断面逐月最大水深变化

(单位：m)

| 断面 | | 5月 | 6月 | 7月 | 8月 | 9月 | 10月 | 11月 | 12月 | 1月 | 2月 | 3月 | 4月 |
|---|---|---|---|---|---|---|---|---|---|---|---|---|---|
| 坝址 | 引水前 | 1.38 | 1.68 | 2.16 | 2.39 | 2.10 | 1.75 | 1.42 | 1.28 | 1.12 | 1.12 | 1.14 | 1.20 |
| | 引水后 | 1.14 | 1.14 | 1.14 | 1.14 | 0.95 | 0.83 | 0.83 | 0.83 | 0.83 | 0.83 | 0.83 | 0.95 |
| | 变化值 | -0.24 | -0.54 | -1.02 | -1.25 | -1.15 | -0.92 | -0.59 | -0.45 | -0.29 | -0.29 | -0.31 | -0.25 |

续表

| 断面 | | 5月 | 6月 | 7月 | 8月 | 9月 | 10月 | 11月 | 12月 | 1月 | 2月 | 3月 | 4月 |
|---|---|---|---|---|---|---|---|---|---|---|---|---|---|
| ZL04 | 引水前 | 1.16 | 1.49 | 2.07 | 2.35 | 2.00 | 1.56 | 1.17 | 1.03 | 0.92 | 0.92 | 0.93 | 0.97 |
| | 引水后 | 0.93 | 0.93 | 0.93 | 0.93 | 0.81 | 0.73 | 0.73 | 0.73 | 0.73 | 0.73 | 0.73 | 0.81 |
| | 变化值 | -0.23 | -0.55 | -1.14 | -1.41 | -1.19 | -0.83 | -0.44 | -0.29 | -0.19 | -0.19 | -0.20 | -0.17 |
| ZL05 | 引水前 | 1.11 | 1.68 | 1.92 | 2.10 | 1.85 | 1.48 | 1.13 | 1.00 | 0.88 | 0.88 | 0.89 | 0.95 |
| | 引水后 | 0.90 | 0.90 | 0.90 | 0.90 | 0.76 | 0.67 | 0.67 | 0.67 | 0.67 | 0.67 | 0.67 | 0.76 |
| | 变化值 | -0.20 | -0.77 | -1.01 | -1.20 | -1.09 | -0.81 | -0.46 | -0.33 | -0.21 | -0.21 | -0.22 | -0.19 |
| ZL06 | 引水前 | 1.75 | 2.43 | 2.76 | 3.01 | 2.68 | 2.25 | 1.78 | 1.59 | 1.43 | 1.43 | 1.45 | 1.51 |
| | 引水后 | 1.43 | 1.43 | 1.43 | 1.43 | 1.26 | 1.12 | 1.12 | 1.12 | 1.12 | 1.12 | 1.12 | 1.25 |
| | 变化值 | -0.32 | -1.00 | -1.33 | -1.58 | -1.42 | -1.13 | -0.66 | -0.47 | -0.31 | -0.31 | -0.33 | -0.26 |
| ZL07 | 引水前 | 1.18 | 1.58 | 2.32 | 2.73 | 2.22 | 1.68 | 1.20 | 1.00 | 0.85 | 0.85 | 0.87 | 0.93 |
| | 引水后 | 0.87 | 0.87 | 0.88 | 0.87 | 0.69 | 0.58 | 0.57 | 0.57 | 0.57 | 0.57 | 0.57 | 0.68 |
| | 变化值 | -0.31 | -0.71 | -1.45 | -1.86 | -1.53 | -1.10 | -0.62 | -0.43 | -0.28 | -0.28 | -0.29 | -0.24 |
| ZL18 | 引水前 | 1.91 | 2.52 | 3.36 | 3.62 | 3.27 | 2.64 | 1.93 | 1.62 | 1.36 | 1.36 | 1.39 | 1.49 |
| | 引水后 | 1.40 | 1.41 | 1.43 | 1.42 | 1.11 | 0.91 | 0.90 | 0.90 | 0.90 | 0.90 | 0.90 | 1.09 |
| | 变化值 | -0.51 | -1.10 | -1.93 | -2.20 | -2.16 | -1.73 | -1.03 | -0.72 | -0.47 | -0.47 | -0.49 | -0.41 |
| ZL19 | 引水前 | 1.52 | 2.34 | 2.59 | 2.86 | 2.50 | 2.00 | 1.55 | 1.38 | 1.20 | 1.20 | 1.22 | 1.27 |
| | 引水后 | 1.23 | 1.24 | 1.25 | 1.24 | 1.00 | 0.87 | 0.88 | 0.88 | 0.88 | 0.88 | 0.88 | 0.96 |
| | 变化值 | -0.29 | -1.10 | -1.34 | -1.62 | -1.50 | -1.14 | -0.68 | -0.50 | -0.33 | -0.33 | -0.35 | -0.31 |
| ZL20 | 引水前 | 2.20 | 2.94 | 3.47 | 3.78 | 3.39 | 2.83 | 2.28 | 2.04 | 1.82 | 1.82 | 1.84 | 1.92 |
| | 引水后 | 1.86 | 1.87 | 1.88 | 1.87 | 1.57 | 1.40 | 1.40 | 1.40 | 1.40 | 1.40 | 1.40 | 1.49 |
| | 变化值 | -0.34 | -1.07 | -1.59 | -1.91 | -1.82 | -1.43 | -0.88 | -0.64 | -0.42 | -0.42 | -0.44 | -0.43 |
| ZL21 | 引水前 | 1.12 | 1.45 | 2.05 | 2.32 | 1.96 | 1.52 | 1.13 | 0.98 | 0.87 | 0.87 | 0.88 | 0.92 |
| | 引水后 | 0.88 | 0.89 | 0.90 | 0.89 | 0.77 | 0.69 | 0.68 | 0.68 | 0.68 | 0.68 | 0.68 | 0.75 |
| | 变化值 | -0.23 | -0.56 | -1.15 | -1.42 | -1.20 | -0.83 | -0.44 | -0.30 | -0.19 | -0.19 | -0.20 | -0.17 |
| ZL28 | 引水前 | 1.31 | 1.81 | 2.15 | 2.36 | 2.07 | 1.73 | 1.37 | 1.21 | 1.10 | 1.10 | 1.12 | 1.17 |
| | 引水后 | 1.12 | 1.13 | 1.14 | 1.13 | 0.94 | 0.81 | 0.81 | 0.82 | 0.80 | 0.83 | 0.82 | 0.89 |
| | 变化值 | -0.19 | -0.68 | -1.01 | -1.23 | -1.13 | -0.92 | -0.56 | -0.39 | -0.30 | -0.27 | -0.30 | -0.28 |

续表

| 断面 | | 5月 | 6月 | 7月 | 8月 | 9月 | 10月 | 11月 | 12月 | 1月 | 2月 | 3月 | 4月 |
|---|---|---|---|---|---|---|---|---|---|---|---|---|---|
| ZL34 | 引水前 | 1.85 | 2.54 | 2.99 | 3.33 | 2.89 | 2.38 | 1.86 | 1.63 | 1.45 | 1.45 | 1.48 | 1.55 |
| | 引水后 | 1.50 | 1.51 | 1.53 | 1.51 | 1.22 | 1.07 | 1.05 | 1.06 | 1.04 | 1.07 | 1.06 | 1.18 |
| | 变化值 | -0.35 | -1.03 | -1.46 | -1.82 | -1.67 | -1.31 | -0.81 | -0.57 | -0.41 | -0.38 | -0.42 | -0.37 |
| ZL39 | 引水前 | 1.30 | 1.67 | 2.11 | 2.20 | 2.06 | 1.73 | 1.30 | 1.23 | 0.97 | 1.00 | 1.00 | 1.06 |
| | 引水后 | 1.00 | 1.02 | 1.04 | 1.03 | 0.84 | 0.72 | 0.71 | 0.84 | 0.71 | 0.74 | 0.73 | 0.83 |
| | 变化值 | -0.30 | -0.64 | -1.07 | -1.17 | -1.22 | -1.01 | -0.59 | -0.38 | -0.26 | -0.26 | -0.28 | -0.23 |
| ZL40 | 引水前 | 1.87 | 2.29 | 2.99 | 3.31 | 2.89 | 2.38 | 1.87 | 1.79 | 1.48 | 1.52 | 1.53 | 1.60 |
| | 引水后 | 1.53 | 1.55 | 1.58 | 1.56 | 1.28 | 1.06 | 1.05 | 1.29 | 1.03 | 1.10 | 1.08 | 1.25 |
| | 变化值 | -0.34 | -0.74 | -1.41 | -1.75 | -1.61 | -1.32 | -0.82 | -0.50 | -0.45 | -0.42 | -0.45 | -0.34 |
| ZL41 | 引水前 | 2.34 | 3.08 | 3.58 | 3.98 | 3.48 | 2.97 | 2.51 | 2.33 | 2.12 | 2.14 | 2.15 | 2.25 |
| | 引水后 | 2.18 | 2.20 | 2.21 | 2.19 | 1.64 | 1.48 | 1.46 | 1.45 | 1.45 | 1.49 | 1.53 | 1.59 |
| | 变化值 | -0.16 | -0.88 | -1.37 | -1.79 | -1.84 | -1.49 | -1.05 | -0.88 | -0.67 | -0.65 | -0.62 | -0.66 |
| ZL42 | 引水前 | 1.58 | 2.28 | 2.50 | 2.75 | 2.44 | 2.05 | 1.64 | 1.47 | 1.34 | 1.37 | 1.37 | 1.43 |
| | 引水后 | 1.38 | 1.39 | 1.41 | 1.40 | 1.19 | 1.06 | 1.06 | 1.07 | 1.06 | 1.09 | 1.08 | 1.13 |
| | 变化值 | -0.20 | -0.89 | -1.09 | -1.35 | -1.25 | -0.99 | -0.58 | -0.40 | -0.28 | -0.28 | -0.29 | -0.30 |
| 厂址 | 引水前 | 1.34 | 1.58 | 1.76 | 2.03 | 1.69 | 1.63 | 1.17 | 1.03 | 0.92 | 0.94 | 0.94 | 1.00 |
| | 引水后 | 0.91 | 0.93 | 0.96 | 0.94 | 0.76 | 0.65 | 0.64 | 0.66 | 0.63 | 0.66 | 0.65 | 0.72 |
| | 变化值 | -0.43 | -0.65 | -0.80 | -1.09 | -0.93 | -0.98 | -0.53 | -0.37 | -0.29 | -0.28 | -0.29 | -0.28 |
| ZL47 | 引水前 | 1.28 | 1.51 | 2.04 | 2.32 | 1.97 | 1.60 | 1.30 | 1.11 | 1.01 | 1.03 | 1.03 | 1.07 |
| | 引水后 | 1.28 | 1.51 | 2.04 | 2.32 | 1.97 | 1.60 | 1.30 | 1.11 | 1.01 | 1.03 | 1.03 | 1.07 |
| | 变化值 | 0.00 | 0.00 | 0.00 | 0.00 | 0.00 | 0.00 | 0.00 | 0.00 | 0.00 | 0.00 | 0.00 | 0.00 |
| ZL47-3 | 引水前 | 1.44 | 1.69 | 2.23 | 2.50 | 2.16 | 1.79 | 1.41 | 1.33 | 1.13 | 1.15 | 1.15 | 1.20 |
| | 引水后 | 1.44 | 1.69 | 2.23 | 2.50 | 2.16 | 1.79 | 1.41 | 1.33 | 1.13 | 1.15 | 1.15 | 1.20 |
| | 变化值 | 0.00 | 0.00 | 0.00 | 0.00 | 0.00 | 0.00 | 0.00 | 0.00 | 0.00 | 0.00 | 0.00 | 0.00 |

续表

| 断面 | | 5月 | 6月 | 7月 | 8月 | 9月 | 10月 | 11月 | 12月 | 1月 | 2月 | 3月 | 4月 |
|---|---|---|---|---|---|---|---|---|---|---|---|---|---|
| ZL58 | 引水前 | 2.95 | 3.11 | 4.21 | 4.65 | 4.11 | 3.19 | 2.87 | 2.74 | 2.44 | 2.47 | 2.47 | 2.51 |
| | 引水后 | 2.95 | 3.11 | 4.21 | 4.65 | 4.11 | 3.19 | 2.87 | 2.74 | 2.44 | 2.47 | 2.47 | 2.51 |
| | 变化值 | 0.00 | 0.00 | 0.00 | 0.00 | 0.00 | 0.00 | 0.00 | 0.00 | 0.00 | 0.00 | 0.00 | 0.00 |
| ZL58-3 | 引水前 | 1.17 | 1.41 | 1.91 | 2.16 | 1.85 | 1.50 | 1.22 | 1.17 | 0.93 | 0.96 | 0.96 | 1.01 |
| | 引水后 | 1.17 | 1.41 | 1.91 | 2.16 | 1.85 | 1.50 | 1.22 | 1.17 | 0.93 | 0.96 | 0.96 | 1.01 |
| | 变化值 | 0.00 | 0.00 | 0.00 | 0.00 | 0.00 | 0.00 | 0.00 | 0.00 | 0.00 | 0.00 | 0.00 | 0.00 |

表 6.3-17　枯水年、优化后研究河段典型断面平均水深变化

（单位：m）

| 断面 | | 5月 | 6月 | 7月 | 8月 | 9月 | 10月 | 11月 | 12月 | 1月 | 2月 | 3月 | 4月 |
|---|---|---|---|---|---|---|---|---|---|---|---|---|---|
| 坝址 | 引水前 | 0.93 | 1.27 | 1.61 | 1.71 | 1.73 | 1.27 | 0.92 | 0.79 | 0.59 | 0.59 | 0.60 | 0.74 |
| | 引水后 | 0.60 | 0.60 | 0.60 | 0.60 | 0.54 | 0.45 | 0.45 | 0.45 | 0.45 | 0.45 | 0.46 | 0.54 |
| | 变化值 | -0.33 | -0.67 | -1.01 | -1.11 | -1.19 | -0.82 | -0.47 | -0.34 | -0.14 | -0.14 | -0.14 | -0.20 |
| ZL04 | 引水前 | 0.73 | 0.98 | 1.45 | 1.69 | 1.39 | 1.04 | 0.74 | 0.63 | 0.55 | 0.55 | 0.56 | 0.59 |
| | 引水后 | 0.56 | 0.56 | 0.56 | 0.56 | 0.47 | 0.41 | 0.41 | 0.41 | 0.41 | 0.41 | 0.41 | 0.47 |
| | 变化值 | -0.17 | -0.42 | -0.90 | -1.13 | -0.92 | -0.62 | -0.32 | -0.22 | -0.14 | -0.14 | -0.14 | -0.12 |
| ZL05 | 引水前 | 0.76 | 0.91 | 1.11 | 1.25 | 1.08 | 0.93 | 0.75 | 0.64 | 0.57 | 0.57 | 0.58 | 0.61 |
| | 引水后 | 0.58 | 0.58 | 0.58 | 0.58 | 0.51 | 0.43 | 0.43 | 0.43 | 0.43 | 0.43 | 0.43 | 0.51 |
| | 变化值 | -0.18 | -0.33 | -0.53 | -0.67 | -0.57 | -0.50 | -0.32 | -0.21 | -0.14 | -0.14 | -0.15 | -0.10 |
| ZL06 | 引水前 | 0.73 | 0.92 | 1.09 | 1.16 | 1.25 | 0.84 | 0.79 | 0.67 | 0.58 | 0.58 | 0.59 | 0.62 |
| | 引水后 | 0.56 | 0.56 | 0.56 | 0.56 | 0.52 | 0.43 | 0.43 | 0.43 | 0.43 | 0.44 | 0.43 | 0.51 |
| | 变化值 | -0.17 | -0.36 | -0.53 | -0.60 | -0.73 | -0.41 | -0.36 | -0.24 | -0.15 | -0.14 | -0.16 | -0.11 |
| ZL07 | 引水前 | 0.90 | 1.23 | 1.82 | 2.11 | 1.74 | 1.31 | 0.91 | 0.76 | 0.64 | 0.64 | 0.65 | 0.70 |
| | 引水后 | 0.65 | 0.65 | 0.66 | 0.65 | 0.51 | 0.42 | 0.42 | 0.42 | 0.42 | 0.42 | 0.42 | 0.51 |
| | 变化值 | -0.25 | -0.58 | -1.16 | -1.46 | -1.23 | -0.88 | -0.49 | -0.34 | -0.22 | -0.22 | -0.23 | -0.19 |

续表

| 断面 | | 5月 | 6月 | 7月 | 8月 | 9月 | 10月 | 11月 | 12月 | 1月 | 2月 | 3月 | 4月 |
|---|---|---|---|---|---|---|---|---|---|---|---|---|---|
| ZL18 | 引水前 | 0.91 | 1.24 | 1.83 | 2.12 | 1.74 | 1.31 | 0.92 | 0.76 | 0.64 | 0.64 | 0.65 | 0.70 |
| | 引水后 | 0.64 | 0.66 | 0.67 | 0.66 | 0.52 | 0.43 | 0.43 | 0.42 | 0.42 | 0.42 | 0.42 | 0.51 |
| | 变化值 | -0.27 | -0.58 | -1.16 | -1.46 | -1.22 | -0.88 | -0.49 | -0.34 | -0.21 | -0.21 | -0.23 | -0.19 |
| ZL19 | 引水前 | 0.99 | 1.29 | 1.73 | 1.92 | 1.65 | 1.32 | 0.98 | 0.83 | 0.77 | 0.77 | 0.79 | 0.81 |
| | 引水后 | 0.76 | 0.77 | 0.78 | 0.77 | 0.54 | 0.45 | 0.45 | 0.45 | 0.45 | 0.45 | 0.45 | 0.51 |
| | 变化值 | -0.23 | -0.52 | -0.95 | -1.15 | -1.11 | -0.87 | -0.53 | -0.38 | -0.32 | -0.32 | -0.34 | -0.30 |
| ZL20 | 引水前 | 1.08 | 1.35 | 1.65 | 1.82 | 1.60 | 1.41 | 1.08 | 0.80 | 0.71 | 0.71 | 0.73 | 0.75 |
| | 引水后 | 0.71 | 0.72 | 0.73 | 0.72 | 0.60 | 0.45 | 0.45 | 0.45 | 0.45 | 0.45 | 0.45 | 0.54 |
| | 变化值 | -0.37 | -0.63 | -0.92 | -1.10 | -1.00 | -0.96 | -0.63 | -0.35 | -0.26 | -0.26 | -0.28 | -0.21 |
| ZL21 | 引水前 | 0.61 | 0.77 | 1.05 | 1.17 | 1.01 | 0.81 | 0.62 | 0.55 | 0.50 | 0.50 | 0.50 | 0.52 |
| | 引水后 | 0.51 | 0.51 | 0.51 | 0.51 | 0.45 | 0.41 | 0.41 | 0.41 | 0.41 | 0.41 | 0.41 | 0.44 |
| | 变化值 | -0.11 | -0.26 | -0.54 | -0.66 | -0.56 | -0.39 | -0.21 | -0.14 | -0.09 | -0.09 | -0.09 | -0.08 |
| ZL28 | 引水前 | 0.87 | 1.03 | 1.16 | 1.35 | 1.23 | 1.05 | 0.87 | 0.78 | 0.69 | 0.69 | 0.72 | 0.74 |
| | 引水后 | 0.69 | 0.70 | 0.71 | 0.70 | 0.61 | 0.50 | 0.49 | 0.49 | 0.49 | 0.49 | 0.49 | 0.59 |
| | 变化值 | -0.18 | -0.33 | -0.45 | -0.65 | -0.62 | -0.55 | -0.38 | -0.29 | -0.20 | -0.20 | -0.23 | -0.15 |
| ZL34 | 引水前 | 0.76 | 0.90 | 1.14 | 1.31 | 1.10 | 0.92 | 0.82 | 0.75 | 0.66 | 0.67 | 0.67 | 0.71 |
| | 引水后 | 0.68 | 0.69 | 0.70 | 0.69 | 0.56 | 0.48 | 0.48 | 0.48 | 0.47 | 0.49 | 0.50 | 0.55 |
| | 变化值 | -0.08 | -0.21 | -0.44 | -0.62 | -0.54 | -0.44 | -0.34 | -0.27 | -0.19 | -0.18 | -0.17 | -0.16 |
| ZL39 | 引水前 | 0.82 | 1.07 | 1.44 | 1.56 | 1.39 | 1.12 | 0.83 | 0.78 | 0.61 | 0.63 | 0.63 | 0.67 |
| | 引水后 | 0.63 | 0.64 | 0.66 | 0.65 | 0.53 | 0.45 | 0.45 | 0.53 | 0.44 | 0.46 | 0.46 | 0.52 |
| | 变化值 | -0.19 | -0.43 | -0.78 | -0.91 | -0.86 | -0.67 | -0.38 | -0.25 | -0.17 | -0.17 | -0.18 | -0.15 |
| ZL40 | 引水前 | 0.80 | 0.98 | 1.29 | 1.42 | 1.24 | 1.02 | 0.80 | 0.77 | 0.64 | 0.65 | 0.66 | 0.69 |
| | 引水后 | 0.66 | 0.67 | 0.68 | 0.67 | 0.55 | 0.46 | 0.45 | 0.55 | 0.44 | 0.47 | 0.46 | 0.54 |
| | 变化值 | -0.15 | -0.32 | -0.61 | -0.75 | -0.69 | -0.57 | -0.35 | -0.21 | -0.19 | -0.18 | -0.19 | -0.15 |
| ZL41 | 引水前 | 0.63 | 0.85 | 1.15 | 1.34 | 1.09 | 0.88 | 0.73 | 0.64 | 0.55 | 0.56 | 0.56 | 0.61 |
| | 引水后 | 0.58 | 0.59 | 0.60 | 0.59 | 0.54 | 0.45 | 0.44 | 0.44 | 0.44 | 0.46 | 0.45 | 0.53 |
| | 变化值 | -0.05 | -0.26 | -0.55 | -0.75 | -0.55 | -0.43 | -0.29 | -0.20 | -0.11 | -0.10 | -0.11 | -0.08 |

续表

| 断面 | | 5月 | 6月 | 7月 | 8月 | 9月 | 10月 | 11月 | 12月 | 1月 | 2月 | 3月 | 4月 |
|---|---|---|---|---|---|---|---|---|---|---|---|---|---|
| ZL42 | 引水前 | 1.02 | 1.21 | 1.59 | 1.87 | 1.50 | 1.23 | 0.99 | 0.88 | 0.78 | 0.80 | 0.80 | 0.84 |
| | 引水后 | 0.74 | 0.75 | 0.76 | 0.75 | 0.53 | 0.43 | 0.43 | 0.43 | 0.42 | 0.44 | 0.45 | 0.51 |
| | 变化值 | -0.28 | -0.46 | -0.83 | -1.12 | -0.97 | -0.80 | -0.56 | -0.45 | -0.36 | -0.36 | -0.35 | -0.33 |
| 厂址 | 引水前 | 0.73 | 0.87 | 1.12 | 1.30 | 1.06 | 0.88 | 0.71 | 0.66 | 0.57 | 0.59 | 0.59 | 0.62 |
| | 引水后 | 0.57 | 0.58 | 0.59 | 0.58 | 0.55 | 0.45 | 0.44 | 0.45 | 0.44 | 0.45 | 0.44 | 0.54 |
| | 变化值 | -0.16 | -0.29 | -0.53 | -0.72 | -0.51 | -0.43 | -0.27 | -0.21 | -0.13 | -0.14 | -0.15 | -0.08 |
| ZL47 | 引水前 | 1.02 | 1.12 | 1.58 | 1.83 | 1.49 | 1.18 | 0.88 | 0.75 | 0.66 | 0.68 | 0.68 | 0.71 |
| | 引水后 | 1.02 | 1.12 | 1.58 | 1.83 | 1.49 | 1.18 | 0.88 | 0.75 | 0.66 | 0.68 | 0.68 | 0.71 |
| | 变化值 | 0.00 | 0.00 | 0.00 | 0.00 | 0.00 | 0.00 | 0.00 | 0.00 | 0.00 | 0.00 | 0.00 | 0.00 |
| ZL47-3 | 引水前 | 0.94 | 1.08 | 1.42 | 1.61 | 1.37 | 1.14 | 0.90 | 0.79 | 0.71 | 0.73 | 0.73 | 0.76 |
| | 引水后 | 0.94 | 1.08 | 1.42 | 1.61 | 1.37 | 1.14 | 0.90 | 0.79 | 0.71 | 0.73 | 0.73 | 0.76 |
| | 变化值 | 0.00 | 0.00 | 0.00 | 0.00 | 0.00 | 0.00 | 0.00 | 0.00 | 0.00 | 0.00 | 0.00 | 0.00 |
| ZL58 | 引水前 | 1.01 | 1.13 | 1.58 | 1.68 | 1.41 | 1.20 | 1.04 | 1.01 | 0.89 | 0.90 | 0.90 | 0.94 |
| | 引水后 | 1.01 | 1.13 | 1.58 | 1.68 | 1.41 | 1.20 | 1.04 | 1.01 | 0.89 | 0.90 | 0.90 | 0.94 |
| | 变化值 | 0.00 | 0.00 | 0.00 | 0.00 | 0.00 | 0.00 | 0.00 | 0.00 | 0.00 | 0.00 | 0.00 | 0.00 |
| ZL58-3 | 引水前 | 0.82 | 0.95 | 1.24 | 1.38 | 1.20 | 1.01 | 0.78 | 0.68 | 0.61 | 0.63 | 0.63 | 0.65 |
| | 引水后 | 0.82 | 0.95 | 1.24 | 1.38 | 1.20 | 1.01 | 0.78 | 0.68 | 0.61 | 0.63 | 0.63 | 0.65 |
| | 变化值 | 0.00 | 0.00 | 0.00 | 0.00 | 0.00 | 0.00 | 0.00 | 0.00 | 0.00 | 0.00 | 0.00 | 0.00 |

表6.3-18 枯水年、优化后研究河段典型断面流速变化

（单位：流速，m/s；变化率，%）

| 断面 | | 5月 | 6月 | 7月 | 8月 | 9月 | 10月 | 11月 | 12月 | 1月 | 2月 | 3月 | 4月 |
|---|---|---|---|---|---|---|---|---|---|---|---|---|---|
| 坝址 | 引水前 | 1.49 | 1.72 | 2.08 | 2.22 | 2.02 | 1.75 | 1.49 | 1.37 | 1.26 | 1.26 | 1.27 | 1.32 |
| | 引水后 | 1.27 | 1.27 | 1.27 | 1.27 | 1.12 | 1.02 | 1.02 | 1.02 | 1.02 | 1.02 | 1.02 | 1.12 |
| | 变化值 | -0.22 | -0.45 | -0.80 | -0.95 | -0.90 | -0.73 | -0.48 | -0.36 | -0.24 | -0.24 | -0.25 | -0.20 |
| | 变化率 | -14.86 | -26.25 | -38.73 | -42.79 | -44.44 | -41.90 | -31.87 | -25.92 | -19.22 | -19.22 | -19.98 | -15.45 |

续表

| 断面 | | 5月 | 6月 | 7月 | 8月 | 9月 | 10月 | 11月 | 12月 | 1月 | 2月 | 3月 | 4月 |
|---|---|---|---|---|---|---|---|---|---|---|---|---|---|
| ZL04 | 引水前 | 1.28 | 1.59 | 2.13 | 2.38 | 2.06 | 1.66 | 1.29 | 1.16 | 1.05 | 1.05 | 1.06 | 1.11 |
| | 引水后 | 1.07 | 1.07 | 1.07 | 1.07 | 0.95 | 0.88 | 0.88 | 0.88 | 0.88 | 0.88 | 0.88 | 0.95 |
| | 变化值 | -0.22 | -0.52 | -1.07 | -1.32 | -1.12 | -0.78 | -0.42 | -0.28 | -0.18 | -0.18 | -0.19 | -0.16 |
| | 变化率 | -16.96 | -32.81 | -50.06 | -55.28 | -54.13 | -47.08 | -32.14 | -24.08 | -16.67 | -16.67 | -17.50 | -14.42 |
| ZL05 | 引水前 | 1.26 | 1.49 | 1.83 | 1.95 | 1.78 | 1.52 | 1.26 | 1.14 | 1.05 | 1.05 | 1.06 | 1.10 |
| | 引水后 | 1.06 | 1.06 | 1.06 | 1.06 | 0.93 | 0.85 | 0.85 | 0.85 | 0.85 | 0.85 | 0.85 | 0.93 |
| | 变化值 | -0.20 | -0.43 | -0.77 | -0.89 | -0.85 | -0.67 | -0.41 | -0.29 | -0.20 | -0.20 | -0.21 | -0.17 |
| | 变化率 | -15.75 | -28.67 | -42.01 | -45.55 | -47.77 | -43.91 | -32.42 | -25.37 | -18.65 | -18.65 | -19.79 | -15.32 |
| ZL06 | 引水前 | 1.15 | 1.35 | 1.60 | 1.70 | 1.56 | 1.38 | 1.15 | 1.05 | 0.97 | 0.97 | 0.98 | 1.01 |
| | 引水后 | 0.98 | 0.98 | 0.98 | 0.98 | 0.87 | 0.79 | 0.79 | 0.79 | 0.79 | 0.79 | 0.79 | 0.86 |
| | 变化值 | -0.17 | -0.38 | -0.62 | -0.72 | -0.69 | -0.59 | -0.36 | -0.26 | -0.18 | -0.18 | -0.19 | -0.15 |
| | 变化率 | -15.15 | -27.74 | -38.96 | -42.47 | -44.21 | -42.84 | -31.32 | -24.74 | -18.27 | -18.64 | -19.36 | -15.14 |
| ZL07 | 引水前 | 1.37 | 1.79 | 2.58 | 2.65 | 2.47 | 1.89 | 1.38 | 1.18 | 1.02 | 1.02 | 1.04 | 1.10 |
| | 引水后 | 1.04 | 1.04 | 1.05 | 1.05 | 0.85 | 0.74 | 0.73 | 0.73 | 0.73 | 0.73 | 0.73 | 0.85 |
| | 变化值 | -0.33 | -0.75 | -1.53 | -1.60 | -1.61 | -1.16 | -0.65 | -0.45 | -0.29 | -0.29 | -0.30 | -0.25 |
| | 变化率 | -23.93 | -41.79 | -59.37 | -60.54 | -65.40 | -61.08 | -46.89 | -37.82 | -28.16 | -28.16 | -29.32 | -23.08 |
| ZL18 | 引水前 | 1.76 | 1.96 | 2.34 | 2.32 | 2.25 | 1.99 | 1.77 | 1.61 | 1.46 | 1.46 | 1.48 | 1.54 |
| | 引水后 | 1.48 | 1.49 | 1.50 | 1.49 | 1.28 | 1.12 | 1.11 | 1.11 | 1.11 | 1.11 | 1.11 | 1.26 |
| | 变化值 | -0.28 | -0.47 | -0.83 | -0.83 | -0.97 | -0.87 | -0.65 | -0.50 | -0.35 | -0.35 | -0.37 | -0.28 |
| | 变化率 | -15.69 | -24.04 | -35.71 | -35.59 | -43.07 | -43.81 | -36.95 | -31.07 | -23.91 | -23.91 | -24.81 | -18.23 |
| ZL19 | 引水前 | 1.35 | 1.51 | 1.75 | 1.85 | 1.71 | 1.53 | 1.34 | 1.26 | 1.16 | 1.16 | 1.19 | 1.22 |
| | 引水后 | 1.17 | 1.18 | 1.20 | 1.18 | 1.04 | 0.96 | 0.96 | 0.96 | 0.96 | 0.96 | 0.96 | 1.02 |
| | 变化值 | -0.18 | -0.33 | -0.55 | -0.67 | -0.68 | -0.57 | -0.38 | -0.30 | -0.20 | -0.20 | -0.23 | -0.20 |
| | 变化率 | -13.33 | -21.72 | -31.33 | -36.04 | -39.47 | -37.39 | -28.64 | -23.97 | -17.59 | -17.59 | -19.66 | -16.56 |

续表

| 断面 | | 5月 | 6月 | 7月 | 8月 | 9月 | 10月 | 11月 | 12月 | 1月 | 2月 | 3月 | 4月 |
|---|---|---|---|---|---|---|---|---|---|---|---|---|---|
| ZL20 | 引水前 | 1.43 | 1.69 | 2.11 | 2.23 | 2.06 | 1.73 | 1.42 | 1.29 | 1.18 | 1.18 | 1.21 | 1.24 |
| | 引水后 | 1.18 | 1.19 | 1.20 | 1.19 | 1.03 | 0.97 | 0.97 | 0.97 | 0.97 | 0.97 | 0.97 | 1.01 |
| | 变化值 | -0.25 | -0.50 | -0.91 | -1.04 | -1.02 | -0.76 | -0.45 | -0.32 | -0.21 | -0.21 | -0.24 | -0.23 |
| | 变化率 | -17.48 | -29.75 | -43.18 | -46.71 | -49.73 | -43.95 | -31.78 | -24.79 | -17.76 | -17.76 | -20.00 | -18.74 |
| ZL21 | 引水前 | 0.98 | 1.14 | 1.37 | 1.44 | 1.34 | 1.17 | 0.99 | 0.91 | 0.86 | 0.86 | 0.86 | 0.89 |
| | 引水后 | 0.86 | 0.87 | 0.87 | 0.87 | 0.80 | 0.76 | 0.76 | 0.76 | 0.75 | 0.75 | 0.75 | 0.79 |
| | 变化值 | -0.12 | -0.27 | -0.50 | -0.57 | -0.54 | -0.42 | -0.23 | -0.16 | -0.10 | -0.10 | -0.11 | -0.09 |
| | 变化率 | -12.15 | -23.84 | -36.18 | -39.59 | -40.28 | -35.40 | -23.62 | -17.43 | -11.89 | -11.89 | -12.50 | -10.29 |
| ZL28 | 引水前 | 2.10 | 2.36 | 2.74 | 2.89 | 2.67 | 2.39 | 2.06 | 1.90 | 1.78 | 1.78 | 1.80 | 1.88 |
| | 引水后 | 1.80 | 1.81 | 1.83 | 1.82 | 1.58 | 1.46 | 1.45 | 1.46 | 1.43 | 1.47 | 1.46 | 1.55 |
| | 变化值 | -0.30 | -0.55 | -0.91 | -1.07 | -1.10 | -0.93 | -0.61 | -0.44 | -0.35 | -0.31 | -0.35 | -0.33 |
| | 变化率 | -14.12 | -23.31 | -33.11 | -36.98 | -41.02 | -38.90 | -29.62 | -23.16 | -19.65 | -17.40 | -19.15 | -17.55 |
| ZL34 | 引水前 | 1.78 | 1.97 | 2.24 | 2.41 | 2.19 | 1.99 | 1.76 | 1.64 | 1.54 | 1.57 | 1.58 | 1.61 |
| | 引水后 | 1.55 | 1.57 | 1.59 | 1.58 | 1.40 | 1.32 | 1.30 | 1.32 | 1.31 | 1.34 | 1.33 | 1.38 |
| | 变化值 | -0.23 | -0.40 | -0.65 | -0.83 | -0.79 | -0.67 | -0.47 | -0.33 | -0.23 | -0.23 | -0.25 | -0.23 |
| | 变化率 | -13.02 | -20.22 | -29.14 | -34.31 | -35.89 | -33.77 | -26.46 | -19.88 | -15.22 | -14.61 | -16.00 | -14.29 |
| ZL39 | 引水前 | 1.52 | 1.88 | 2.37 | 2.52 | 2.31 | 1.94 | 1.52 | 1.45 | 1.21 | 1.24 | 1.24 | 1.29 |
| | 引水后 | 1.24 | 1.26 | 1.28 | 1.26 | 1.10 | 0.98 | 0.98 | 1.10 | 0.97 | 1.00 | 0.99 | 1.08 |
| | 变化值 | -0.28 | -0.62 | -1.09 | -1.26 | -1.21 | -0.95 | -0.55 | -0.36 | -0.24 | -0.24 | -0.25 | -0.21 |
| | 变化率 | -18.17 | -32.83 | -46.01 | -49.82 | -52.54 | -49.22 | -35.95 | -24.51 | -19.97 | -19.24 | -20.41 | -16.54 |
| ZL40 | 引水前 | 1.65 | 1.90 | 2.27 | 2.38 | 2.21 | 1.95 | 1.65 | 1.59 | 1.38 | 1.40 | 1.40 | 1.45 |
| | 引水后 | 1.41 | 1.44 | 1.45 | 1.44 | 1.27 | 1.09 | 1.07 | 1.27 | 1.06 | 1.12 | 1.10 | 1.25 |
| | 变化值 | -0.24 | -0.46 | -0.82 | -0.94 | -0.94 | -0.86 | -0.58 | -0.32 | -0.32 | -0.28 | -0.30 | -0.20 |
| | 变化率 | -14.55 | -24.21 | -36.12 | -39.50 | -42.57 | -44.17 | -34.91 | -20.07 | -23.01 | -20.11 | -21.56 | -14.14 |

续表

| 断面 | | 5月 | 6月 | 7月 | 8月 | 9月 | 10月 | 11月 | 12月 | 1月 | 2月 | 3月 | 4月 |
|---|---|---|---|---|---|---|---|---|---|---|---|---|---|
| ZL41 | 引水前 | 1.37 | 1.48 | 1.69 | 1.82 | 1.65 | 1.49 | 1.38 | 1.33 | 1.22 | 1.24 | 1.24 | 1.29 |
| | 引水后 | 1.24 | 1.26 | 1.27 | 1.26 | 1.04 | 0.95 | 0.94 | 0.95 | 0.94 | 0.97 | 0.96 | 1.01 |
| | 变化值 | -0.13 | -0.22 | -0.42 | -0.56 | -0.61 | -0.54 | -0.44 | -0.38 | -0.28 | -0.27 | -0.28 | -0.28 |
| | 变化率 | -9.49 | -14.86 | -24.63 | -30.60 | -37.08 | -36.46 | -31.87 | -28.72 | -22.79 | -21.94 | -22.74 | -21.71 |
| ZL42 | 引水前 | 1.25 | 1.44 | 1.71 | 1.86 | 1.67 | 1.45 | 1.23 | 1.15 | 1.06 | 1.08 | 1.08 | 1.11 |
| | 引水后 | 1.08 | 1.09 | 1.11 | 1.10 | 0.95 | 0.90 | 0.88 | 0.89 | 0.88 | 0.92 | 0.90 | 0.93 |
| | 变化值 | -0.17 | -0.35 | -0.60 | -0.76 | -0.71 | -0.55 | -0.35 | -0.26 | -0.18 | -0.16 | -0.18 | -0.18 |
| | 变化率 | -13.32 | -24.04 | -35.01 | -40.75 | -42.86 | -38.03 | -28.31 | -22.77 | -16.92 | -15.07 | -16.84 | -16.22 |
| 厂址 | 引水前 | 2.49 | 2.80 | 3.28 | 3.54 | 3.19 | 2.83 | 2.44 | 2.26 | 2.12 | 2.15 | 2.15 | 2.19 |
| | 引水后 | 2.14 | 2.16 | 2.18 | 2.17 | 1.57 | 1.46 | 1.44 | 1.47 | 1.43 | 1.47 | 1.46 | 1.53 |
| | 变化值 | -0.35 | -0.64 | -1.10 | -1.37 | -1.62 | -1.38 | -1.00 | -0.79 | -0.69 | -0.69 | -0.69 | -0.66 |
| | 变化率 | -14.06 | -22.91 | -33.46 | -38.76 | -50.81 | -48.55 | -41.01 | -34.98 | -32.62 | -31.90 | -32.23 | -30.14 |
| ZL47 | 引水前 | 1.85 | 2.08 | 2.56 | 2.80 | 2.48 | 2.14 | 1.79 | 1.63 | 1.52 | 1.55 | 1.55 | 2.24 |
| | 引水后 | 1.85 | 2.08 | 2.56 | 2.80 | 2.48 | 2.14 | 1.79 | 1.63 | 1.52 | 1.55 | 1.55 | 2.24 |
| | 变化值 | 0.00 | 0.00 | 0.00 | 0.00 | 0.00 | 0.00 | 0.00 | 0.00 | 0.00 | 0.00 | 0.00 | 0.00 |
| | 变化率 | 0.00 | 0.00 | 0.00 | 0.00 | 0.00 | 0.00 | 0.00 | 0.00 | 0.00 | 0.00 | 0.00 | 0.00 |
| ZL47-3 | 引水前 | 1.86 | 2.03 | 2.45 | 2.65 | 2.39 | 2.10 | 1.81 | 1.68 | 1.58 | 1.61 | 1.61 | 1.64 |
| | 引水后 | 1.86 | 2.03 | 2.45 | 2.65 | 2.39 | 2.10 | 1.81 | 1.68 | 1.58 | 1.61 | 1.61 | 1.64 |
| | 变化值 | 0.00 | 0.00 | 0.00 | 0.00 | 0.00 | 0.00 | 0.00 | 0.00 | 0.00 | 0.00 | 0.00 | 0.00 |
| | 变化率 | 0.00 | 0.00 | 0.00 | 0.00 | 0.00 | 0.00 | 0.00 | 0.00 | 0.00 | 0.00 | 0.00 | 0.00 |
| ZL58 | 引水前 | 1.08 | 1.24 | 1.58 | 1.73 | 1.52 | 1.29 | 1.04 | 0.94 | 0.86 | 0.89 | 0.89 | 0.91 |
| | 引水后 | 1.08 | 1.24 | 1.58 | 1.73 | 1.52 | 1.29 | 1.04 | 0.94 | 0.86 | 0.89 | 0.89 | 0.91 |
| | 变化值 | 0.00 | 0.00 | 0.00 | 0.00 | 0.00 | 0.00 | 0.00 | 0.00 | 0.00 | 0.00 | 0.00 | 0.00 |
| | 变化率 | 0.00 | 0.00 | 0.00 | 0.00 | 0.00 | 0.00 | 0.00 | 0.00 | 0.00 | 0.00 | 0.00 | 0.00 |

续表

| 断面 | | 5月 | 6月 | 7月 | 8月 | 9月 | 10月 | 11月 | 12月 | 1月 | 2月 | 3月 | 4月 |
|---|---|---|---|---|---|---|---|---|---|---|---|---|---|
| ZL58—3 | 引水前 | 1.58 | 1.73 | 2.03 | 2.17 | 1.98 | 1.77 | 1.53 | 1.42 | 1.33 | 1.36 | 1.36 | 1.39 |
| | 引水后 | 1.58 | 1.73 | 2.03 | 2.17 | 1.98 | 1.77 | 1.53 | 1.42 | 1.33 | 1.36 | 1.36 | 1.39 |
| | 变化值 | 0.00 | 0.00 | 0.00 | 0.00 | 0.00 | 0.00 | 0.00 | 0.00 | 0.00 | 0.00 | 0.00 | 0.00 |
| | 变化率 | 0.00 | 0.00 | 0.00 | 0.00 | 0.00 | 0.00 | 0.00 | 0.00 | 0.00 | 0.00 | 0.00 | 0.00 |

**表 6.3-19　枯水年、优化后研究河段典型断面逐月水面宽变化**

（单位：水面宽、m；变化率、%）

| 断面 | | 5月 | 6月 | 7月 | 8月 | 9月 | 10月 | 11月 | 12月 | 1月 | 2月 | 3月 | 4月 |
|---|---|---|---|---|---|---|---|---|---|---|---|---|---|
| 坝址 | 引水前 | 22.38 | 24.91 | 29.36 | 30.11 | 29.12 | 25.28 | 23.14 | 22.38 | 21.68 | 21.68 | 21.72 | 22.15 |
| | 引水后 | 21.06 | 21.06 | 21.06 | 21.06 | 19.00 | 17.40 | 17.40 | 17.40 | 17.40 | 17.40 | 17.46 | 19.00 |
| | 变化值 | -1.32 | -3.85 | -8.30 | -9.05 | -10.12 | -7.88 | -5.74 | -4.98 | -4.28 | -4.28 | -4.26 | -3.15 |
| | 变化率 | -5.90 | -15.46 | -28.27 | -30.06 | -34.75 | -31.16 | -24.79 | -22.24 | -19.72 | -19.72 | -19.60 | -14.22 |
| ZL04 | 引水前 | 27.98 | 30.03 | 32.61 | 33.56 | 32.32 | 30.43 | 28.07 | 26.83 | 25.66 | 25.66 | 25.80 | 26.29 |
| | 引水后 | 25.81 | 25.81 | 25.81 | 25.81 | 24.03 | 22.61 | 22.61 | 22.61 | 22.61 | 22.61 | 22.61 | 24.03 |
| | 变化值 | -2.17 | -4.22 | -6.80 | -7.75 | -8.28 | -7.82 | -5.46 | -4.22 | -3.05 | -3.05 | -3.18 | -2.25 |
| | 变化率 | -7.76 | -14.05 | -20.85 | -23.10 | -25.63 | -25.70 | -19.44 | -15.73 | -11.88 | -11.88 | -12.34 | -8.57 |
| ZL05 | 引水前 | 28.75 | 32.39 | 38.30 | 39.42 | 37.34 | 32.87 | 28.71 | 27.02 | 25.69 | 25.69 | 25.85 | 26.39 |
| | 引水后 | 25.85 | 25.85 | 25.85 | 25.85 | 23.11 | 20.86 | 20.86 | 20.86 | 20.86 | 20.86 | 20.86 | 23.11 |
| | 变化值 | -2.90 | -6.54 | -12.45 | -13.57 | -14.23 | -12.01 | -7.85 | -6.16 | -4.83 | -4.83 | -4.99 | -3.28 |
| | 变化率 | -10.09 | -20.19 | -32.51 | -34.42 | -38.11 | -36.54 | -27.35 | -22.80 | -18.81 | -18.81 | -19.32 | -12.43 |
| ZL06 | 引水前 | 19.91 | 22.52 | 27.81 | 29.21 | 26.87 | 22.85 | 19.87 | 19.18 | 17.40 | 17.40 | 17.50 | 18.20 |
| | 引水后 | 17.80 | 17.80 | 17.80 | 17.80 | 16.20 | 14.77 | 14.77 | 14.77 | 14.77 | 14.77 | 14.77 | 16.20 |
| | 变化值 | -2.11 | -4.72 | -10.01 | -11.41 | -10.67 | -8.08 | -5.10 | -4.41 | -2.63 | -2.63 | -2.73 | -2.00 |
| | 变化率 | -10.61 | -20.96 | -36.00 | -39.06 | -39.71 | -35.37 | -25.68 | -22.99 | -15.12 | -15.12 | -15.60 | -10.99 |

续表

| 断面 | | 5月 | 6月 | 7月 | 8月 | 9月 | 10月 | 11月 | 12月 | 1月 | 2月 | 3月 | 4月 |
|---|---|---|---|---|---|---|---|---|---|---|---|---|---|
| ZL07 | 引水前 | 24.67 | 26.09 | 27.88 | 28.53 | 27.67 | 26.36 | 24.73 | 23.87 | 23.06 | 23.06 | 23.15 | 23.49 |
| | 引水后 | 23.17 | 23.19 | 23.21 | 23.19 | 21.98 | 20.99 | 20.97 | 20.96 | 20.96 | 20.96 | 20.96 | 21.94 |
| | 变化值 | -1.50 | -2.90 | -4.67 | -5.34 | -5.69 | -5.38 | -3.76 | -2.91 | -2.10 | -2.10 | -2.19 | -1.55 |
| | 变化率 | -6.08 | -11.12 | -16.74 | -18.71 | -20.56 | -20.39 | -15.19 | -12.19 | -9.11 | -9.11 | -9.48 | -6.61 |
| ZL18 | 引水前 | 21.23 | 25.22 | 36.35 | 41.97 | 34.68 | 28.58 | 21.26 | 20.48 | 16.68 | 16.92 | 16.95 | 18.79 |
| | 引水后 | 16.93 | 17.04 | 17.09 | 17.05 | 16.16 | 14.94 | 14.85 | 16.15 | 14.83 | 14.99 | 14.95 | 16.08 |
| | 变化值 | -4.30 | -8.18 | -19.26 | -24.92 | -18.52 | -13.64 | -6.41 | -4.33 | -1.85 | -1.93 | -2.00 | -2.71 |
| | 变化率 | -20.25 | -32.43 | -52.98 | -59.37 | -53.40 | -47.73 | -30.15 | -21.14 | -11.09 | -11.41 | -11.80 | -14.42 |
| ZL19 | 引水前 | 25.35 | 27.63 | 31.30 | 32.71 | 30.74 | 27.92 | 25.25 | 23.97 | 21.86 | 21.86 | 22.46 | 23.35 |
| | 引水后 | 22.30 | 22.29 | 22.35 | 22.31 | 19.89 | 17.79 | 17.73 | 17.72 | 17.70 | 17.70 | 17.70 | 19.30 |
| | 变化值 | -3.05 | -5.34 | -8.94 | -10.40 | -10.85 | -10.13 | -7.52 | -6.25 | -4.16 | -4.16 | -4.76 | -4.06 |
| | 变化率 | -12.02 | -19.34 | -28.58 | -31.79 | -35.30 | -36.29 | -29.77 | -26.09 | -19.02 | -19.02 | -21.18 | -17.37 |
| ZL20 | 引水前 | 17.60 | 19.09 | 24.53 | 28.02 | 22.01 | 19.27 | 17.53 | 16.81 | 15.68 | 15.68 | 15.77 | 16.50 |
| | 引水后 | 15.71 | 15.73 | 15.82 | 15.75 | 15.06 | 14.58 | 14.51 | 14.46 | 14.44 | 14.44 | 14.44 | 14.74 |
| | 变化值 | -1.89 | -3.37 | -8.71 | -12.27 | -6.95 | -4.69 | -3.01 | -2.35 | -1.24 | -1.24 | -1.34 | -1.76 |
| | 变化率 | -10.74 | -17.63 | -35.51 | -43.79 | -31.59 | -24.33 | -17.19 | -13.99 | -7.92 | -7.92 | -8.48 | -10.65 |
| ZL21 | 引水前 | 27.64 | 35.69 | 50.37 | 56.89 | 48.35 | 37.52 | 27.90 | 24.32 | 21.66 | 21.66 | 21.93 | 23.00 |
| | 引水后 | 22.04 | 22.22 | 22.43 | 22.27 | 19.23 | 17.34 | 17.25 | 17.21 | 17.19 | 17.19 | 17.19 | 18.93 |
| | 变化值 | -5.60 | -13.47 | -27.94 | -34.62 | -29.13 | -20.18 | -10.65 | -7.11 | -4.47 | -4.47 | -4.74 | -4.07 |
| | 变化率 | -20.26 | -37.75 | -55.47 | -60.85 | -60.24 | -53.79 | -38.16 | -29.22 | -20.63 | -20.63 | -21.62 | -17.70 |
| ZL28 | 引水前 | 13.15 | 15.01 | 18.41 | 19.96 | 17.78 | 15.21 | 13.20 | 12.25 | 11.10 | 11.10 | 11.56 | 11.94 |
| | 引水后 | 11.25 | 11.31 | 11.58 | 11.42 | 10.98 | 10.18 | 9.93 | 9.72 | 9.61 | 9.61 | 9.61 | 10.49 |
| | 变化值 | -1.90 | -3.70 | -6.83 | -8.54 | -6.80 | -5.03 | -3.27 | -2.53 | -1.49 | -1.49 | -1.95 | -1.45 |
| | 变化率 | -14.45 | -24.65 | -37.10 | -42.79 | -38.25 | -33.07 | -24.78 | -20.66 | -13.42 | -13.42 | -16.87 | -12.14 |

续表

| 断面 | | 5月 | 6月 | 7月 | 8月 | 9月 | 10月 | 11月 | 12月 | 1月 | 2月 | 3月 | 4月 |
|---|---|---|---|---|---|---|---|---|---|---|---|---|---|
| ZL34 | 引水前 | 26.27 | 30.83 | 37.39 | 41.95 | 36.27 | 31.31 | 25.73 | 23.13 | 21.18 | 21.62 | 21.67 | 22.45 |
| | 引水后 | 20.87 | 21.08 | 21.47 | 21.32 | 20.09 | 18.65 | 18.42 | 18.61 | 18.16 | 19.03 | 18.89 | 19.38 |
| | 变化值 | -5.40 | -9.75 | -15.92 | -20.63 | -16.18 | -12.66 | -7.31 | -4.52 | -3.01 | -2.59 | -2.78 | -3.07 |
| | 变化率 | -20.56 | -31.63 | -42.58 | -49.17 | -44.61 | -40.43 | -28.41 | -19.54 | -14.23 | -11.98 | -12.83 | -13.67 |
| ZL39 | 引水前 | 21.40 | 25.51 | 30.51 | 31.74 | 29.96 | 26.21 | 21.44 | 20.57 | 17.59 | 17.95 | 17.99 | 18.61 |
| | 引水后 | 17.99 | 18.19 | 18.43 | 18.26 | 16.10 | 14.67 | 14.57 | 16.12 | 14.48 | 14.90 | 14.74 | 15.90 |
| | 变化值 | -3.40 | -7.33 | -12.08 | -13.48 | -13.85 | -11.54 | -6.88 | -4.45 | -3.10 | -3.05 | -3.25 | -2.71 |
| | 变化率 | -15.90 | -28.71 | -39.58 | -42.48 | -46.24 | -44.02 | -32.07 | -21.65 | -17.65 | -16.99 | -18.05 | -14.56 |
| ZL40 | 引水前 | 17.03 | 18.65 | 21.41 | 22.57 | 20.99 | 18.99 | 17.04 | 16.71 | 15.55 | 15.70 | 15.71 | 15.94 |
| | 引水后 | 15.71 | 15.79 | 15.86 | 15.82 | 14.94 | 14.34 | 14.27 | 14.93 | 14.27 | 14.43 | 14.35 | 14.86 |
| | 变化值 | -1.32 | -2.86 | -5.55 | -6.75 | -6.05 | -4.65 | -2.77 | -1.78 | -1.28 | -1.27 | -1.36 | -1.08 |
| | 变化率 | -7.77 | -15.35 | -25.94 | -29.90 | -28.82 | -24.47 | -16.26 | -10.67 | -8.21 | -8.06 | -8.64 | -6.78 |
| ZL41 | 引水前 | 22.07 | 25.49 | 31.66 | 35.64 | 30.55 | 25.86 | 21.67 | 20.55 | 18.42 | 18.89 | 18.93 | 19.89 |
| | 引水后 | 18.66 | 18.76 | 18.98 | 18.84 | 16.56 | 14.59 | 14.48 | 14.52 | 14.22 | 15.13 | 14.90 | 16.11 |
| | 变化值 | -3.41 | -6.73 | -12.68 | -16.80 | -14.00 | -11.27 | -7.19 | -6.03 | -4.20 | -3.76 | -4.03 | -3.78 |
| | 变化率 | -15.45 | -26.42 | -40.04 | -47.13 | -45.81 | -43.59 | -33.18 | -29.34 | -22.81 | -19.90 | -21.27 | -19.00 |
| ZL42 | 引水前 | 32.93 | 36.93 | 40.93 | 42.99 | 40.77 | 37.36 | 33.42 | 31.42 | 28.98 | 29.34 | 29.38 | 30.35 |
| | 引水后 | 29.14 | 29.68 | 30.11 | 29.87 | 27.68 | 25.55 | 25.06 | 25.18 | 24.74 | 26.07 | 25.93 | 26.79 |
| | 变化值 | -3.79 | -7.25 | -10.82 | -13.12 | -13.09 | -11.81 | -8.36 | -6.24 | -4.24 | -3.27 | -3.45 | -3.56 |
| | 变化率 | -11.51 | -19.63 | -26.44 | -30.52 | -32.11 | -31.62 | -25.02 | -19.87 | -14.64 | -11.16 | -11.76 | -11.73 |
| 厂址 | 引水前 | 19.90 | 22.66 | 26.05 | 27.53 | 25.89 | 22.93 | 20.50 | 19.02 | 16.97 | 17.26 | 17.31 | 17.93 |
| | 引水后 | 16.05 | 16.37 | 16.86 | 16.55 | 14.11 | 12.52 | 12.09 | 13.03 | 11.93 | 13.03 | 12.75 | 13.69 |
| | 变化值 | -3.85 | -6.29 | -9.19 | -10.98 | -11.78 | -10.41 | -8.41 | -5.99 | -5.04 | -4.23 | -4.56 | -4.24 |
| | 变化率 | -19.35 | -27.76 | -35.28 | -39.88 | -45.50 | -45.38 | -41.00 | -31.48 | -29.73 | -24.49 | -26.32 | -23.65 |

续表

| 断面 | | 5月 | 6月 | 7月 | 8月 | 9月 | 10月 | 11月 | 12月 | 1月 | 2月 | 3月 | 4月 |
|---|---|---|---|---|---|---|---|---|---|---|---|---|---|
| ZL47 | 引水前 | 25.27 | 26.24 | 27.85 | 29.08 | 27.81 | 26.65 | 25.49 | 25.15 | 24.69 | 24.81 | 24.85 | 24.99 |
| | 引水后 | 25.27 | 26.24 | 27.85 | 29.08 | 27.81 | 26.65 | 25.49 | 25.15 | 24.69 | 24.81 | 24.85 | 24.99 |
| | 变化值 | 0.00 | 0.00 | 0.00 | 0.00 | 0.00 | 0.00 | 0.00 | 0.00 | 0.00 | 0.00 | 0.00 | 0.00 |
| | 变化率 | 0.00 | 0.00 | 0.00 | 0.00 | 0.00 | 0.00 | 0.00 | 0.00 | 0.00 | 0.00 | 0.00 | 0.00 |
| ZL47-3 | 引水前 | 17.45 | 19.05 | 22.34 | 24.60 | 21.78 | 19.40 | 17.05 | 16.04 | 15.35 | 15.65 | 15.71 | 15.89 |
| | 引水后 | 17.45 | 19.05 | 22.34 | 24.60 | 21.78 | 19.40 | 17.05 | 16.04 | 15.35 | 15.65 | 15.71 | 15.89 |
| | 变化值 | 0.00 | 0.00 | 0.00 | 0.00 | 0.00 | 0.00 | 0.00 | 0.00 | 0.00 | 0.00 | 0.00 | 0.00 |
| | 变化率 | 0.00 | 0.00 | 0.00 | 0.00 | 0.00 | 0.00 | 0.00 | 0.00 | 0.00 | 0.00 | 0.00 | 0.00 |
| ZL58 | 引水前 | 27.29 | 29.89 | 35.59 | 39.31 | 34.68 | 30.57 | 26.77 | 25.39 | 24.38 | 24.61 | 24.70 | 25.02 |
| | 引水后 | 27.29 | 29.89 | 35.59 | 39.31 | 34.68 | 30.57 | 26.77 | 25.39 | 24.38 | 24.61 | 24.70 | 25.02 |
| | 变化值 | 0.00 | 0.00 | 0.00 | 0.00 | 0.00 | 0.00 | 0.00 | 0.00 | 0.00 | 0.00 | 0.00 | 0.00 |
| | 变化率 | 0.00 | 0.00 | 0.00 | 0.00 | 0.00 | 0.00 | 0.00 | 0.00 | 0.00 | 0.00 | 0.00 | 0.00 |
| ZL58-3 | 引水前 | 24.49 | 26.13 | 31.98 | 35.70 | 31.00 | 26.98 | 24.06 | 22.72 | 21.81 | 22.19 | 22.28 | 22.46 |
| | 引水后 | 24.49 | 26.13 | 31.98 | 35.70 | 31.00 | 26.98 | 24.06 | 22.72 | 21.81 | 22.19 | 22.28 | 22.46 |
| | 变化值 | 0.00 | 0.00 | 0.00 | 0.00 | 0.00 | 0.00 | 0.00 | 0.00 | 0.00 | 0.00 | 0.00 | 0.00 |
| | 变化率 | 0.00 | 0.00 | 0.00 | 0.00 | 0.00 | 0.00 | 0.00 | 0.00 | 0.00 | 0.00 | 0.00 | 0.00 |

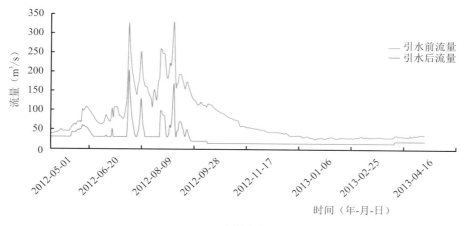

（a）流量变化

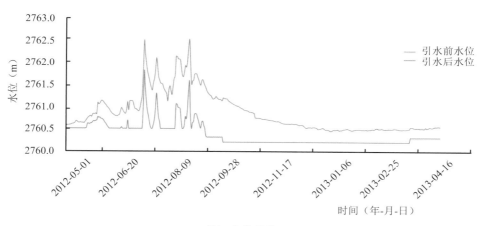

（b）水位变化

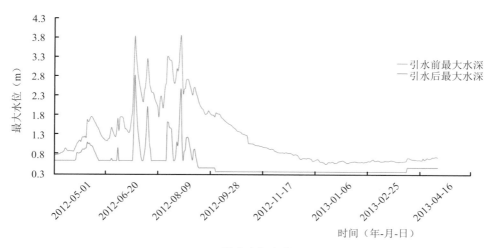

（c）最大水深变化

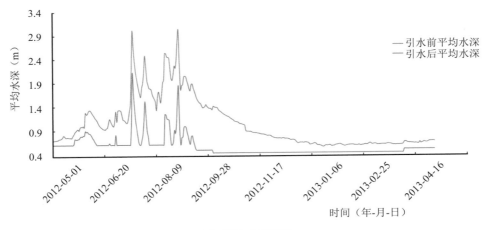

（d）平均水深变化

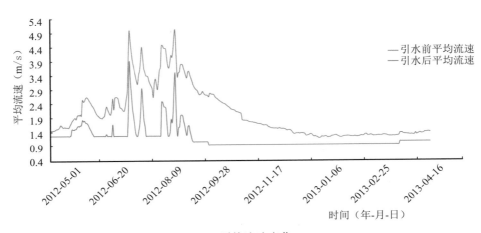

（e）平均流速变化

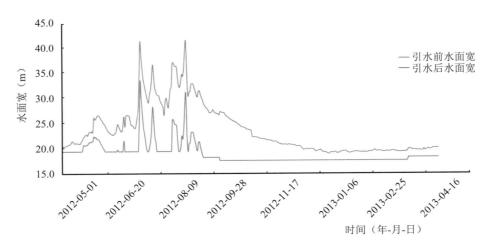

（f）水面宽变化

**图 6.3-1　坝址断面枯水年引水前、后水文情势日变化过程图**

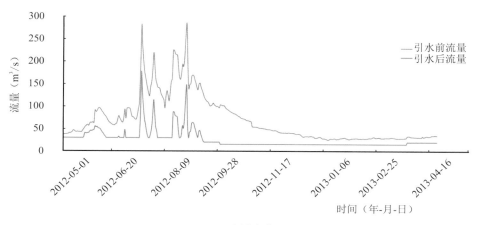

（a）流量变化

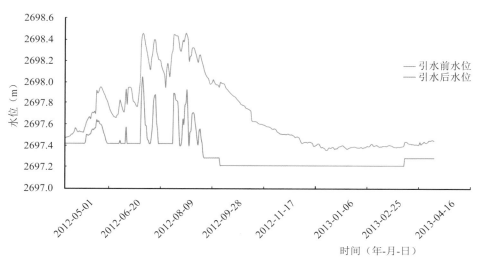

（b）水位变化

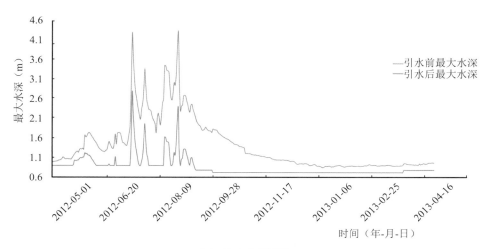

（c）最大水深变化

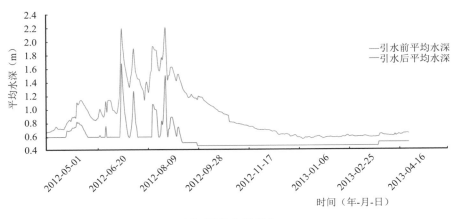

（d）平均水深变化

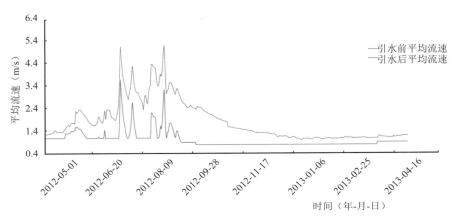

（e）平均流速变化

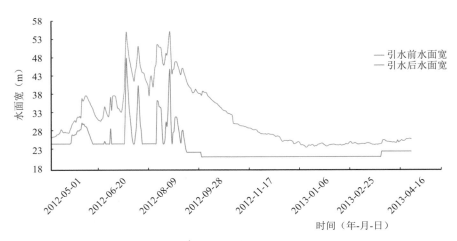

（f）水面宽变化

图 6.3-2　ZL05 断面枯水年引水前、后水文情势日变化过程图

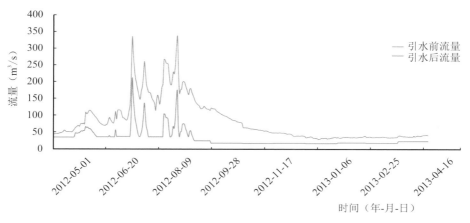

（a）流量变化

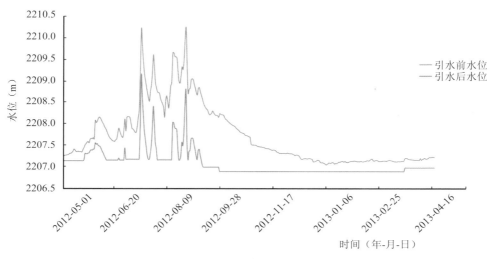

（b）水位变化

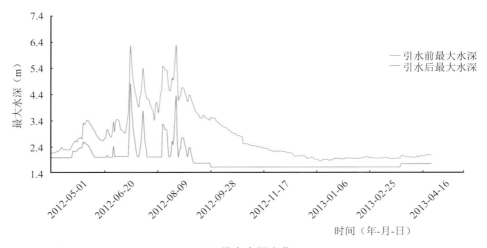

（c）最大水深变化

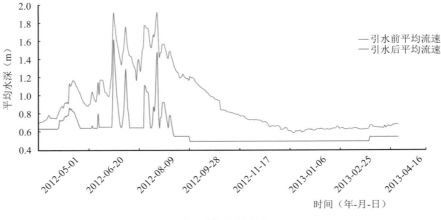

（d）平均水深变化

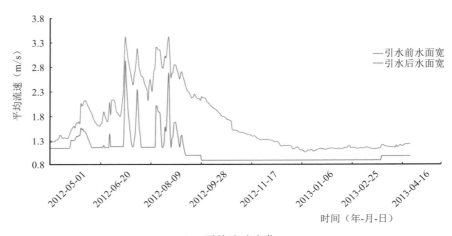

（e）平均流速变化

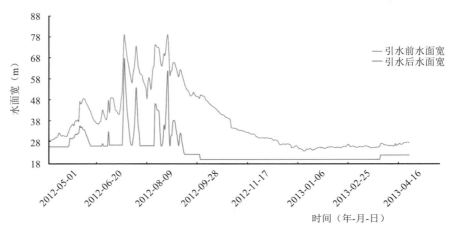

（f）水面宽变化

**图 6.3-3　ZL41 断面枯水年引水前、后水文情势日变化过程图**

可以看出，引水发电后各断面逐日水文情势变化趋势与引水发电前天然水文节律基本保持一致。其中，坝址断面最大水深均大于0.83m、平均水深均大于0.45m、平均流速均大于1.02m/s、水面宽均大于17.40m；ZL05断面最大水深均大于0.67m、平均水深均大于0.43m、平均流速均大于0.85m/s、水面宽均大于20.86m；ZL41断面最大水深均大于1.06m、平均水深均大于0.42m、平均流速均大于0.88m/s、水面宽均大于24.74m。枯水期引水后各断面的水力要素基本满足下游河道鱼类生长繁殖的生境需求。

## 6.3.5　小　结

（1）现状情况下

现状情况下，丰水年、平水年、枯水年坝址断面天然来流分别为53.2～275m³/s、36.9～272m³/s、31.9～194m³/s，最大水深为1.40～2.82m、1.21～2.80m、1.12～2.39m，平均水深为0.75～2.08m、0.62～2.07m、0.59～1.73m，流速为1.48～2.50m/s、1.33～2.42m/s、1.26～2.22m/s，水面宽为23.81～35.14m、21.85～34.27m、21.68～30.11m。

（2）引水发电后

丰水年、平水年、枯水年坝址断面天然流量分别为15.9～104.4m³/s、15.9～101.4m³/s、15.9～33.0m³/s，最大水深为0.83～1.82m、0.82～1.79m、0.83～1.14m，平均水深为0.45～1.29m、0.45～1.23m、0.45～0.60m，流速为1.02～1.82m/s、1.02～1.78m/s、1.02～1.27m/s，水面宽为17.40～26.27m、17.40～26.11m、17.40～21.06m。

引水发电后，厂址下游各月平均流量、水位、流速及水面宽不变。

引水发电后，各典型年坝址至厂址区间减水河段河道流量基本可以满足河道生态流量要求，具有适宜鱼类生长、产卵繁殖的水生生境条件，见图6.3-4至图6.3-21。

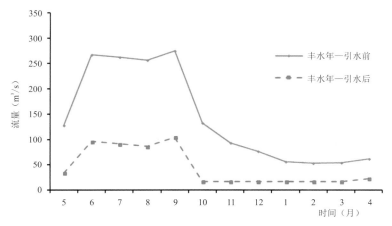

**图6.3-4　坝址丰水年引水前、后月流量变化过程图**

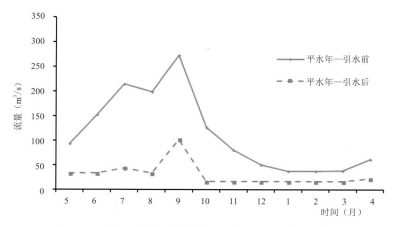

图 6.3-5　坝址平水年引水前、后月流量变化过程图

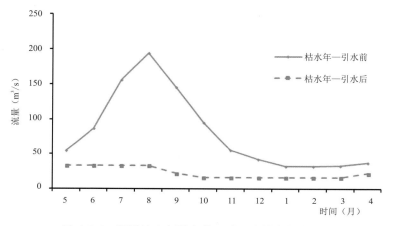

图 6.3-6　坝址枯水年引水前、后月流量变化过程图

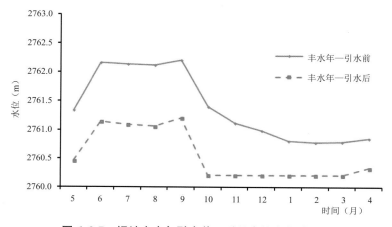

图 6.3-7　坝址丰水年引水前、后月水位变化过程图

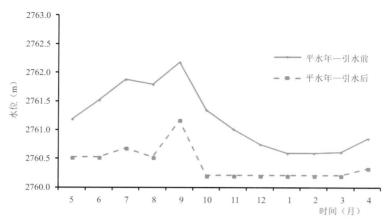

图 6.3-8 坝址平水年引水前、后月水位变化过程图

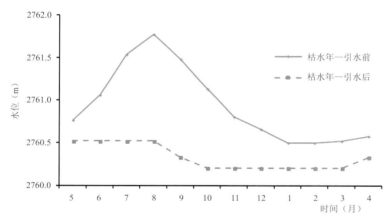

图 6.3-9 坝址枯水年引水前、后月水位变化过程图

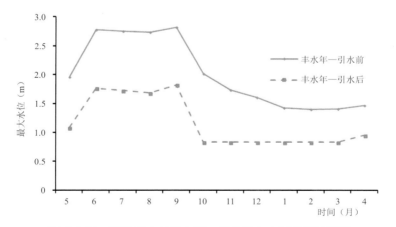

图 6.3-10 坝址丰水年引水前、后月最大水深变化过程图

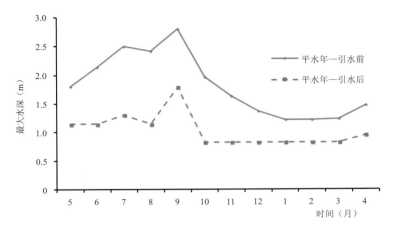

图 6.3-11　坝址平水年引水前、后月最大水深变化过程图

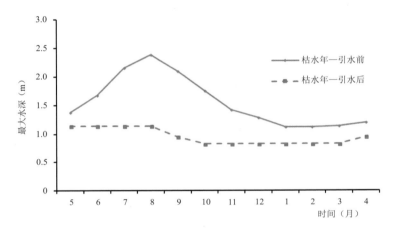

图 6.3-12　坝址枯水年引水前、后月最大水深变化过程图

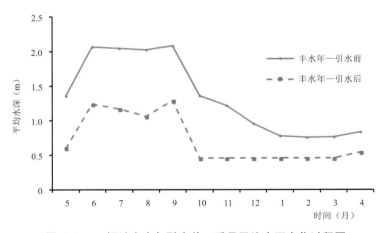

图 6.3-13　坝址丰水年引水前、后月平均水深变化过程图

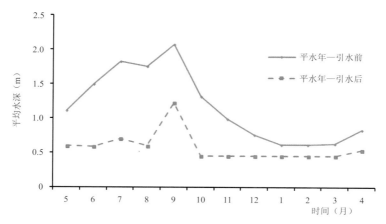

图 6.3-14　坝址平水年引水前、后月平均水深变化过程图

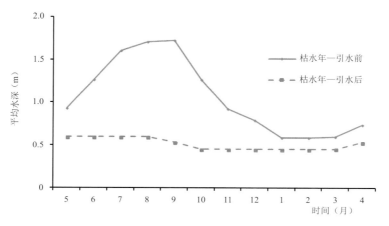

图 6.3-15　坝址枯水年引水前、后月平均水深变化过程图

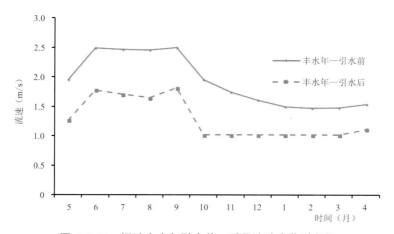

图 6.3-16　坝址丰水年引水前、后月流速变化过程图

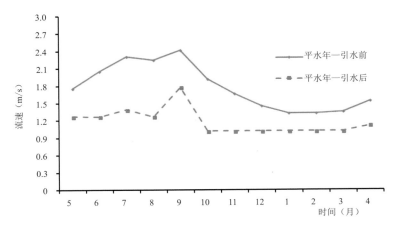

图 6.3-17　坝址平水年引水前、后月流速变化过程图

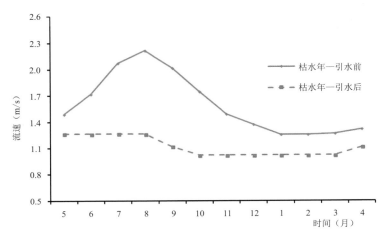

图 6.3-18　坝址枯水年引水前、后月流速变化过程图

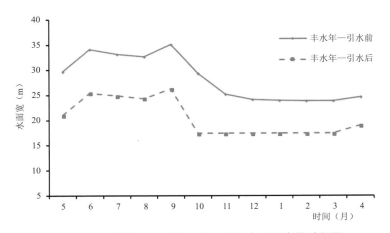

图 6.3-19　坝址丰水年引水前、后月水面宽变化过程图

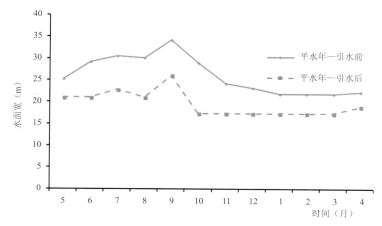

图 6.3-20　坝址平水年引水前、后水面宽变化过程图

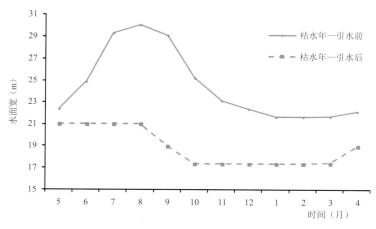

图 6.3-21　坝址枯水年引水前、后水面宽变化过程图

## 6.4　典型日坝下水文情势

选择丰水年（1998—1999 年）、平水年（2010—2011 年）、枯水年（2012—2013 年）的 5 月（裂腹鱼类的主要产卵期）、7 月（丰水期，鲱科鱼类的主要产卵期）、12 月（枯水期，典型日调峰运行期）分析水文情势日内变化。

### 6.4.1　丰水年

丰水年，电站不进行日调节运行。不同水期坝址至厂址减水河段流量日内不发生变化，5 月、7 月、12 月坝址下泄流量分别为 33m³/s、91.4m³/s、15.9m³/s。厂址至河口流量日内不发生变化，5 月、7 月、12 月厂址流量分别为 134.01m³/s、275.79m³/s、80.14m³/s，厂址下游水位日内不发生变化。丰水年厂址下游不同水期水位值见表 6.4-1。

表 6.4-1　　　　　　　　　　丰水年厂址下游不同水期水位值　　　　　　　　（水位：m）

| 水期 | ZL47 | ZL47—3 | ZL58 | ZL58—3 |
|---|---|---|---|---|
| 5 月 | 2096.12 | 2084.31 | 1871.88 | 1852.89 |
| 7 月 | 2096.94 | 2085.10 | 1873.06 | 1853.66 |
| 12 月 | 2095.71 | 2083.93 | 1870.92 | 1852.55 |

## 6.4.2　平水年

平水年，电站不进行日调节运行。不同水期坝址至厂址减水河段流量日内不发生变化，5 月、7 月、12 月坝址下泄流量分别为 33m³/s、43.4m³/s、15.9m³/s。厂址至河口流量日内不发生变化，5 月、7 月、12 月厂址流量分别为 96.74m³/s、224.74m³/s、53.02m³/s，厂址下游水位日内不发生变化。平水年厂址下游不同水期水位值见表 6.4-2。

表 6.4-2　　　　　　　　　　平水年厂址下游不同水期水位值　　　　　　　　（水位：m）

| 水期 | ZL47 | ZL47—3 | ZL58 | ZL58—3 |
|---|---|---|---|---|
| 5 月 | 2095.81 | 2084.02 | 1871.07 | 1852.62 |
| 7 月 | 2096.66 | 2084.87 | 1872.66 | 1853.42 |
| 12 月 | 2095.45 | 2083.65 | 1870.68 | 1852.30 |

## 6.4.3　枯水年

枯水年，电站在枯水期进行日调节运行，在 4—7 月的鱼类产卵繁殖期不进行日调节运行。5 月、7 月坝址下泄流量分别为 33m³/s、33m³/s 和 15.9m³/s。5 月、7 月厂址至河口流量日内不发生变化，厂址流量分别为 57.63m³/s、164.9m³/s，厂址下游水位日内不发生变化。枯水年厂址下游 5 月、7 月水位值见表 6.4-3。

表 6.4-3　　　　　　　　　　枯水年厂址下游 5 月、7 月水位值　　　　　　　　（水位：m）

| 水期 | ZL47 | ZL47—3 | ZL58 | ZL58—3 |
|---|---|---|---|---|
| 5 月 | 2095.54 | 2083.73 | 1870.75 | 1852.34 |
| 7 月 | 2096.29 | 2084.52 | 1872.11 | 1853.08 |

枯水年、枯水期（12 月）引水发电后坝址至厂址流量日内恒定，生态流量为 15.9m³/s。受日调节运行影响，枯水年、枯水期厂房下游 ZL47 流量日内水位发生变化，与天然状况相比，夜间 24—8 时流量、水位降低，水位降低了 0.08m，9—23 时流量、水位均高于天然情况，水位增加了 0.01～0.55m。就日内时变化来看，24—8 时各时段水位维持不变，8—9 时水位增幅为 0.09m，9—17 时各时段水位不变，17—18 时水位增幅为 0.28m，18—19 时水位增幅为 0.26m，19—20 时水位降幅为 0.26m，20—21 时水位降幅

为 0.28m，21—23 时各时段水位维持不变，23—24 时水位降幅为 0.09m。其他断面变化趋势亦如此。枯水年、枯水期流量日内变化值见表 6.4-4。

表 6.4-4 枯水年、枯水期流量日内变化值

| 时间（时） | 流量（m³/s） | | | | 变化率（%） | | | |
|---|---|---|---|---|---|---|---|---|
| | ZL47 | ZL47-3 | ZL58 | ZL58-3 | ZL47 | ZL47-3 | ZL58 | ZL58-3 |
| 1 | 33.89 | 33.89 | 33.89 | 33.89 | −18.73 | −18.73 | −18.73 | −18.73 |
| 2 | 33.89 | 33.89 | 33.89 | 33.89 | −18.73 | −18.73 | −18.73 | −18.73 |
| 3 | 33.89 | 33.89 | 33.89 | 33.89 | −18.73 | −18.73 | −18.73 | −18.73 |
| 4 | 33.89 | 33.89 | 33.89 | 33.89 | −18.73 | −18.73 | −18.73 | −18.73 |
| 5 | 33.89 | 33.89 | 33.89 | 33.89 | −18.73 | −18.73 | −18.73 | −18.73 |
| 6 | 33.89 | 33.89 | 33.89 | 33.89 | −18.73 | −18.73 | −18.73 | −18.73 |
| 7 | 33.89 | 33.89 | 33.89 | 33.89 | −18.73 | −18.73 | −18.73 | −18.73 |
| 8 | 33.89 | 33.89 | 33.89 | 33.89 | −18.73 | −18.73 | −18.73 | −18.73 |
| 9 | 42.89 | 42.89 | 42.89 | 42.89 | 2.85 | 2.85 | 2.85 | 2.85 |
| 10 | 42.89 | 42.89 | 42.89 | 42.89 | 2.85 | 2.85 | 2.85 | 2.85 |
| 11 | 42.89 | 42.89 | 42.89 | 42.89 | 2.85 | 2.85 | 2.85 | 2.85 |
| 12 | 42.89 | 42.89 | 42.89 | 42.89 | 2.85 | 2.85 | 2.85 | 2.85 |
| 13 | 42.89 | 42.89 | 42.89 | 42.89 | 2.85 | 2.85 | 2.85 | 2.85 |
| 14 | 42.89 | 42.89 | 42.89 | 42.89 | 2.85 | 2.85 | 2.85 | 2.85 |
| 15 | 42.89 | 42.89 | 42.89 | 42.89 | 2.85 | 2.85 | 2.85 | 2.85 |
| 16 | 42.89 | 42.89 | 42.89 | 42.89 | 2.85 | 2.85 | 2.85 | 2.85 |
| 17 | 42.89 | 42.89 | 42.89 | 42.89 | 2.85 | 2.85 | 2.85 | 2.85 |
| 18 | 68.89 | 68.89 | 68.89 | 68.89 | 65.20 | 65.20 | 65.20 | 65.20 |
| 19 | 103.89 | 103.89 | 103.89 | 103.89 | 149.14 | 149.14 | 149.14 | 149.14 |
| 20 | 68.89 | 68.89 | 68.89 | 68.89 | 65.20 | 65.20 | 65.20 | 65.20 |
| 21 | 42.89 | 42.89 | 42.89 | 42.89 | 2.85 | 2.85 | 2.85 | 2.85 |
| 22 | 42.89 | 42.89 | 42.89 | 42.89 | 2.85 | 2.85 | 2.85 | 2.85 |
| 23 | 42.89 | 42.89 | 42.89 | 42.89 | 2.85 | 2.85 | 2.85 | 2.85 |
| 24 | 33.89 | 33.89 | 33.89 | 33.89 | −18.73 | −18.73 | −18.73 | −18.73 |

枯水年、枯水期水位日内变化值见表 6.4-5。

表 6.4-5 枯水年、枯水期水位日内变化值

| 时间 (时) | 水位 (m) | | | | 变化值 (m) | | | |
|---|---|---|---|---|---|---|---|---|
| | ZL47 | ZL47—3 | ZL58 | ZL58—3 | ZL47 | ZL47—3 | ZL58 | ZL58—3 |
| 1 | 2095.26 | 2083.42 | 1870.34 | 1852.10 | −0.08 | −0.09 | −0.09 | −0.08 |
| 2 | 2095.26 | 2083.42 | 1870.34 | 1852.10 | −0.08 | −0.09 | −0.09 | −0.08 |
| 3 | 2095.26 | 2083.42 | 1870.34 | 1852.10 | −0.08 | −0.09 | −0.09 | −0.08 |
| 4 | 2095.26 | 2083.42 | 1870.34 | 1852.10 | −0.08 | −0.09 | −0.09 | −0.08 |
| 5 | 2095.26 | 2083.42 | 1870.34 | 1852.10 | −0.08 | −0.09 | −0.09 | −0.08 |
| 6 | 2095.26 | 2083.42 | 1870.34 | 1852.10 | −0.08 | −0.09 | −0.09 | −0.08 |
| 7 | 2095.26 | 2083.42 | 1870.34 | 1852.10 | −0.08 | −0.09 | −0.09 | −0.08 |
| 8 | 2095.26 | 2083.42 | 1870.34 | 1852.10 | −0.08 | −0.09 | −0.09 | −0.08 |
| 9 | 2095.35 | 2083.52 | 1870.44 | 1852.19 | 0.01 | 0.01 | 0.01 | 0.01 |
| 10 | 2095.35 | 2083.52 | 1870.44 | 1852.19 | 0.01 | 0.01 | 0.01 | 0.01 |
| 11 | 2095.35 | 2083.52 | 1870.44 | 1852.19 | 0.01 | 0.01 | 0.01 | 0.01 |
| 12 | 2095.35 | 2083.52 | 1870.44 | 1852.19 | 0.01 | 0.01 | 0.01 | 0.01 |
| 13 | 2095.35 | 2083.52 | 1870.44 | 1852.19 | 0.01 | 0.01 | 0.01 | 0.01 |
| 14 | 2095.35 | 2083.52 | 1870.44 | 1852.19 | 0.01 | 0.01 | 0.01 | 0.01 |
| 15 | 2095.35 | 2083.52 | 1870.44 | 1852.19 | 0.01 | 0.01 | 0.01 | 0.01 |
| 16 | 2095.35 | 2083.52 | 1870.44 | 1852.19 | 0.01 | 0.01 | 0.01 | 0.01 |
| 17 | 2095.35 | 2083.52 | 1870.44 | 1852.19 | 0.01 | 0.01 | 0.01 | 0.01 |
| 18 | 2095.63 | 2083.91 | 1870.89 | 1852.47 | 0.29 | 0.40 | 0.46 | 0.29 |
| 19 | 2095.89 | 2084.10 | 1871.16 | 1852.71 | 0.55 | 0.59 | 0.73 | 0.53 |
| 20 | 2095.63 | 2083.91 | 1870.89 | 1852.47 | 0.29 | 0.40 | 0.46 | 0.29 |
| 21 | 2095.35 | 2083.52 | 1870.44 | 1852.19 | 0.01 | 0.01 | 0.01 | 0.01 |
| 22 | 2095.35 | 2083.52 | 1870.44 | 1852.19 | 0.01 | 0.01 | 0.01 | 0.01 |
| 23 | 2095.35 | 2083.52 | 1870.44 | 1852.19 | 0.01 | 0.01 | 0.01 | 0.01 |
| 24 | 2095.26 | 2083.42 | 1870.34 | 1852.10 | −0.08 | −0.09 | −0.09 | −0.08 |

## 6.5 对坝下河段水生生物的影响

### 6.5.1 对水生生物的影响

扎拉水电站引水发电，将形成减水河段长约 59.2km。为减少电站引水对减水河段生态环境的影响，10 月至次年 3 月坝址断面下泄生态流量为 15.9m³/s，4 月和 9 月下泄生态流量为 22 m³/s，5—8 月下泄生态流量为 33 m³/s，并考虑坝址至厂址区间的支流汇入，坝下河段仍为河流生态系统，浮游植物种类组成基本保持原状，不过由于河道流量的减少，河道变窄，浮游植物种类和生物量有所减少。

扎拉引水发电后，坝下河道流量减小，流速变缓，河流生境对浮游动物更有利；同时，由于坝下水域面积相应减小，会造成减水河段浮游动物总体现存量的减少。

扎拉引水发电后，坝下河道流量减少，水位降低，对底栖动物将造成一定影响。尽管减水河段流量下降幅度较大，但下泄生态基流及沿程支流的汇入将使河道水体保持一定流速，预计减水河段底栖动物种类结构较运行前不会发生明显改变。考虑到流量下降对河道水面面积的影响，减水河段底栖动物生物总量较运行前仍将有所减少。

### 6.5.2 对鱼类的影响

#### 6.5.2.1 阻隔影响

大坝建成后，将使扎拉坝址以上玉曲河干支流与下游及怒江干流隔离，影响河流的纵向连通性，阻隔了玉曲汇口附近怒江干流江段及玉曲扎拉坝址以下河段鱼类向坝上河段生殖洄游的上溯通道，使坝上鱼类资源补充受到影响，同时也影响坝下河段及怒江干流鱼类的产卵繁殖，虽然鱼类生活史具有一定的可塑性，能够寻求新的产卵场，但其产卵场功能和规模可能无法替代现有玉曲河中游产卵场，因此玉曲河坝下河段及玉曲河汇口附近怒江干流江段鱼类资源也会受到一定程度的影响。

#### 6.5.2.2 水文情势变化对鱼类资源的影响

（1）坝址至厂址减水河段

引水发电后，坝下形成长约59.2km的减水河段，扎拉水电站坝址处多年平均流量为110m³/s，10月至次年3月下泄生态流量15.9m³/s，4月和9月下泄生态流量22.0m³/s，5—8月下泄生态流量33.0m³/s。来量小于该流量时，按来流量下泄。水量减少，水体容量减小，鱼类资源量可能随之下降，同时由于水量减少、水深降低，该河段一些较大个体的鱼类会顺水而下进入下游或怒江干流水量较大的河段，而一些小型个体可能会滞留在该河段。水量减少也导致减水河段水文情势发生较大改变，扎拉水电站引水发电后，坝址至厂址河段流量减少14.8～170.6m³/s、水位降低0.17～2.20m、流速减少0.09～1.62m/s，扎拉水电站设有生态机组，引水后保证了减水河段的生态基流，但引水后流量、水位及流速的减少，流场发生改变，减水河段原适宜于鳅科鱼类栖息和产卵的生境条件将受到一定影响。但由于生态流量保障程度较高，减水河段平均水深高于0.41m，且保持了近天然的水文节律，可较大限度地减少对鳅科鱼类栖息地的影响，并可保障裂腹鱼类上溯洄游通道的畅通。

（2）厂址至河口段

扎拉水电站具有日调节性能，在平水年、丰水年和枯水年丰水期，主电站泄放流量在日内保持一致，流量稳定。而在枯水年枯水期，引水发电后坝址至厂址区间内日内流量恒定。受日调节运行影响，枯水年、枯水期厂房下游日内流量、水位发生变化，与天然状况相比，24—8 时流量、水位降低，水位降低了 0.08m，9—23 时流量、水位均高于天然情况，水位增加了 0.01～0.55m。就日内时变化来看，24—8 时各时段水位维持不变，8—9 时水位增幅为 0.09m，9—17 时各时段水位不变，17—18 时水位增幅为 0.28m，18—19 时水位增幅为 0.26m，19—20 时水位降幅为 0.26m，20—21 时水位降幅为 0.28m，21—23 时各时段水位维持不变，23—24 时水位降幅为 0.09m。厂房至河口段流量、水位、流速的波动不仅直接影响鱼类的栖息、觅食，而且对底栖动物、着生藻类等的生长不利，从而影响鱼类的饵料来源，但由于玉曲河干流为典型峡谷型河流，相对于宽谷河流，水位变幅对河流湿周的影响相对较小。从总体上来看，枯水年电站的日调节将导致厂房至河口段鱼类资源有所下降；在冬季由于水位下降，对鱼类的越冬也会产生一定影响，但由于鱼类可随外界环境进行迁移，水位显著下降和频繁波动，部分鱼类可能会顺水而下进入怒江干流。

扎拉水电站日调节对玉曲河汇口以下怒江干流也会产生一定影响，但由于玉曲河流量占汇口断面的怒江干流流量比例较小，其影响程度也较小，且影响范围有限。

### 6.5.2.3　对鱼类"三场"的影响

（1）对产卵场的影响

在本工程影响江段，河谷狭窄，山高谷深，多呈"V"形，落差集中，河道比降大，水流湍急，底质多为岩基和乱石，适宜于裂腹鱼类产卵繁殖的砾石缓流浅滩较少，绝大多数江段不适合裂腹鱼繁殖，仅在龙西村、瓦堡村附近江段存在小规模的适宜裂腹鱼类产卵生境。因此，扎拉水电站运行后，对裂腹鱼类的产卵场影响较小。

扎那纹胸鮡、贡山鮡产卵场多位于急流与缓流之间的区域，峡谷、窄谷及水流较为湍急的江段。本工程影响区域内是玉曲河典型的峡谷江段，落差大，水流湍急，形成诸多小型跌水、回水、二道水等，如玉曲河河口、梅里拉鲁沟汇口附近等区域、甲朗村附近区域等。扎拉水电站运行后，坝下减水河段流量大幅减少，原来的回水、二道水等适宜鮡科鱼类产卵繁殖的生境条件明显缩减，对鮡科鱼类的产卵繁殖造成一定影响，部分鱼类可能退缩至下游或怒江干流寻求新的适宜生境产卵繁殖。扎拉水电站具有日调节性能，在各典型年 4—7 月鱼类主要产卵繁殖期，不进行日调峰运行，主电站泄放流量在日内保持一致，流量稳定。仅在枯水年枯水期厂房下游日内流量、水位发生变化，与天然状况相比，总体上 24—8 时流量、水位降低，水位降低 0.08m，9—23 时流量、水位均高于天然情况，对玉曲河河口、梅里拉鲁沟汇口附近两处鮡科鱼类产卵场产生一定影响，但影响较小。从总体上来看，这两处产卵场能够维持原有的生境条件和产卵场功能。

玉曲河的 8 种高原鳅均属广布性种类，对产卵环境要求较低，调查河段的各支流及其汇口处的浅水湾等都适宜高原鳅鱼类繁殖的理想场所，扎拉水电站建设对高原鳅属鱼类的产卵场影响较小。

（2）对越冬场的影响

玉曲河鱼类均为典型的冷水性种类，长期的生态适应和演化，使其具有抵御极低温水环境的能力，能在低温环境中顺利越冬。枯水期水量小，水位低，鱼类进入缓流的深水河槽或深潭中越冬，这些水域多为岩石、砾石、砂砾、淤泥底质，冬季水体透明度高，着生藻类等底栖生物较为丰富，为其提供了适宜的越冬场所。

扎拉水电站建成后，库区河段水深增加，有利于鱼类越冬，特别是温泉裸裂尻鱼、高原鳅等适应静水生境的种类。

而在坝下减水河段，枯水期水量减幅比例较大，12月至次年2月正是鱼类越冬期，部分鱼类可能退缩至玉曲河下游或怒江干流越冬，但仍有少部分鱼类如高原鳅等在减水河段越冬，减水河段水量减少会对鱼类越冬产生一定影响，但由于鱼类会顺流而下寻找新的越冬场，因此影响较小。

（3）对索饵场的影响

本工程影响区内由于是峡谷河段，水流湍急，不利于鱼类索饵和育幼，一般跌水、洄水、二道水处是鮡科鱼类的栖息地和索饵场，一些零星的浅滩、洄水、深潭也是裂腹鱼类的索饵、育幼场所。因此工程运行后，坝下减水河段由于鮡科鱼类生境缩小，导致其索饵场会受到一定影响，对其他鱼类的索饵场影响较小。

## 6.5.2.4 对鱼类种类组成的影响

玉曲河为典型的青藏高原鱼类区系，种类组成简单，仅裂腹鱼、高原鳅和鮡科鱼类。扎拉水电站建成后，电站的阻隔、水文情势变化等对鱼类资源造成一定影响。由于减水河段水量减少，水位下降，水文情势改变，原本适应鮡科鱼类的激流、深潭条件明显减少，减水河段鮡科鱼类种群规模可能会显著减小，部分个体将向玉曲河下游及怒江干流退缩。

## 6.5.2.5 对鱼类资源的影响

由于水量减少，生境容量降低，减水河段鱼类资源量可能有所下降，其减少幅度可能与流量减少幅度相关，也可能水量减少，流速减缓，但扎拉减水河段生态流量保障程度较高，相对于原来流速过大的急流环境，可能有利于鱼类的栖息，因此减少河段鱼类资源的变化目前难以预测，需在后期对建设期和运行期进一步加强监测和比较研究；对于厂房以下玉曲河下游河段及怒江干流，由于大坝阻隔裂腹鱼类生殖洄游通道，对鱼类产卵繁殖造成一定影响，可能会影响该区域鱼类资源，但裂腹鱼类对产卵场生境条件要求不高，在流水砾石浅滩即可繁殖，因此鱼类会寻求新的产卵场，在不叠加怒江干支流其他梯级开发的情况下，鱼类资源量不会显著下降。

# 第 7 章　研究河段生态流量保障措施

## 7.1　生态流量下泄要求

根据前述扎拉坝址下游河道生态需水分析，本次研究初步拟定的生态流量下泄要求为：10 月至次年 3 月下泄生态流量 15.9m³/s；4 月和 9 月下泄生态流量 22.0m³/s，5—8 月下泄生态流量 33.0m³/s。

## 7.2　生态流量下泄措施研究

本电站利用生态机组和其他生态流量下泄措施配合使用来满足生态流量下泄的要求。

### 7.2.1　生态机组装机容量和机组台数选择

根据生态流量泄放要求，拟定了 5MW（1×5MW）、10MW（2×5MW）、15MW（3×5MW）等 3 种生态机组方案进行比较，3 种方案机组过机流量分别为 11.0m³/s、22.0m³/s、33.0m³/s。

从电量效益看，随着装机容量增加，多年平均发电量相应增加，但方案间的电量差呈减少趋势，装机年利用小时数减小。

从机组的年利用率看，装机容量 10MW（2×5MW）方案满发时间可达半年，可较好地适应丰枯期生态流量的变化，对水能的利用较为充分，同时枯水期可在不影响生态流量下泄的情况下，轮流检修 2 台机组。

从工程建设条件看，大坝与下游围堰之间的河道狭小，施工场地小，装机容量越大，装机台数越多，覆盖层高边坡的范围越大，施工布置难度越大，与大坝施工的施工干扰越大，建设条件越差。

从投资及经济比较看，方案间投资相差在 4000 万元左右，补充单位电能投资分别为 1.99 元/（kW·h）、3.11 元/（kW·h），以装机容量 10MW 较优。

从较为充分利用生态流量相应水能、工程建设条件、投资及经济比较等方面综合比较，生态机组装机容量为 10MW（2×5MW）方案较为合适。从保证生态流量下泄方面考虑，本阶段推荐生态机组装机容量为15MW（3×5MW）。生态机组采用单管3机供水方式，主管内径3.0m。地面厂房安装3台单机容量5MW的混流立式机组，单机流量11m³/s。

生态机组正常运行下，10月至次年3月通过2台生态机组下泄生态流量15.9m³/s；4月和9月通过2台生态机组下泄生态流量22.0m³/s；5—8月通过3台生态机组下泄生态流量33.0m³/s。

## 7.2.2 下泄保障措施研究

3台生态机组在全部运行条件下能下泄33m³/s的生态流量，考虑生态机组检修时，应有相应的保障措施满足生态流量的下泄要求。为保证生态放水的可靠性，应另设置相应的生态放水设施。结合首部枢纽布置和生态机组运行方式，研究比选了如下两种方案：

方案一：在坝身上设置生态放水设施。放水设施为1个坝身生态放水设施，采用弧形工作门控制，最大下泄流量33m³/s。

方案二：在生态机组引水管上设置生态放水设施。放水设施为在引水管上设置2条生态放水管，过流量均为11m³/s，并配置检修蝶阀和放水阀满足生态供水的要求。

（1）方案一：坝身生态放水设施

在左侧溢流坝段设置生态放水设施，位于1#泄洪冲沙底孔左侧，采用有压短管型式。进口底板高程2805m，进口型式为喇叭型，顶曲线采用椭圆曲线，曲线方程为 $\dfrac{x^2}{3^2}+\dfrac{y^2}{1^2}=1$，进口侧面曲线采用1/4椭圆，曲线方程为 $\dfrac{x^2}{1.5^2}+\dfrac{y^2}{0.5^2}=1$。进口段（包括检修门槽段）长4.1m，检修门孔口尺寸2m×3.7m（宽×高）。检修门槽后接1:6压坡段，压坡段长6.9m，压坡段出口布置弧形工作门，孔口尺寸2.0m×2.5m（宽×高）。弧形工作门后为无压段，下游采用WES幂曲线，曲线方程为 $y=0.0811x^{1.85}$。WES幂曲线下游接1:0.75直线段和半径10m的反弧段。下游采用挑流消能，挑坎高程2780m，挑角15°。检修门为平板门，采用坝顶门机进行操作，弧门采用液压启闭机操作，可以局部开启。

（2）方案二：引水管上生态放水设施

生态机组主管采用坝后背管的型式，内径3.0m，从主管斜段依次分两条生态放水管引至厂坝平台上的生态放水阀室内，两条生态放水管内径均为1.6m，单条过流量11m³/s。当单台机组需要检修时，关闭厂内单台机组对应的蝶阀和尾水检修闸门。为便于生态放水管内的水流进入下游河道，生态放水管与厂房纵轴线成40°夹角布置。

生态放水管尾部布置有蝶阀和具备减压消能功能的阀门。根据经济流速，生态放水管直径为1600mm。生态供水系统阀门既需要满足下泄流量的要求，同时要求具备减压消能的功能，常用的阀门类型有锥形阀和活塞阀两种。

活塞阀采用双层筒式结构，内筒设计有对称布置的锥形喷孔，高压水流通过特别设计的锥形喷孔流出，水柱在套筒的中心相互撞击达到消能效果。活塞阀消能效果好，出口水流稳定，流量连续可调，出口流速小。但是，由于内筒采用数量众多的蜂窝状对称锥形孔，阀门加工精度要求高；而且阀门过流能力小，在相同过流量时其直径大，造价也相应增高。另外，锥形孔尺寸小，容易堵塞，对水质要求高。

锥形阀由1个固定的锥体和1个可移动的钢套管组成。工作时，水流以宽广的中空喷射排放角度扩散，水流和空气大面积摩擦产生雾化以达到消能效果；流量的控制通过钢套管前后移动来实现。为控制水流的冲击范围，可在锥形阀出口加装导流罩和补气管。阀门过流能力强，尺寸相对小，且阀门对水质要求不高，不存在水草堵塞的问题。

从有利于保证生态流量泄放和设备运行维护方便等方面考虑，生态放水管推荐采用锥形阀。

扎拉水电站生态供水系统阀门最大工作水头54.4m，最小工作水头41m，最小水头下单台阀门下泄流量不小于11m³/s。根据锥形阀阀门的过流特性，选用2台直径1400mm的锥形阀。锥形阀的主要参数见表7.2-1。

表7.2-1 锥形阀主要参数

| 型式 | 锥形阀 |
|---|---|
| 规格 | DN1400mm，PN1.0MPa |
| 台数 | 2 |
| 额定过流量 | 11m³/s |
| 工作水头范围 | 41～54.4m |
| 操作方式及油压等级 | 液压操作，16MPa |
| 阀门出口压力 | ≤0.1MPa |

（3）方案比较

坝身生态放水设施和引水管上生态放水设施方案具有不同的特点，其优缺点分析见表7.2-2。

表7.2-2 生态放水设施比较表

| 比较方案 | 优点 | 缺点 |
|---|---|---|
| 方案一：坝身生态放水设施 | 布置及结构简单，技术成熟，运行维护方便，能满足不同生态流量泄放要求，生态流量泄放保证率高，工程投资较方案二少222万元 | 出口采用挑流消能，对下游流态有一定影响 |
| 方案二：引水管上生态放水设施 | 消能效果较好，出口流速小，对下游流态影响较小 | 布置及结构较复杂，设备可靠性不如坝身生态放水设施，运行维护较复杂，生态流量泄放保证率不如生态放水设施，工程投资较方案一多222万元 |

从生态流量泄放保证率、放水设施可靠性和运行维护便利等方面考虑，推荐坝身生态放水设施方案。

## 7.3　生态流量下泄设施总体布置

生态机组建筑物布置在大坝右岸非溢流坝段坝后，紧靠河床，由坝式进水口、压力钢管背管和坝后式地面厂房组成，采用单管3机供水方式，主管内径2.7m。地面厂房安装3台单机容量5MW的混流立式机组，单机额定流量11m³/s。

坝身生态放水设施布置在左侧溢流坝段，位于1#泄洪冲沙底孔左侧，采用有压短管型式。进口底板高程2805m，出口布置弧形工作门，孔口尺寸2.0m×2.5m（宽×高）。下游采用挑流消能，挑坎高程2780m，挑角15°。

通过3台生态机组和坝身生态泄水孔组合运用，可以满足不同时期的生态流量要求。

## 7.4　生态流量下泄方案

（1）施工期生态流量下泄方案

1）施工期通过导流洞下泄流量可以满足生态流量要求，不需要单独设置生态放水设施。

2）导流洞封堵期间，采用导流洞封堵闸门不完全关闭（开度0.46m，泄量大于15.9m³/s）向下游供水；当库水位升至高程2771.4m（泄洪底孔泄量大于15.9m³/s）以上后，导流洞封堵闸门关闭，通过底孔敞泄向下游供水。

3）扎拉水电站开工后第6年3月底孔下闸蓄水，相应生态流量为15.9m³/s，为避免下游水位降幅过大，影响鱼类生存，拟在蓄水期间按下泄流量每小时减少5m³/s进行蓄水。第6年6月初表孔下闸蓄水，相应生态流量为33m³/s，为避免下游水位降幅过大，影响鱼类产卵，拟在蓄水期间按下泄流量每小时减少5m³/s进行蓄水。

（2）正常运行期生态流量下泄方案

生态机组正常运行工况下，10月至次年3月通过2台生态机组下泄生态流量15.9m³/s，4月和9月通过2台生态机组下泄生态流量22.0m³/s，5—8月通过3台生态机组下泄生态流量33.0m³/s。

（3）生态机组检修或故障时生态流量下泄方案

10月至次年3月，当1台生态机组检修或故障时，通过另外2台下泄生态流量15.9m³/s；当2台生态机组检修或故障时，通过第3台和坝身生态放水设施共同下泄生态流量15.9m³/s；当3台生态机组全部检修或故障时，通过坝身生态放水设施下泄生态流量15.9m³/s。

4月和9月，当1台生态机组检修或故障时，通过另外2台下泄生态流量22.0m³/s；

当 2 台生态机组检修或故障时，通过第 3 台下泄生态流量 11.0m³/s，同时坝身生态放水设施下泄生态流量 11.0m³/s；当 3 台生态机组全部检修或故障时，通过坝身生态放水设施下泄生态流量 22.0m³/s。

5—8 月，当 1 台生态机组检修或故障时，通过另外 2 台下泄生态流量 22.0m³/s，同时坝身生态放水设施下泄生态流量 11.0m³/s；当 2 台生态机组检修或故障时，通过第 3 台下泄生态流量 11.0m³/s，同时坝身生态放水设施下泄生态流量 22.0m³/s；当 3 台生态机组全部检修或故障时，通过坝身生态放水设施下泄生态流量 33.0m³/s。

坝身生态放水设施弧形工作门采用液压启闭机操作，可以任意开度开启，满足不同生态流量泄放要求，操作运行方便。各种水位情况下闸门开度见表 7.4-1。

表 7.4-1　　　　　　　　　　不同水位坝身生态放水闸门开度表

| 库水位（m） | 孔底高程（m） | 孔口开度（m） | 下泄流量（m³/s） |
|---|---|---|---|
| 2811.5 | 2805.0 | 1.01 | 15.9 |
| 2815 | 2805 | 0.8 | |
| 2811.5 | 2805 | 1.42 | 22 |
| 2815.0 | 2805 | 1.12 | |
| 2811.5 | 2805 | 2.20 | 33 |
| 2815.0 | 2805 | 1.69 | |

注：2815m 为水库正常蓄水位，2811.5 为水库死水位。

从以上分析可以看出，当生态机组检修或故障时，剩余生态机组和坝身生态放水设施联合运用，可以满足不同时期生态流量泄放要求，可靠性高。

通过以上分析，从施工隧洞导流、导流洞下闸、初期蓄水到生态电站正常运行及检修、鱼类产卵繁殖全过程均可以满足生态流量下泄要求，下泄设施运用灵活，保障率高。

## 7.5　生态流量监控方案

扎拉水电站设置一套生态流量泄放计算机监控系统，该系统按监控对象的分布设置现地控制单元：生态电站设置 3 套生态机组现地控制单元，坝身生态放水设施设置 1 套大坝现地控制单元。通过现地控制单元实现对生态机组和坝身生态放水设施的远程控制，通过计算机监控生态机组运行情况（运行台数、时间等）和坝身生态放水设施运行情况（库水位、闸门开度、运行时间等），实现对坝下生态流量泄放的监控。

生态机组按照固定流量方式运行，即在不同库水位条件下，单台机组按设定流量泄放。在正常情况下，根据不同时段生态流量泄放要求，通过控制开启 2 台或 3 台机组，分别满足生态流量泄放 15.9m³/s、22m³/s、33m³/s 的要求。

坝身生态放水设施通过控制闸门开度泄放生态流量。在正常情况下，根据水库调度运行规程确定的水库运行水位和生态流量泄放要求，确定闸门开度。在特殊情况下，可以根据生态流量泄放要求、实际运行的生态机组台数和库水位、坝身生态放水设施泄流能力曲线，计算出当前实际下泄生态流量值并存储，然后与目标生态流量值（15.9m³/s、22m³/s、33m³/s）进行比较，根据比较结果来调整坝身生态放水设施闸门开度，从而完成对坝身生态放水设施闸门的控制，以保证本工程下泄生态流量实时满足规定要求。

同时，在生态机组厂房及尾水出口、坝身生态放水设施下游等部位设置视频监视设施，监视生态机组运行情况、尾水出流情况和坝身生态放水设施闸门开启及放水情况等，相关视频数据实时传送至电站视频监控系统，以实现对生态机组、坝身生态放水设施和生态流量泄放情况远程监视和在线监视。坝身生态放水设施闸门开度控制逻辑见图7.5-1。

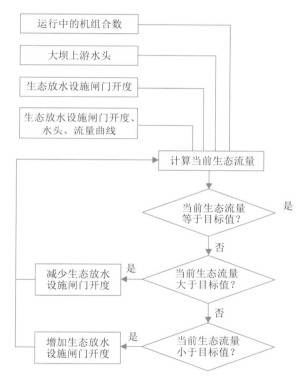

**图 7.5-1 坝身生态放水设施闸门开度控制逻辑图**

# 第8章　研究结论

## 8.1　生态流量综合分析

结合研究河段保护目标的需求及贡山鮡、裂腹鱼的产卵及生长范围，选取坝址下游、厂址附近及玉曲河河口处的断面作为研究断面，用于综合分析坝址断面需下泄的生态流量。

根据规程规范推荐的水文学 Tennant 法和水力学湿周法、R2－Cross 法、生态水力学法的计算结果，鱼类非产卵繁殖期（10月至次年3月）扎拉坝址处需下泄的生态流量可取4种计算方法的外包值，即 14.7m³/s。此外，根据专家提出的研究满足生境适宜的生态下泄流量，通过计算各典型断面达到鱼类生长及繁殖所需的适宜水力要素（平均水深 0.4m、最大水深 0.6m、水面宽 14m）时的流量，推求得到鱼类非产卵繁殖期（10月至次年3月）扎拉坝址处需下泄的生态流量，即 15.9m³/s。经综合分析后，确定10月至次年3月坝址处需下泄的生态基流为 15.9m³/s。

根据生境分析法计算结果，分析得到鱼类生长繁殖旺盛期（5—8月）坝址处需下泄的生态流量为 31.4m³/s，鱼类一般生长繁殖期（4月和9月）坝址处需下泄的生态流量为 20.9m³/s。考虑玉曲河干流水电规划环评审查意见要求和 Tennant 法关于保护鱼类、野生动物、娱乐和有关环境资源的河流状况需求，综合考虑各种方法的计算、模拟结果后推荐：鱼类生长繁殖旺盛期（5—8月）、鱼类一般生长繁殖期（4月和9月）坝址处需下泄的生态流量分别为 33m³/s 和 22m³/s。

## 8.2　水文情势影响

### 8.2.1　水文情势现状

利用 MIKE11 软件建立了扎拉水电站库尾至玉曲河入怒江汇入口处河段一维水动力数学模型。基于代表性、敏感性原则，选取了包括库区、坝址上下游、厂址上下游、河道拐弯处、支流汇入、鱼类产卵场等环境敏感或水文情势发生剧烈变化的位置分析工程河段水文情势现状。现状情况下，丰水年、平水年、枯水年坝址断面天然来流分别为 $53.2\sim$ $275m^3/s$、$36.9\sim272m^3/s$、$31.9\sim194m^3/s$，坝址至厂址区间最大水深为 $1.12\sim4.57m$、$0.99\sim4.55m$、$0.92\sim3.98m$，流速为 $1.14\sim3.92m/s$、$1.09\sim3.79m/s$、$0.97\sim2.89m/s$；水面宽为 $12.72\sim45.15m$、$11.81\sim45.83m$、$11.10\sim42.99m$。

### 8.2.2 典型年坝下水文情势影响分析

引水发电后，丰水年、平水年、枯水年坝址断面天然流量分别为 $15.9\sim104.4m^3/s$、$15.9\sim101.4m^3/s$、$15.9\sim33.0m^3/s$，坝址至厂址区间最大水深为 $0.83\sim1.82m$、$0.82\sim1.79m$、$0.83\sim1.14m$，流速为 $1.02\sim1.82m/s$、$1.02\sim1.78m/s$、$1.02\sim1.27m/s$，水面宽为 $17.40\sim26.27m$、$17.40\sim26.11m$、$17.40\sim21.06m$。

### 8.2.3 典型日坝下水文情势影响分析

丰水年、平水年以及枯水年丰水期、枯水年平水期日内水文情势不发生变化。枯水年枯水期引水发电后坝址至厂址区间日内流量恒定，生态流量为 $15.9m^3/s$。受日调节运行影响，枯水年枯水期（以 12 月为代表）厂房下游（ZL47、ZL47-4）日内流量、水位发生变化，与天然状况相比，水位降低了 0.08m，9—23 时流量、水位均高于天然情况，水位增加了 $0.01\sim0.55m$。就日内时变化来看，24—8 时各时段水位维持不变，8—9 时水位增幅为 0.09m，9—17 时各时段水位不变，17—18 时水位增幅为 0.28m，18—19 时水位增幅为 0.26m，19—20 时水位降幅为 0.26m，20—21 时水位降幅为 0.28m，21—23 时各时段水位维持不变，23—24 时水位降幅为 0.09m。其他断面变化趋势亦如此。

## 8.3 水生生态影响

工程实施后，将使扎拉坝址以上玉曲河干支流与下游及怒江干流隔离，影响河流的纵向连通性，阻隔了玉曲河汇口附近怒江干流江段及玉曲河扎拉坝址以下河段鱼类向坝上河段上溯生殖洄游的通道，既影响坝下江段鱼类的繁殖，也对坝上江段鱼类资源的补充造成一定影响。玉曲河坝下河段及玉曲汇口附近怒江干流江段鱼类资源也会受到一定程度的影响。

扎拉水电站运行后，坝下减水河段流量减少，导致减水河段水文情势发生较大改变，减水河段原适宜于鲱科鱼类栖息和产卵的生境条件将受到一定影响。但由于电站设有生态机组，引水后保证了减水河段的生态基流，生态流量保障程度较高，减水河段平均水深均高于 0.41m，最大水深均高于 0.6m，平均流速均大于 0.73m/s，河道急流和缓流生境特性依然存在，且保持了近自然的水文节律，可较大程度地减少对鲱科鱼类栖息地的影响，并保障裂腹鱼类上溯洄游的畅通。

扎拉水电站具有日调节性能，在平水年、丰水年和枯水年丰水期，主电站泄放流量在日内保持一致，流量稳定。仅枯水年枯水期电站的日调节将导致厂房至河口段鱼类资源有所下降，部分鱼类可能会顺水而下进入怒江干流。

扎拉水电站运行后，坝下减水河段流量大幅减少，原来的回水、二道水等适宜鲵科鱼类产卵繁殖的生境条件明显缩减，对鲵科鱼类的产卵繁殖造成一定影响，部分鱼类可能退缩至下游或怒江干流寻求新的适宜生境产卵繁殖。在枯水年枯水期厂房下游日内流量、水位发生变化对玉曲河河口、梅里拉鲁沟汇口附近两处鲵科鱼类产卵场影响较小。从总体上来看，这两处产卵场能够维持原有的生境条件和产卵场功能。

## 8.4 生态流量保障措施

### 8.4.1 生态流量下泄要求

生态流量下泄要求为：10 月至次年 3 月下泄生态流量 15.9m³/s；4 月和 9 月下泄生态流量 22m³/s，5—8 月下泄生态流量 33m³/s。

### 8.4.2 生态流量下泄保障措施

本工程 3 台生态机组为生态流量主要泄放设施，坝身生态放水设施为辅助泄放设施。

生态机组建筑物布置在大坝右岸非溢流坝段坝后，紧靠河床，由坝式进水口、压力钢管背管和坝后式地面厂房组成，采用单管 3 机供水方式，主管内径 3m。地面厂房安装 3 台单机容量 5MW 的混流立式机组，单机额定流量 11m³/s。

坝身生态放水设施布置在左侧溢流坝段，位于 1# 泄洪冲沙底孔左侧，采用有压短管型式。进口底板高程 2805m，出口布置弧形工作门，孔口尺寸 2.0m×2.5m（宽×高）。下游采用挑流消能，挑坎高程 2780m，挑角 15°。

### 8.4.3 生态流量下泄方案

（1）施工期生态流量下泄方案

施工期通过导流洞下泄流量可以满足生态流量要求，不单独设置生态放水设施。

导流洞封堵期间，采用导流洞封堵闸门不完全关闭（泄量大于 15.9m³/s）向下游供水；当库水位升至高程 2771.4m（泄洪底孔泄量大于 15.9m³/s）以上后，导流洞封堵闸门关闭，通过底孔敞泄向下游供水。

扎拉水电站开工后第 6 年 3 月底孔下闸蓄水，相应生态流量为 15.9m³/s，为避免下游水位降幅过大，影响鱼类生存，拟在蓄水期间按下泄流量每小时减少 5m³/s 进行蓄水。第 6 年 6 月初表孔下闸蓄水，相应生态流量为 33m³/s，为避免下游水位降幅过大，影响鱼类产卵，拟在蓄水期间按下泄流量每小时减少 5m³/s 进行蓄水。

（2）运行期生态流量下泄方案

生态机组正常运行工况下，10 月至次年 3 月通过 2 台生态机组下泄生态流量 $15.9m^3/s$，4 月和 9 月通过 2 台生态机组下泄生态流量 $22m^3/s$，5—8 月通过 3 台生态机组下泄生态流量 $33m^3/s$。

（3）生态机组检修或故障时生态流量下泄方案

10 月至次年 3 月，当 1 台生态机组检修或故障时，通过另外 2 台下泄生态流量 $15.9m^3/s$；当 2 台生态机组检修或故障时，通过第 3 台和坝身生态放水设施共同下泄生态流量 $15.9m^3/s$；当 3 台生态机组全部检修或故障时，通过坝身生态放水设施下泄生态流量 $15.9m^3/s$。

4 月和 9 月，当 1 台生态机组检修或故障时，通过另外 2 台下泄生态流量 $22m^3/s$；当 2 台生态机组检修或故障时，通过第 3 台下泄生态流量 $11m^3/s$，同时坝身生态放水设施下泄生态流量 $11m^3/s$；当 3 台生态机组全部检修或故障时，通过坝身生态放水设施下泄生态流量 $22.0m^3/s$。

5—8 月，当 1 台生态机组检修或故障时，通过另外 2 台下泄生态流量 $22m^3/s$，同时坝身生态放水设施下泄生态流量 $11m^3/s$；当 2 台生态机组检修或故障时，通过第 3 台下泄生态流量 $11m^3/s$，同时坝身生态放水设施下泄生态流量 $22m^3/s$；当 3 台生态机组全部检修或故障时，通过坝身生态放水设施下泄生态流量 $33m^3/s$。当生态机组检修或故障时，剩余生态机组和坝身生态放水设施联合运用，可以满足不同时期生态流量泄放要求，可靠性高。

（4）生态流量监控方案

扎拉水电站设置一套生态流量泄放计算机监控系统，该系统按监控对象的分布设置现地控制单元：生态电站设置 3 套生态机组现地控制单元，坝身生态放水设施设置 1 套大坝现地控制单元，实现对坝下生态流量泄放的监控。

同时，在生态机组厂房及尾水出口、坝身生态放水设施下游等部位设置视频监视设施，监视生态机组运行情况、尾水出流情况和坝身生态放水设施闸门开启及放水情况等，相关视频数据实时传送至电站视频监控系统，以实现对生态机组、坝身生态放水设施和生态流量泄放情况远程监视和在线监视。

## 8.5 结论

上述保障措施实施后，通过保障生态流量下泄和电站运行调节，基本上维持了河流丰平枯的基本水文节律，并与鱼类繁殖、生长等生活史过程对水文节律的需求基本吻合，能够维持减水河段基本生态功能。

# 第9章　研究展望

　　河流生态流量的保障研究，是随着人类活动对河流环境所造成的一系列生态问题而逐渐被研究者们认识和关注。而水电梯级开发河流因水资源的大量开发，导致河流径流量、流速、水位等主要生态指标发生较大变化，带来的生态环境影响也日趋明显，因此成为生态流量保障的重要对象。长久以来，水电梯级开发河流对解决农村用电困难、推动农村社会经济建设、提高农民生活质量、促进节能减排发挥着巨大作用。但由于历史遗留问题及人们对河流生态环境保护认识较浅，水电梯级开发河流的最小生态流量因水能资源被过度开发而未得到保障，生态环境也遭受到了不同程度的影响。随着水生态文明建设和新时代的新要求的提出，人们对河流生态流量有了新的认知，需要将主要河湖生态保护目标所需的最小生态流量纳入河流水资源开发的总体考虑之中，以保障河湖生态流量，维系河湖健康，推进生态文明建设，最终实现国家水安全和生态安全。

　　近年来，我国河湖生态流量保障工作不断加强，河流生态状况逐步改善，但生态流量确定准则还有待统一、"三生"用水协调矛盾仍较突出、生态用水管控措施尚需落地，河湖生态流量的保障形势依然严峻。2014年，国家有关环境保护部门印发了《关于深化落实水电开发生态环境保护措施的通知》（环发〔2014〕65号），其要求各电站以下游河湖生态、景观、水资源环境等生态用水需求为依据，确定合理的生态流量，编写生态流量泄放方案，确保落实最小生态流量泄放措施。

　　根据新时代以及生态文明发展的需求，中央提出建立江河湖泊生态水量保障机制的要求以及"节水优先、空间均衡、系统治理、两手发力"的新时期水利工作方针，统筹协调好生活、生产、生态用水，强化水资源监督管理是目前水电梯级开发河流生态流量保障工作的重要内容。

　　随着我国水电技术进步以及能源需求持续增长，水电开发近十年呈加速度发展。然而，水电开发也会带来不可避免的生态影响，其中引水式和混合式电站运行期以及堤坝式电站初期蓄水及调峰运行将使坝下河段水文情势发生变化，形成减（脱）水河段，将对河道的综合功能造成不利影响。如20世纪80—90年代的黄河下游，由于不利的来水来沙条件和过度的水资源开发利用，黄河持续断流，断流时间最长的1997年达226天，断流长度600多km，带来河床不断抬升，河道严重萎缩等一系列生态灾难。目前，国家要求在积极支持水电发展的同时，对相应的生态保护工作非常重视，并将其作为水电开发的前提条件。《国民经济和社会发展第十二个五年规划纲要》已明确提出："在做好生态保护和移民安置的前提下积极发展水电，重点推进西南地区大型水电站建设，因地制宜开发中小河流水能资源，科学规划建设抽水蓄能电站。"为引导河流生态系统的良性演进和维持健康的河流生态系统，水电水利工程必须下泄一定的生态需水量，并将其纳入工程水资源配置中统筹考虑，使河流水电动能经济规模和水资源配置向"绿色"方向发展。

# 参考文献

[1] 戴凌全，王煜，等．金沙江下游向家坝水库不同出库流量对四大家鱼生境面积影响的定量分析［J］．环境科学研究，2021，34（7）：1710-1718.

[2] 肖卫，周刚炎．三种生态流量计算方法适应性分析及选择［J］．水利水电快报，2020（12）：59-62.

[3] 王瑞玲，黄锦辉，等．基于黄河鲤栖息地水文—生态响应关系的黄河下游生态流量研究［J］．水利学报，2020，51（9）：1175-1187.

[4] 汪青辽，刘媛，等．滇中引水工程取水口下游金沙江生态流量研究［J］．水力发电，2020，46（9）：28-31.

[5] 杨志峰，张远．河道生态环境需水研究方法比较［J］．水动力学研究与进展，2003，18（3）：294-301.

[6] Gippel C J，Stewardson M J．Use of the wetted perimeter in defining minimum environmental flows［J］．Regulated Rivers：Research and Management，1998，14（1）：53-67.

[7] 李嘉，王玉蓉，计算河段最小生态需水的生态水力学法［J］．水利学报，2006（10）：1169-1174.

[8] 蒋红霞，黄晓荣，等．基于物理栖息地模拟的减水河段鱼类生态需水量研究［J］．水力发电学报，2012（12）：141-147.

[9] 郝增超，尚松浩．基于栖息地模拟的河道生态需水量多目标评价方法及其应用［J］．水利学报，2008，39（5）：557-561.

[10] 张文鸽，黄强，蒋晓辉．基于物理栖息地模拟的河道内生态流量研究［J］．水科学进展，2008，19（2）：192-197.

[11] 李建，夏自强．基于物理栖息地模拟的长江中游生态流量研究［J］．水利学报，2011（6）：678-684.

[12] 班璇，郭丹，等．长江中游典型河段底栖动物的物理栖息地模型构建与应用［J］．水利学报，2020，51（8）：934-946.

[13] Dunbar M J，Gustard A，Acreman M，et al. Review of overseas approaches to setting river flow objectives. Environment agency R&D technical report W6B（96）4 overseas approaches to setting river flow objectives［R］. Institute of Hydrology：Wallingford，UK. 1997.

[14] 刘国民，姜翠玲，等. 基于栖息地模型的新安江坝下生态流量研究［J］. 水资源与水工程学报，2016（8）：61-65.

[15] 杨志峰，于世伟，陈贺，等. 基于栖息地突变分析的春汛期生态需水阈值模型［J］. 水科学进展，2010，21（4）：567-574.

[16] 李英海，夏青青，张琪，等. 考虑生态流量需求的梯级水库汛末蓄水调度研究［J］. 人民长江，2019，50（8）：217-223.

[17] 邓志民，李斐，邓瑞，等. 长江流域生态流量满足程度及其保障措施研究［J］. 人民长江，2021，52（7）：71-74.

[18] 刘国民，姜翠玲，王维琳，等. 基于栖息地模型的新安江坝下生态流量研究［J］. 水资源与水工程学报，2016，27（4）：61-65.

[19] 樊浩，闫峰陵. 基于生态水力学法的金沙电站最小下泄流量计算［J］. 人民长江，2016，36（6）：40-44.

[20] 宋旭燕，吉小盼，杨玖贤. 基于栖息地模拟的重口裂腹鱼繁殖期适宜生态流量分析［J］. 四川环境，2014，33（6）：27-31.

[21] 王玉蓉，李嘉，李克锋，等. 水电站减水河段鱼类生境需求的水力参数［J］. 水利学报，2007，38（1）：107-111.

[22] 汪青辽，刘媛，郝红升，等. 滇中引水工程取水口下游金沙江生态流量研究［J］. 水力发电，2020，46（9）：28-31.

[23] 王中敏，樊浩，刘金珍. 孤山电站对库区鱼类产卵场水文情势的影响研究［J］. 人民长江，2017，48（1）：20-25.

[24] 顾颖，雷四华，刘静楠. 澜沧江梯级电站建设对下游水文情势的影响［J］. 水利水电技术，2008，39（4）：20-23.

[25] 许秀贞，王国栋，傅慧源. 水电规划对金沙江攀枝花河段水文情势影响研究［J］. 水利水电技术，2013，44（2）：2-4.

[26] 曹亚丽，贺心然，姜文婷. 水电梯级开发水文情势累积影响研究［J］. 水资源与水工程学报，2016，27（6）：20-25.

[27] 黄草，黄梦迪，胡国华，等. 梯级电站运行下拉萨河干流水文情势变异及归因分析［J］. 水资源与水工程学报，2020，31（5）：62-70.

[28] 蒋艳.乌东德和白鹤滩水库径流调节对水文情势影响分析 [J].中国环境与生态水力学，2008：544-548.

[29] 李倩.长江上游保护区干流鱼类栖息地地貌及水文特征研究 [D].北京：中国水利水电科学研究院，2013.

[30] 王海秀，尹正杰.长江上游水文情势变化对保护区铜鱼产卵的影响 [J].人民长江，2019，50（12）：46-51.

[31] 杨彬.紫坪铺水库上游流域径流变化趋势及水文情势变化分析 [J].四川水利，2021，增1：89-93.